分析与检验技术类专业职业技能培训教材

化验员实用操作指南

HUAYANYUAN SHIYONG CAOZUO ZHINAN

王建梅　曾　莉　主编

王炳强　主审

U0258815

化学工业出版社

·北京·

全书共十一章，内容包括化验室组织与管理、天平及使用、定量分析误差及数据处理、化验室常用玻璃器皿、化验室的其他用品、化学检验用水、化学试剂及溶液配制、试样的采集与处理、化学检验中的分离与富集技术、常用物理常数的测定及化验室安全知识。

本书主要介绍了上述相关内容的基本知识、操作方法和要求，注重新标准和新技术的应用，适用于从事化学检验的岗位工作人员和技术研究人员及开设分析类专业院校的师生。

图书在版编目（CIP）数据

化验员实用操作指南/王建梅，曾莉主编. —北京：
化学工业出版社，2019.8（2024.9重印）
ISBN 978-7-122-34531-8

Ⅰ.①化…　Ⅱ.①主…②曾…　Ⅲ.①化验员-指南
Ⅳ.①TQ016-62

中国版本图书馆 CIP 数据核字（2019）第 095809 号

责任编辑：蔡洪伟　　　　　　　　　　文字编辑：孙风英
责任校对：宋　伟　　　　　　　　　　装帧设计：王晓宇

出版发行：化学工业出版社（北京市东城区青年湖南街 13 号　邮政编码 100011）
印　　装：北京科印技术咨询服务有限公司数码印刷分部
787mm×1092mm　1/16　印张 18　字数 464 千字　2024 年 9 月北京第 1 版第 5 次印刷

购书咨询：010-64518888　售后服务：010-64518899
网　　址：http://www.cip.com.cn
凡购买本书，如有缺损质量问题，本社销售中心负责调换。

定　　价：55.00 元

　　《化验员实用操作指南》是分析与检验技术类专业系列图书之一，主要介绍了化验室组织与管理、天平及使用、定量分析误差及数据处理、化验室常用玻璃器皿、化验室的其他用品、化学检验用水、化学试剂及溶液配制、试样的采集与处理、化学检验中的分离与富集技术、常用物理常数的测定以及化验室安全知识等，是化验员进行化验室组织管理、化学分析、仪器分析及物理常数测定必备的基础知识和技能。本书主要有以下特色。

　　（1）注重化验员专业综合素质的培养，将化验员综合素质的培养有机地融合于化学检验知识和操作技术的要求中。

　　（2）在化学检验常用的玻璃仪器和其他用品的准备及使用、试样的采集与处理、分离与富集、物理常数测定等方法中，尽可能采用实物图，并按实际操作过程顺序说明仪器设备的准备和使用方法，形象、直观地强调化学检验操作技术的规范性和严谨性。

　　（3）注重化学检验基本知识和基本操作技术的应用。

　　（4）注重化学检验新标准、新技术和新设备等的应用。

　　本书内容共分为十一章，南京科技职业学院王建梅编写了第二章、第五章、第六章和第七章，江西省化学工业学校曾莉编写了第一章、第八章、第十章和第十一章，天津渤海职业技术学院曾玉香编写了第三章、第四章和第九章。本书由王建梅和曾莉主编，王炳强主审。

　　在本书的编写中，参考了有关专著、国标、论文等资料，均已列在参考文献中，在此对原著作者致谢！天津渤海职业技术学院王炳强教授对本书的编写提出了很多宝贵意见，起到重要作用，本书的编审得到了化学工业出版社的大力支持，在此一并表示衷心感谢！

　　限于编者水平，书中不妥之处在所难免，敬请广大读者提出宝贵意见。

编者

2019 年 8 月

目录 —— Contents

第七章

化学试剂及溶液配制

116

第八章

试样的采集与处理

135

第九章

化学检验中的分离与富集技术

166

第十章

常用物理常数的测定

216

第十一章

化验室安全知识

258

第一章　化验室组织与管理

化验室是采用一定方法（包括适宜的仪器）对特定物质的某些性质进行检测的场所。在化验室中主要进行的是样品处理、数据采集、样品分析、数据处理、得出正确结论等一系列科学处理的过程。

化验室全权负责产品生产过程中的质量监督和质量控制工作，与企业的产量、质量、成本、利润等有着紧密的关系。因此，必须按标准化要求对化验室进行科学、合理的组织与管理。

第一节　化验室的组织管理

一、化验室基本要求

1. 化验室的性质

（1）原则性　指在工作中严格贯彻执行国家的质量方针、政策、法律法规、标准及企业的质量管理规定。

（2）公正性　指在工作中站在第三方的立场，作出正确的仲裁。企业申请生产许可证、进行质量认证及优质产品检验时，必须实事求是，严格按照有关规定和有效的检验数据，给出正确的结论。

（3）权威性　指在工作中要行使质量否决权。有权越级汇报企业质量情况、决定产品是否出库，坚持正确的质量管理措施。根据企业授权，向外部单位发布相关质量信息，并对所提供的信息负责。

2. 化验室的职责

（1）质量检验　按照有关标准和规定，对原材料、半成品、产品进行检验和试验。

（2）质量控制　按照产品质量要求，制定企业内控质量标准，强化过程控制，掌握产品质量波动规律，提高预见性和预防能力，采用合理措施使企业生产过程处于受控状态。

（3）质量统计　用科学的数理统计方法，及时进行与质量有关的数据统计，做好质量分析报告。

（4）质量认证　严格按照标准规定，对出厂产品进行质量认证，按供需双方的规定进行交货验货，杜绝不合格产品或废品出厂。

（5）质量提高　根据产品质量提高要求及新产品研发需要，积极开展科研和改进工作，提高产品质量。

3. 化验室的职能

（1）管理职能　贯彻实施 GB/T 19001—2016/ISO 9001—2008《质量管理体系要求》系列标准，以及实验室 ISO/IEC17025 国际标准。起草本企业的质量管理制度及实施细则，参与制订质量方针、质量目标、质量责任制度和评估考核办法。

（2）检测职能（核心）　利用化验室的仪器和技术，进行原材料、半成品、产品的检验，提供可靠的检验数据。负责生产岗位质量记录和检验数据的收集统计、分析研究，并及时上报，整理质量档案。及时了解国内外分析检测技术的动态，积极采用先进的检测技术和方法，不断提高分析检验工作的科学性、准确性和及时性。

（3）指导职能　为企业内部化验人员提供技术指导、培训及技术支援；为原材料供应单位提供必要的技术支援，对他们进行必要的校核、监督，确保基层检验工作的正常进行和原材料质量信息的可靠性。

（4）监督职能　负责原材料、半成品、产品的监督管理，监督检查生产过程中受控状态，有权制止各种违法违章行为，采取纠正措施。监督企业质量体系的正常运行，同时接受上级质量监督管理机构的监督、检查。

（5）服务职能　坚持以检验工作为生产服务的宗旨，为企业内部检验提供仪器、器材、试剂、溶液等必要的实验用品，负责产品质量监督，处理质量纠纷，为用户提供必要的技术服务。

（6）研发职能　开展改进检验方法的探讨、质量事故分析试验、企业的科研、新产品的研发等研究性工作。负责企业的创优、创名牌及生产许可证、质量认证的申报和管理工作。

二、 化验室机构

1. 化验室机构设置

化验室通常设有中心化验室（即企业一级化验室）、车间化验室和班组化验室（岗）三级检验机构。

中心化验室根据工作性质不同，可分为生产控制组、化学检验组和质量管理组，也可根据专业技术不同分为九个工作室，即原材料检验室、中间产品检验室、成品检验室、环境监测实验室、标准室、计量室、技术室、数据处理室和办公室。

2. 化验室管理制度

化验室的规章制度因实验室性质而异，必须具有可操作性，包括管理条例、操作规程和安全守则等内容。具体制度有：

① 实验室日常管理制度；
② 检验工作管理制度；
③ 事故分析报告制度；
④ 计量标准器具管理制度；
⑤ 标准物质及样品的管理制度；
⑥ 仪器设备的购置、验收及管理制度；
⑦ 技术资料管理制度；
⑧ 保密制度；
⑨ 危险品、贵重物品管理制度；
⑩ 安全管理制度。

三、 化验员岗位要求

1. 化验员的配备

化验室是现代企业的科技部门，必须按照要求配备化验室人员。按职责有化验室主要负责人、技术负责人、质量保证负责人、各专业室主任、分析测试人员、计量检定人员、业务接待员、资料档案保管人员等；按技术级别有高级、中级和初级职称技术人员，不同技能级别的高级技师、技师等，从高到低，从少到多，从上而下，呈"金字塔"形组合。检验人员占企业职工总数比例要合理（占 2％～10％），各室（组、岗）人员保持相对稳定。

2. 化验员的素质

化验室拥有一定数量的管理人员和专业技术人员，为确保这些人员能胜任各自岗位工作并受到有效的监督管理，必须具备以下素质：

（1）技术、质量及质量检验管理人员素质　应该熟悉所从事领域方面的政策、法律法规及各级相关标准；熟悉抽样理论和实际操作处理方法，掌握 1～2 项实际检测技术；具备编写审阅检测实施细则及审查检验报告的能力；掌握质量控制理论和方法，具有对检测工作进行质量诊断的能力；掌握国内外同类型检测方法与技术的现状和发展趋势，了解国内外检测仪器设备的信息，不断更新知识，跟上时代发展步伐。

化验室技术主管和授权签字人员应精通业务，具有工程师以上（含工程师）技术职称，在本专业领域从业 3 年以上，并考核合格。

（2）计量检定人员素质　需具有高中以上文化程度，具备本岗位所需的知识和技能，经计量行政部门组织培训并考试合格，取得相应证书方能上岗；从事检定工作 2 年以上的工程师或 5 年以上的检定人员，能履行复核工作；见习人员、代培人员不得独立从事检测工作，不得在检定证书上签字。计量检定人员应自觉学习，了解国内外本领域计量技术的现状、发展动态及检测仪器信息。

（3）检测人员素质　检测人员是从事抽样、检测、校准、签发校准报告、操作仪器设备等工作的人员，应按要求进行教育和培训，熟悉工作岗位所涉及的仪器设备的原理、性能，熟练使用方法、操作技能，经相应行政主管部门考试合格后方能上岗；掌握所从事检测项目的相关标准，了解国内外本领域检测技术的现状、发展动态及检测仪器信息，具有采用最新技术进行检测工作的能力；具有独立出来检测数据的能力；从事特殊产品检测的专业技术人员和管理人员，还应符合相关法律法规规定的要求。检测人员应该坚持职业操守，遵守保密制度，不受来自行政或其他各方面的影响和干扰。

第二节　化验室的建设与管理

一、化验室设计的基本要求

1. 化验室工作场所及设施

化验室应具有固定的工作场所，包括办公、检测、校准用的场地、设备、设施及辅助设施等。设施有固定的、可移动的和临时的。固定设施是指在固定的地方开展检验和校准工作的场所；可移动设施是指开展检验和校准工作的场所是可移动的，如移动检测车或检测线；临时设施是指为满足特定任务的需要，在相对较短时间内开展检测工作的场所，如为某工程建设项目服务的检测设施，具有临时性。

化验室的工作场所及设施应满足正确进行检测和校准的需要。根据技术标准化和规范化要求，设备设施能达到规定的用途和目的。化验室设计主要包括土木建筑、供电及照明、供排水、排风、通风、室温控制、工程管网、仪器设备室、库房、钢瓶室等。不同的化验室设计要求不同，如天平室要远离震动源，化学分析室要远离污染源等。

2. 化验室的环境要求

为确保检测质量，化验室的环境应与其所承担的工作任务要求相配备。化验室的环境分为室内环境和室外环境，应该满足以下条件。

（1）化验室各工种区域间的设置应能满足独立工作的需求，相互间不能有不利影响，有影响的要采取有效的隔离措施。不能将化验室兼作检测人员的办公室。

（2）化验室应保持整洁，与办公区有更衣、换鞋的过渡区间。

（3）化验室、仪器室的环境温度、湿度及其他指标应满足相应仪器设备的使用和保管的技术要求；某些电磁检测设备的仪器室需有电磁屏蔽措施和设施。

（4）检测仪器设备的配置应满足相关法律法规、技术规范或标准要求；仪器室内应配备供检查仪器用的试验台（桌），其放置必须便于实验人员的操作。

（5）化验室要监测、控制和记录环境条件，在非固定场所进行检测时，应特别注意环境条件的影响，并注意将其换算为标准条件，以便统一处理。

（6）化验室应有防火、通风等安全设施，应备有洗眼器和喷淋装置。对有接触或可能产生危害性物质的化验室，还必须配备必要的安全防护器具，如防毒面具、橡皮手套、防护眼镜等。

（7）化验室应建立并保持安全作业的管理程序，确保危险化学品、毒品、有害生物、电离辐射、高温、高电压、撞击以及水、气、火、电等危及安全的因素和环境得以有效控制。建立健全相应的应急处理预案，并定期进行演练。

（8）化验室应建立并严格执行环境保护的必要程序，配置相应的设施设备，确保检测、校准产生的废气、废液、粉尘、噪声、固体废物等的处理符合环境和健康的要求，并有相应的应急处理措施。

（9）对影响工作质量和涉及安全的区域及设施应有效控制，并正确标识。

3. 化验室基本条件

（1）电源　（220±10）V 或（380±10）V，配备稳压电源，仪器室和计算机房配备不间断电源。使用 380V 三相电源的，需注意各相之间的平衡。

（2）温度　仪器室应用空调控制在（25±5）℃；化学分析室，夏季通风降温，冬季可用电暖器保温，不宜用空调控制，也不宜用红外加热器和电炉取暖。

（3）湿度　仪器室要用去湿机控制湿度<70%。

（4）噪声　仪器室外部噪声可用双层玻璃窗阻隔，一般工作间的最大噪声应<70dB。

（5）防震　天平桌应有防震垫，特精密仪器还建议设置防震沟。

（6）屏蔽　特殊仪器室需用双层铜丝网或铁皮进行电磁屏蔽，有放射源的化验室还需有铅皮防护。

（7）通风　化验室应配备通风设施，保证新风量符合职业卫生安全要求。化验室应单独配置通风橱。

（8）消防　在各化验室和走廊过道上配置与该化验室所从事工作相适应的灭火器，化学准备室还需配备砂箱等器材。

（9）供气　气相色谱、原子吸收等仪器所需高压气体最好能集中供气，用清晰编号的铜管或不锈钢管将气体引至仪器室，必须严格遵守相关的管理措施。

4. 精密仪器室的设计要求

精密仪器室要求防火、防震、防电磁干扰、防噪声、防潮、防尘、防腐蚀、防有害气体侵入，室温尽可能保持恒定，最好控制在 18～25℃，相对湿度控制在 60%～70%，需要恒温的仪器要配置调温装置。

仪器室可采用不宜聚集灰尘的水磨石地面或防静电地板，在设计专用仪器分析实验室时，就近配套设计相应的化学处理室。大型精密仪器室应设计专用地线，接地极电阻小于 4Ω，供电电压稳定，允许波动范围±10%，必要时配备稳压电源等。

二、 化验室设施的基本要求

1. 通风、 采暖设施的要求

化验室工作中常产生有毒有害气体，因此必须有良好的通风、换气等设施。

（1）自然通风　自然通风是最常用的通风形式，在化验室内侧修建通风"竖井"，用以引导气流按一定方向流动，即有组织的自然通风，提高通风效果。

（2）机械通风　全室通风采用抽风机、排气扇等设施强制换气，换气次数一般为 5 次/h。局部排气采用将排气罩安装在大型仪器产生有害气体部位的上方的方法。

（3）通风橱排风　通风橱是化验室常用的局部排风设备，采用防火防爆的金属材料制成，内涂防腐涂料，有加热源、水源和照明等装置，通风管道要能耐酸、碱气体腐蚀。风机安装在顶层机房内，配有减少震动和噪声的装置，排气管应高于屋顶 2m 以上。每个通风橱连接一个排风机，为防交叉污染不宜共用。对于为高氯酸蒸发用的通风橱和管道，宜采用陶瓷和石棉材料制成，也可用聚氯乙烯塑料板制成，定期用水冲洗，以防高氯酸聚集过多与粉尘作用发生爆炸。用瓷砖做工作台面，绝不可用易氧化材料，要用不易燃烧的黏合剂。特别注意蒸发高氯酸的通风橱内不能同时蒸发乙醇、乙醚等溶剂，其他室如果使用同一通风橱，也不能排易燃烧蒸气。

（4）采暖设施　冬季气温较低地区，化验室必须装暖气系统，不管是电热还是蒸汽供暖，都应合理布局，避免局部过热。天平室、精密仪器室和计算机房不宜直接加热，可采用暖气自然扩散的方法采暖。

（5）空气调节　即"空调"，有单独空调、部分空调、中央空调三种空气调节方式。单独空调，在特殊需要的化验室安装分体式空调，效果好，随意调节，能耗少。部分空调，需要部分空调的化验室，集中布置，安装大型空调机（一拖二、一拖三等），进行局部的"集中空调"，实现部分空调且降低噪声。中央空调，即集中空调系统，噪声极低，可保持化验室环境安静，使各个化验室处于同一温度水平，有利于提高检验的精度，但能耗大，有的不能满足特殊化验室的需求。

2. 供排水设施的要求

（1）化验室的供水　有直接供水、高位水箱供水、混合供水、加压泵供水几种方式，保证水压、水质和水量，从室外供水管网引水，输送到各个用水设备、配水龙头和消防设施，以满足化验室用水需求。

（2）化验室的排水　根据实验要求的不同，安装排水设施时要考虑以下因素：排水管道尽可能少拐弯，在拐弯处预留"清理孔"，最好采用耐腐蚀的塑料管道。排水管尽量靠近排水量大、杂质多的排水点；排水管设置要有一定的倾斜度，有利于废水排放；在排水总管处设置废水处理装置，避免污染环境。

3. 供电系统的要求

化验室供电分照明用电和设备用电。照明用电最好采用荧光灯，在室内和走廊安装应急灯。对某些必须长期运行的用电设备，如冰箱、冰柜、老化试验箱等，应用专线单独供电。对一些电热设备如烘箱、高温炉等，应设置专用插座、开关及熔断器。对精密仪器设备应配备交流稳压器，以确保仪器稳定工作。

化验室供电线路应有良好的安全保障系统，配备安全接地系统，总线路及各实验室的总开关上均应安装漏电保护开关和过流开关，在潮湿环境中的电器设备应备有独立的漏电保护开关。所有线路均应符合供电安装要求，以保证安全用电。

第三节　化验室技术设备的管理

一、 化验室仪器设备管理

化验室仪器设备管理的中心任务就是利用有效的管理措施，使仪器设备以良好的技术状态为生产及科研服务，最大限度发挥其效益。

1. 仪器设备的管理、 购置及验收

（1）仪器设备的管理

① 对购进设备尽快投入使用，并达到设备的技术性能，按要求定期保养和维护设备，如期维修设备，使其保持良好的技术状态，最大限度地提高可用时间。

② 充分并合理地利用仪器设备的性能，提高其使用效能。

③ 有目的地进行技术开发，有计划地更新换代。

④ 把设备保养、维修、改进、更新的费用控制在合理水平。

⑤ 建立专人保管仪器设备和设备档案制度。

（2）仪器设备的购置　技术先进和经济合理是选择和购置设备的基本原则，购置仪器设备时，要做到以下两点：

① 技术评价。技术评价即对仪器设备进行各项性能的考察，如设备功能、可靠性、维修性、耐用性、互换性、成套性、节能性及对环境的要求和影响等因素。

② 经济评价。经济评价即通过仪器设备对提高产品质量、降低原材料消耗和提高生产率等方面带来的效益进行推算，也可用"时间成本"进行推算其经济价值。

（3）仪器设备的验收　对仪器设备的验收要做到以下几点：

① 验收人员要先阅读使用说明书，了解设备型号、规格、性能、附件备件及数量等，验收时逐项核对。

② 验收大型仪器时，要组织验收小组，并进行充分的技术准备。

③ 做好验收记录，发现问题及时处理，要有详细的记录档案，作为日常使用和维修的依据。

④ 验收后及时投入运行，以便尽早发现问题，在保修期内解决问题。

⑤ 验收后的设备，要按规定进行分类、编号、登记，建立卡片和档案，向使用部门或使用人员办理移交手续。

2. 精密仪器、 大型仪器及贵重物品的管理

精密仪器安放的房间应符合该仪器的使用要求，以确保仪器的正常使用和精度，做到防震、防尘、防潮、防腐蚀。仪器的名称、规格、型号、数量、单位、出厂购置日期等要登记准确。建立专人管理责任制及维护管理制度。

大型仪器设备要专人管理，维修、改装、拆卸要有一定的审批手续。每台大型设备都要建立技术档案，其内容包括：仪器使用说明书，装箱单，零配件清单，安装、调试、性能鉴定、验证记录，使用规程，保养维护规程，使用和维修记录。

铂金坩埚、玛瑙研钵等贵重器皿要保存在保险柜中，铂金坩埚要有质量记录，用专用器具夹取，防止其表面产生划痕，领取、归还都要登记，由专人负责保管。

3. 计量器具、 普通实验用品的管理

对于计量标准器具，其具有最高实物标准，用于量值传递，存放的环境应满足说明书要求，保证其技术状态处于最佳状态；操作人员必须经考核合格才能上岗，每次使用都要有记录，其计量检定和维护保养工作由专人负责；计量标准器具一律不得出借，一般不得直接用

于检测，经单位质检部门批准后，特殊情况下用于产品质量检验。依照检定周期和期间核查计划按时检定和核查。

对于普通实验用品，一般可分为三类：第一类为易耗品，如玻璃仪器、元器件等；第二类为低值品，如电表、工具等；第三类为材料，一般指消耗品，如金属、非金属、试剂等。这些物品使用率高，流动性大，要建立必要的账目，分类存放保管，定期盘点，及时补充，管理上要做到心中有数，以方便使用为目的。

4. 设备维修及事故处理要求

对于设备的维修，包括为排除事故隐患而进行的日常保养及恢复受损设备功能的修理，有预防修理、生产维修和事后修理几种，预防修理即计划修理，生产维修即对重点设备进行预防修理，对一般设备进行事后修理，对事故频发的设备进行改造。仪器设备严禁超量程、超负荷、超周期使用或带故障运行，发现异常，应立即停止使用，并查明原因，进行维修。

在发生事故后，应立即组织事故分析并及时抢修，争取使设备尽快恢复正常运行。发生重大设备事故时，及时报告上级主管部门，保护好事故现场，做到"三不放过"，即事故原因不清不放过，事故责任者和相关人员未受教育不放过，没有采取防范措施不放过。在事故原因未查明或消除之前，不能仓促开机，避免扩大事故及损失。对于责任事故严肃查处。

二、 化验室技术资料管理

1. 技术资料的分类

化验室技术资料一般分为四类：管理性文件；技术性文件；检验工作日常报表；各种仪器设备的运行台账等设备管理资料及档案。

（1）技术性文件分类　技术性文件主要包括：各种技术标准及管理规范；企业自编的《化验员手册》等；科技信息和科技书刊；其他与检验工作有关的技术资料。

（2）设备技术档案建立　设备技术档案从提出申请计划时开始建立并规范，主要包括：

① 原始档案。申请报告、订货单、合同、验收记录及随同设备附带的全部技术资料。

② 使用档案。使用工作日志及运行记录、设备履历卡（包括故障发生时间、现象、处理记录）、维修记录、事故记录、质量检定及精度校检记录、改装记录等资料。

2. 技术资料的管理

技术资料的管理由办公室负责。

（1）需长期保存的技术资料

① 国家、地区、部门有关产品质量检验工作的政策、法令、文件、法规和规定。

② 产品技术标准、相关标准、参考标准（国内外的）。

③ 检测规程、规范、大纲、细则、操作规程和方法（国内外及自编的）。

④ 计量检定规程、暂行校检方法。

⑤ 仪器说明书；计量合格证；仪器仪表及设备的验收、维修、大修、使用、降级、报废的记录。

⑥ 仪器设备明细表和台账；产品图纸、工艺文件及其他技术文件。

（2）需定期保存的资料

① 各类检验原始记录（保管期不少于5年）。

② 各类检验报告（保管期不少于5年）。

③ 用户反馈意见及处理结果（保管期不少于5年）。

④ 样品入库、发放及处理登记本（保管期不少于 3 年）。

⑤ 检验报告发放登记本（保管期不少于 3 年）。

（3）技术资料保存要求

① 技术资料入库时应办理交接手续，统一编号，且按保存期长短分类。

② 测试人员如需借阅资料，应办理借阅手续。

③ 原始资料未经技术负责人许可，不允许复制。

④ 资料室人员要严格为用户保守技术机密，否则以违反纪律处理。

⑤ 超过保管期的技术资料应分类造册登记，经单位质检部门主任批准后才能销毁。

第四节　化验室的质量标准

一、国家标准化简介

标准分析法是由国务院标准化行政主管部门制定或有备案的方法，它具有法律效力，从事科研、生产、经营的单位和个人必须严格执行。标准分析法的准确度较高，可用于生产原料及产品化学组成的测定，也可用于验证分析和仲裁分析。

1. 标准的分类

根据标准协调统一的范围及适用范围的不同可分为六类。

（1）国际标准　国际标准由共同利益国家间的合作与协商制定，是为大多数国家所承认的、具有先进水平的标准。如国际标准化组织（ISO）所制定的标准及其所公布的其他国际组织（如国际计量局）制定的标准。

（2）区域性标准　区域性标准是局限在几个国家和地区组成的集团使用的标准。如欧盟制定和使用的标准。

（3）国家标准　国家标准是指在全国范围内使用的标准。对需要在全国范围内统一的技术要求，应当制定成国家标准。我国的国家标准由国务院标准化行政主管部门编制计划，组织草拟，统一审批、编号和发布，以保证国家标准的科学性、权威性和统一性。国家标准分为强制性国家标准和推荐性国家标准。

强制性国家标准的代号为"GB"（"国标"汉语拼音的第一个字母）；推荐性国家标准的代号为"GB/T"（"T"为"推"的汉语拼音的第一个字母）。

国家标准的编号由国家标准的代号、国家标准发布的顺序号和审批年号构成。审批年号为四位数字，当审批年号后有括号时，括号内的数字为该标准进行重新确认的年号。

强制性国家标准的编号可表示为：

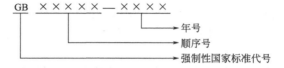

例如，GB 252—2000 为中华人民共和国强制性国家标准第 252 号，2000 年批准。

推荐性国家标准的编号可表示为：

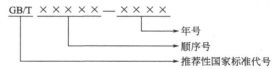

例如，GB/T 601—2016 为中华人民共和国 2016 年批准的第 601 号推荐性国家标准；GB/T 5208—2008/ISO 3679：2004 为中华人民共和国 2008 年批准的第 5208 号推荐性国家标准，等同于 2004 年批准的第 3679 号国际标准。

（4）行业标准　行业标准是全国性行业范围内统一的标准。对没有国家标准而又需要在全国某个行业范围内统一的技术要求，可以制定成行业标准。我国的行业标准是由国务院有关行政主管部门制定实施的，并报国务院标准化行政主管部门备案，是专业性较强的标准。行业标准可分为强制性行业标准和推荐性行业标准。国家标准是我国标准体系中的主体，在相应的国家标准实施后该项行业标准即行废止。

各行业标准代号由国务院标准化行政管理部门规定，其中化工行业标准代号为 HG。

行业标准的编号由行业标准代号、顺序号和年号组成。例如，强制性化工行业标准可表示如下：

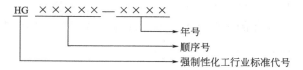

推荐性化工行业标准可表示如下：

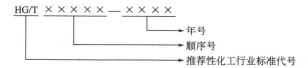

（5）地方标准　对没有国家标准和行业标准而又需要在某个省、自治区、直辖市范围内统一要求所制定的标准。地方标准由省、自治区、直辖市标准化行政主管部门统一编制计划、组织制定、审批、编号和发布，并报国务院标准化行政主管部门备案。在国家标准或行业标准实施后，该项地方标准即行废止。地方标准也可分为强制性地方标准和推荐性地方标准。

强制性地方标准的代号由汉语拼音字母"DB"加上省、自治区、直辖市行政区划代码前两位数加斜线组成，再加"T"后，则组成推荐性地方标准代号。例如，江苏省行政区划代码为 320000，江苏省强制性地方标准代号即为 DB32，其推荐性地方标准代号为 DB32/T。

地方标准的编号由地方标准代号、顺序号和年号三部分组成。例如，强制性地方标准的代号和编号为：

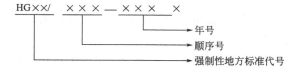

推荐性地方标准的代号和编号为：

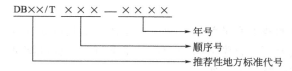

（6）企业标准　企业标准是指由企业制定的对企业范围内需要协调、统一的技术要求、

管理要求和工作要求所制定的标准。企业标准是企业组织生产经营活动的依据。企业标准由企业制定，由企业法人代表或法人代替授权的主管领导批准、发布，由法人代表授权的部门统一管理。

国家标准、行业标准和地方标准中的强制性标准，企业必须严格执行。推荐性标准企业一经采用也就具有了强制的性质，应严格执行。

企业标准代号为"Q"。企业标准的编号由企业标准代号 Q 加斜线，再加企业代号组成，即：

企业代号可用汉语拼音字母或阿拉伯数字，或两者兼用组成。

企业标准的编号由该企业的企业标准代号、顺序号和年号三部分组成，即

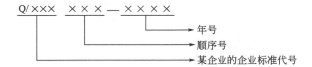

2. 化学检验方法标准

标准又可分为综合标准、产品标准、方法标准、安全标准、卫生标准、环境标准等。原料和产品质量的分析检验使用的是化学检验方法标准。

化学检验方法标准又称分析方法标准和试验方法标准。这类标准有基础标准与通用方法。如化工产品的密度、相对密度测定通则，化工产品中水分含量的测定，化工产品中铁含量测定的通用方法等，以及各种仪器分析法通则。更大量的是各种产品，如钢铁、有色金属、水泥、各种无机及有机化工产品的化学检验方法。

化学检验方法标准内容包括适用范围、方法概要、使用仪器、材料、试剂、标准样品、测定条件、试验步骤、结果计算、精密度等技术规定。

标准方法是经过试验论证、取得充分可靠的数据的成熟方法，而不一定是技术上最先进、准确度最高的方法。制定一个标准方法需经历较长的时间，花费较大的代价，因而其制定总是落后于需要。标准化组织每隔几年对已有的标准进行修订，颁布一些新的标准。因此使用标准方法时要注意是否已有新的标准替代了旧标准，及时使用新的标准方法。

3. 标准物质

标准物质是具有一种或多种足够均匀和很好确定了的特性值，用以校准设备、评价测量方法或给材料赋值的材料或物质。

标准物质是一种计量标准，附有标准物质证书，规定了对某一种或多种特性值可溯源的确定程序，对每一个标准值都有确定的置信水平的不确定度。使用标准物质的目的，是检查分析结果正确是否、标定各种标准溶液的浓度、作为基准试剂直接配制标准溶液等，借以检查和改进分析方法。

标准物质可以是纯的或混合的气体、液体或固体。如校准黏度计用的蒸馏水，量热法中用作热容校准物质的蓝宝石，化学分析校准用的基准试剂、标准溶液，钢铁分析使用的标准钢样，药品分析使用的药物对照品等。

我国将标准物质分为一级标准物质和二级标准物质。

一级标准物质（GBW）是用绝对测量方法或其他准确、可靠方法测量其特性值，测量准确度达到国内最高水平的有证标准物质，主要用于研究与评价标准方法及对二级标准物质定值。

二级标准物质〔GBW（E）〕是用准确可靠的方法，或直接与一级标准物质相比较的方法定值的物质，也称工作标准物质，主要用于评价分析方法及同一实验室或不同实验室间的质量保证。

标准物质的种类很多，涉及面很广，按行业特征分类可分为 13 类，其分类方法见表1-1。

表 1-1　标准物质的分类

序号	类别	一级标准物质数	二级标准物质数	序号	类别	一级标准物质数	二级标准物质数
01	钢铁	258	142	08	环境	146	537
02	有色金属	165	11	09	临床化学与药品	40	24
03	建材	35	2	10	食品	9	11
04	核材料	135	11	11	煤炭、石油	26	18
05	高分子材料	2	3	12	工程	8	20
06	化工产品	31	369	13	物理	75	208
07	地质	238	66	合计		1168	1422

二、 国家计量法简介

1. 法定计量单位

《中华人民共和国计量法》规定：国家采用国际单位制（international system of units，简称 SI），国际单位制计量单位和国家选定的其他计量单位，为国家法定计量单位。国家技术监督局发布了 GB 3100～3102—1993《量和单位》15 项系列国家标准，分别对应国际标准 ISO：1992、ISO 31-0：1992、ISO31-1～31-13—1992。其中，GB 3100—1993《国际单位制及其应用》和 GB 3101—1993《有关量、单位和符号的一般原则》是通用性基础性标准。凡在使用相关学科的物理量及单位时，不论名称还是符号，应一律以此国家标准为准，不得自行改动，凡标准中未列入的名称和符号，一律不得使用。我国法定计量单位构成如图1-1 所示。

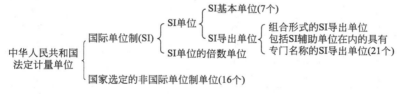

图 1-1　我国法定计量单位构成

2. 分析化学中常用法定计量单位

（1）国际单位制（SI）的基本单位，如表 1-2 所示。

表 1-2　国际单位制（SI）的基本单位

量	单位名称（中、英文）	单位符号	量	单位名称（中、英文）	单位符号
长度	米 meter	m	热力学温度	开［尔文］Kelvin	K
质量	千克（公斤）kilogram	kg	物质的量	摩［尔］mole	mol
时间	秒 second	s	发光强度	坎［德拉］candela	cd
电流强度	安［培］Ampere	A			

（2）分析化学中常用的量和法定计量单位，如表 1-3 所示。

表 1-3 分析化学中常用的量和法定计量单位

量	量的符号	单位名称	单位符号	量的定义
原子量	A_r	—	1	元素的平均原子质量与核素^{12}C原子质量 1/12 之比
分子量	M_r	—	1	物质的分子或特定单元的平均质量与核素^{12}C原子质量 1/12 之比
物质的量	n	摩[尔]	mol	一系统的物质的量,该系统中所含基本单元(原子、分子、离子、电子、其他离子及组合)数与 $0.012kg$ ^{12}C 的原子数目相等
摩尔质量	M	千克每摩[尔]	kg/mol,g/mol	质量与物质的量之比,$M=m/n$
密度	ρ	千克每立方米	kg/m³,g/cm³	质量与体积之比,$\rho=m/V$
相对密度	d	—	1	$d=\rho_1/\rho_2$
B 的质量浓度	ρ_B	千克每升	kg/L,g/mL	B 的质量与混合物的体积之比 $\rho_B=m_B/V$
B 的物质的量浓度	c_B	摩[尔]每升	mol/m³,mol/L	B 的物质的量与混合物体积之比 $c_B=n_B/V$
B 的质量分数	w_B	—	%,µg/g,ng/g	B 的质量与混合物的质量之比 $w_B=m_B/m$
B 的体积分数	φ_B	—	%,µL/L,nL/L	B 的体积与混合物体积之比 $\varphi_B=V_B/V$

（3）分析化学中常用的希腊字母，如表 1-4 所示。

表 1-4 分析化学中常用的希腊字母

大写	小写	英文	汉语译音	大写	小写	英文	汉语译音
A	α	alpha	阿尔法	N	ν	nu	纽
B	β	beta	贝塔	Ξ	ξ	xi	克西
Γ	γ	gamma	伽马	O	o	omicron	奥米克龙
Δ	δ	delta	德尔塔	Π	π	pi	派
E	ε	epsilon	艾普西隆	P	ρ	rho	洛
Z	ζ	zeta	载塔	Σ	σ	sigma	西格玛
H	η	eta	艾塔	T	τ	tau	陶
Θ	θ	theta	西塔	Υ	υ	upsilon	宇普西隆
I	ι	iota	约塔	Φ	φ	phi	斐
K	κ	kappa	卡帕	X	χ	chi	喜
Λ	λ	lambda	兰姆达	Ψ	ψ	psi	普西
M	μ	mu	米尤	Ω	ω	omega	奥米伽

3. SI 词头及其应用

SI 词头共有 20 个，分别表示 10 的 24 至 −24 次方，如表 1-5 所示。其中 h、da、d、c 多用于长度、面积和体积单位，其他情况一般不用。国家标准规定由两个以上字母构成的符号必须作为一个整体，包括由一个词头符号和一个单位符号构成的十进倍数和分数单位，即词头和紧挨着的单位符号具有相同的幂次，如：km³ 是 "立方千米"，不是 "千米立方"。$1000m^3$ 的水，不能写成 $1km^3$，$1000m^3$ 是 $1000t$，而 $1km^3$ 是 10^9t。词头不能重叠使用，如 kMW 是错误写法，应该写成 GW；天平感量 $1\times10^{-3}mg$ 是错误写法，应该写成 $1µg$。词头不能单独使用，习惯写法 $R=8k$，$R=10M$ 等，都不正确，应该写成：$R=8k\Omega$，$R=10M\Omega$。

表 1-5　SI 词头

因素	词头名称	词头符号	因素	词头名称	词头符号	因素	词头名称	词头符号
10^{24}	尧[它]	Y	10^3	千	k	10^{-9}	纳[诺]	n
10^{21}	泽[它]	Z	10^2	百	H	10^{-12}	皮[可]	p
10^{18}	艾[可萨]	E	10^1	十	da	10^{-15}	飞[姆托]	f
10^{15}	拍[它]	P	10^{-1}	分	d	10^{-18}	阿[托]	a
10^{12}	太[拉]	T	10^{-2}	厘	c	10^{-21}	仄[普托]	z
10^9	吉[咖]	G	10^{-3}	毫	m	10^{-24}	幺[科托]	y
10^6	兆	M	10^{-6}	微	μ			

三、 化学检验中的质量保证

1. 化验室检验质量保证体系

质量保证体系是检测工作的重要环节，包括检测机构的各室都应有人负责检测的质量监督工作，有与此对应的整套完善规章制度和措施，通常需建立质量保证体系（见图 1-2），以确保实现单位统一、量值准确可靠的检测。

2. 化验室检验质量评定方法

质量评定是对检验过程进行监督的方法，通常分为化验室内部（室内）和化验室外部（室间）两种质量评定方法。

（1）化验室内部质量评定常采用的方法　用重复检测试样的方法来评价检测方法的精密度；用检测标准物质或内部参考标准样品中某组分的方法来评价检测方法的系统误差；采用交换操作者、交换仪器设备的方法来评价检测方法的系统误差来源；用标准检测方法或权威检测方法与现用的检测方法检测结果进行比较，用来评价方法误差。

（2）化验室外部质量评定常采用的方法　各化验室之间共同分析一个试样、化验室之间交换试样、分析从其他化验室得到的标准物质或质量控制样品等。通过化验室外部质量评定可以避免化验室内部的主观误差因素，可以客观地评价检测结果的系统误差大小，是化验室水平鉴定、认可的重要手段。

3. 化验室检验质量控制

质量控制是指为达到质量要求所采取的作业技术和活动，监视过程并排除导致不合格、不满意的原因，以取得准确可靠的数据和结果。为确保提供的检验数据准确可靠，化验室应用质量控制程序和质量控制计划以监控检测和校准结果的有效性，即进行有效的质量控制。可采取以下监控措施：

（1）定期使用有证标准物质（参考物质）进行监控，或使用次级标准物质（参考物质）开展内部质量控制；

（2）参加化验室间的比对或能力验证；

（3）使用相同或不同的方法进行重复检测或校准；

（4）对存留样品进行再检测或再校准；

（5）分析一个样品的不同特性结果的相关性。

在进行以上监控操作时，对影响检测结果的每一个因素（被测试样、仪器设备、工作环境等）都必须检查、核对和记录，同时校对所有检测数据。当发现质量控制数据将要超出预先确定的判断依据时，应采取有效的措施来纠正出现的问题，并防止报告错误的结果。必须做到，检测的每个过程都应该处于受控状态，但不是没有变异现象，随机误差总是存在的，受控状态下的正常变异不必找原因。而人、机、样、法、环、溯中的一个或几个发生变化所引起的异常变异则是质量控制的对象。

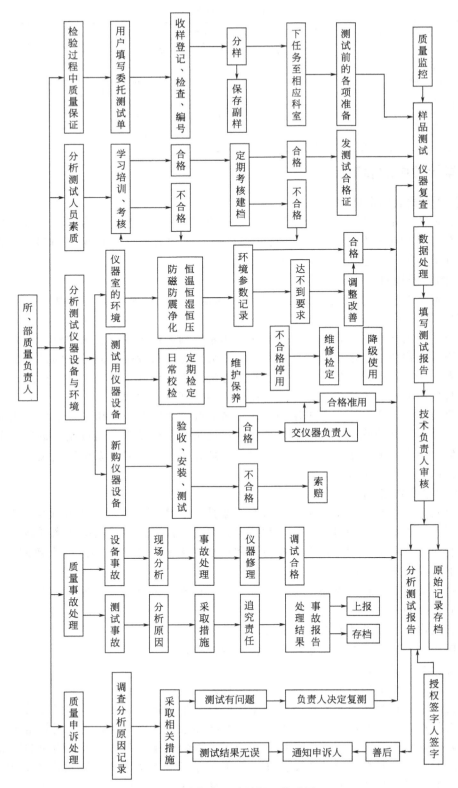

图 1-2 化验室质量保证体系图

4. 化验室检验质量申诉及处理

客户对化验室的检测结果、服务质量以及管理水平等方面不满意时均可提出申诉。由质量负责人受理和处理客户的申诉，并向行政负责人报告处理结果，还需在年终时进行评价。受理检测质量申诉的有效期最长为检测报告发出之日起 3 个月，特殊检测项目应在检测报告上另行注明，超过期限的申诉可以不受理。检验质量申诉有以下几种：

（1）客户要求对检验结果做进一步解释，但未对检验质量表示明确异议；

（2）客户明确表示不同意检验结果而要求复查；

（3）客户未对本中心提出异议，而直接向上级主管部门申诉。

对于申诉的处理程序有：

（1）办公室将申诉分类登记后交质量负责人处理。

（2）质量负责人会同相关检测室主任检查原检验报告，查阅原始记录、检测仪器、检测方法、测试环境、数据处理、结论判断方法等，如确实无误，签发确认原检验报告正确有效的文件并办理登记手续；送样单位支付与原测试费相同的复检费。

（3）若因检测流程的某环节失误造成误判的，应签发《对于原编号为××的检验报告的更改》报告，原检验报告作废，并办理登记手续，对造成错误的直接责任人做适当处理。

（4）若是由于原测试条件、检测仪器、检测方法的错误而造成误检的，将备用样品重新检验，重新发送检验报告，费用由检测机构负担，并对责任人进行处理。

（5）若送样单位对复检结果仍有异议，可向上级部门反映，由高一级测试单位重新抽样检验，经济责任由败诉方承担；不可重复性试验原则上不受理申诉。

（6）有关检验质量申诉的全部资料均作为技术档案在处理后一个月内由质量负责人整理后交办公室归档。

第二章　天平及使用

天平是化学检验中常用的称量仪器，根据其称量准确度可分为两大类，即托盘天平和分析天平。

第一节　托盘天平

托盘天平又称台秤，其操作简便快速、称量量大，但精度不高，一般只能称准至 0.1g 或 0.01g，可用于精确度要求不高（如间接法配制标准溶液、辅助试剂溶液的配制等）的称量。

一、托盘天平的结构

如图 2-1 所示，托盘天平是由横梁、支承横梁的底座、托盘、托盘架、平衡螺母、平衡螺杆、指针、刀口、分度盘、刻度标尺、游码、砝码、固定天平用的橡胶圈等部件组成。

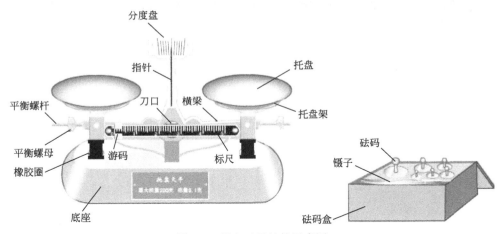

图 2-1　托盘天平结构示意图

托盘天平是依据杠杆原理制成的，托盘在杠杆的两端，左端放被称量物，右端放砝码，指针在杠杆中央，平衡时，被称量物的质量等于砝码的质量。

刻度标尺上的一大格为 1g，一小格为 0.1g 或 0.2g。根据托盘天平的最大载荷量，其规格可分为 100g、200g、500g、1000g、2000g 等。

二、托盘天平的使用

现以载荷为 100g 的托盘天平为例，说明其使用方法。

1. 称量准备

（1）将天平放在水平台面上，用软毛刷清扫托盘。

（2）砝码盒放在天平右侧，打开砝码盒，检查砝码是否齐全，取放砝码的镊子放在砝码盒中或干燥洁净的表面皿上。

（3）记录本放在天平右侧或前方。

（4）称量物、角匙（放在干燥洁净的表面皿或培养皿上）放在天平左侧。

（5）称量容器（如小烧杯、表面皿或称量纸等）放在天平左侧。

2. 称量

（1）取下橡胶圈。

（2）用镊子将游码移至"0"刻度线处。

（3）调节平衡螺母，至指针指向分度盘中央刻度线处。

（4）容器的称量　将称量容器（如小烧杯或表面皿等）放在天平左托盘上，用镊子夹取砝码放在右托盘上，当砝码质量小于称量容器5g（200g以上的天平砝码质量小于称量容器10g）以下时，用镊子移动游码，直至平衡，即指针指向分度盘中央刻度线处。

（5）记录称量容器的质量，即右托盘中砝码的质量和游码在刻度标尺上的刻度值之和。

（6）在右盘加上所需称取物质质量的砝码。

（7）称取称量物（以固体试剂的称量为例）　打开试剂瓶盖，朝上放置，用角匙取固体试剂，放入称量容器中，直至天平达到平衡，角匙放回原处，盖上试剂瓶盖。

（8）记录称量物和称量容器的总质量，即加入称量物于称量容器后右托盘中砝码质量和游码在标尺上的刻度值之和。

（9）称量干燥且不易吸潮的固体物质时，先用镊子将游码移至"0"刻度线处，再在两个托盘上各放一张相同规格的称量纸，调节平衡螺母，至指针指向分度盘中央刻度线处，然后在右托盘称量纸上加上所需称取物质质量的砝码，用角匙取固体物质，直接放在左托盘的称量纸上，直至天平达到平衡，右托盘的砝码和游码在刻度标尺上的刻度值之和即为左托盘称量纸上称量物的质量。

3. 称量结束工作

（1）取下称量容器或称量纸。

（2）砝码放回砝码盒中，盖上砝码盒盖。

（3）将游码移至"0"刻度线处。

（4）清洁托盘，两托盘叠放在一侧托盘架上。

（5）套上橡胶圈。

（6）天平及砝码盒放回原处。

（7）称量用品放回原处。

（8）整理称量台面。

三、 托盘天平使用注意事项

（1）砝码必须用镊子夹取，切不可用手直接拿取，且要轻拿轻放，夹取砝码的镊子只能拿在手上或放在干燥洁净的表面皿（或培养皿）上。

（2）游码也必须用镊子移动。

（3）砝码要保持干燥洁净，以防生锈及改变质量，影响称量的准确度。

（4）不可把试剂直接放在托盘上称量，要根据称量物的性状，选择合适的称量容器，干燥且不易吸潮的物质可在称量纸上称量，潮湿、易吸潮或具有腐蚀性的物质需放在内外壁都干燥洁净的容器（如小烧杯、表面皿等）中称量。

（5）过冷过热的物质不可放在天平上称量，应先放在干燥器内放置至室温后，再进行称量。

（6）天平使用前，要先取下橡胶圈，游码移至刻度标尺左端"0"处，再观察指针的摆动情况，若指针在分度盘左右两侧摆动的格数几乎相等，或者停止摆动时指针指在分度盘的中线上，则表示天平处于平衡状态（此时指针的休止点称为天平零点），即可称量；若指针在分度盘左右摆动的格数相差较大，则必须调节平衡螺母至零点后，方可称量；调零后，称量过程中，不可再碰平衡螺母。

（7）称量时，被称量物品放在左托盘上，砝码放在右托盘上；加砝码时，先加大砝码，若偏大，再换小砝码，最后调节游码，至指针在分度盘左右两端摆动的格数几乎相等时，再读取砝码和游码的总质量，游码在刻度标尺上的刻度值要读准至0.1g或0.01g。

（8）不得超载使用。

（9）称量完毕，砝码要放回砝码盒中，游码移至零点；将托盘清扫干净后，两托盘叠放在一侧托盘架上，最后套上橡胶圈。

（10）天平使用完毕后，要放回固定位置。

（11）托盘天平及砝码要保持干燥洁净；每隔6～12个月必须检定计量性能，以防失准；发现托盘天平损坏或不准时，需送有关检修部门检修。

第二节　电子（分析）天平

电子天平是最新发展的一类天平，它采用了现代电子控制技术，利用电磁力平衡原理实现称重，没有机械天平的横梁和升降枢装置，全量程不用砝码，放上称量物后，在几秒钟内即可达到平衡，直接在显示屏上读数。电子天平具有操作简单、快速，性能稳定，灵敏度高等特点。一般电子天平还具有去皮（净重）称量、累加称量、计件称量等功能，并配有对外接口，可连接打印机、计算机、记录仪等，实现了称量、记录、计算自动化。

电子天平的种类、规格很多，化学检验中最常用的是电子分析天平，其最大载荷量是100g或200g，可读准至±0.1mg。本节主要以梅特勒 AL204 型电子分析天平为例，介绍电子分析天平（以下简称为电子天平）的结构、工作原理、安装、称量准备、称量方法及常见故障与排除等。其他型号电子天平与此相似，可按对应天平的说明书要求进行操作。

一、　电子天平的结构

电子天平的种类虽多，但其基本结构及称量原理相似，如图 2-2～图 2-4 所示，主要由秤盘、传感器、位置检测器、PID调节器、功率放大器、低通滤波器、模数（A/D）转换器、微型计算机、显示器、机壳、底脚等组成。

（1）秤盘　秤盘多为金属材料制成，安装在天平的传感器上，是天平进行称量的承受装置，用于放置称量物和校准砝码，它具有一定的几何形状和厚度，以圆形和方形居多，使用中应注意保持清洁，不可随意调换秤盘。

（2）传感器　传感器是天平的关键部件之一，由外壳、磁钢、极靴和线圈等组成，装在秤盘的下方，其精度很高，且很灵敏。应保持天平室的清洁，切忌称样时散落物品，以免影响传感器的正常工作。

（3）位置检测器　它是由高灵敏度远红外发光管和对称式光敏电池组成的，其作用是将秤盘上的载荷转变成电信号输出。

（4）PID调节器　PID（比例、积分、微分）调节器的作用是保证传感器快速而稳定的工作。

（5）功率放大器　其作用是将微弱的信号进行放大，以保证天平的精度和工作要求。

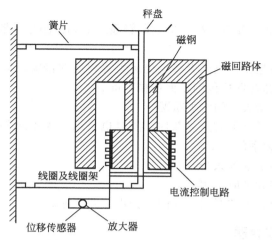

图 2-2　电子天平结构原理示意图

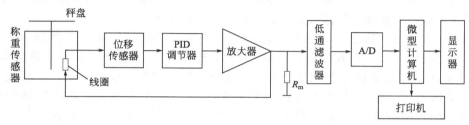

图 2-3　电子天平原理框图

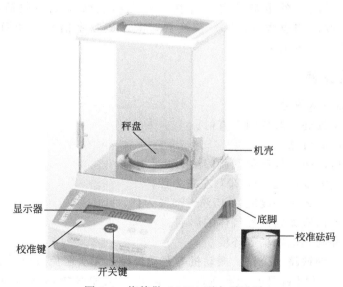

图 2-4　梅特勒 AL204 型电子天平

（6）**低通滤波器**　它的作用是排除外界和某些电器元件产生的高频信号的干扰，以保证传感器的输出为一恒定的直流电压。

（7）**模数（A/D）转换器**　它的作用是将输入信号转换成数字信号；其优点是转换精度高，易于自动调零，能有效地排除干扰。

（8）**微型计算机**　它是电子天平的关键部件，用于数据处理，具有记忆、计算和查表等功能。

（9）显示器　显示器主要有两种，即数码管显示器和液晶显示器，主要用于显示天平零点及称量物质量等。

（10）机壳　其作用是保护电子天平免受灰尘等物质的侵害，同时也是电子元件的基座等；通常电子天平外面都有框罩包围以保证精确度。

（11）水平仪　可显示天平的水平状况。

（12）底脚　它是电子天平的支撑部件，同时也是电子天平水平的调节部件，一般均靠后面两个调整脚来调节天平的水平。

（13）校准砝码　用于校准天平。

（14）校准键　校准天平时使用。

（15）开关键　用于天平的开启、关闭、去皮（即调零）。

二、 电子天平的工作原理

电子天平的控制方式和电路结构多种多样，但称量依据都是电磁力平衡原理，即称量物体时，采用电磁力与被称量物体重力相平衡的原理实现测量。

如图 2-2 和图 2-3 所示，它是将秤盘与通电线圈相连接，线圈置于磁场内。天平空载时，位移传感器处于平衡状态。当被称物置于秤盘后，因重力向下，弹簧被压缩，被称物的重力通过支架连杆作用于线圈上，使秤盘和线圈一起向下运动，秤盘位置发生变化，线圈上则产生一个电磁力，与重力大小相等、方向相反。此时位移传感器输出电信号，经整流放大，改变线圈上的电流，直至线圈回位，该电流强度与被称物体的重力成正比。而此重力正是物质的质量所产生的，由此产生的电信号经 PID 调节器、放大器后，转换成线圈中的电流信号，并在采样电阻上转换成与载荷相对应的电压信号，再经过低通滤波器和模数（A/D）转换器，变换成数字信号，经微机控制与数据处理，并将此数字显示在显示屏上。

三、 电子天平的安装

1. 电子天平安装环境的选择

（1）置于阴凉干燥处，避免阳光直射。

（2）工作台要牢固可靠。

（3）安装环境应洁净，且避免气流的影响。

（4）安装环境内温度恒定，以 20℃左右为佳。

（5）安装环境内的相对湿度应以 45%～75%为佳。

（6）电子天平室内应无腐蚀性气体的影响。

（7）远离热源和高强电磁场等环境。

（8）远离震源，如铁路、公路、振动机等振动机械，无法避免时应采取防振措施。

（9）靠近磁钢处要用潮湿的绸布等除尘，防止尘土和脏物落入磁钢中，以造成天平故障。

2. 电子天平的安装程序

（1）拆去外包装，并将外包装及防震物品收藏好，以备再用。

（2）检查主机及零部件是否齐全，外观是否完好。

（3）清洁主机及零部件。

（4）安装主机，调节天平底脚至水平状态。

（5）将秤圈、秤盘等活动部件安装到位。

（6）松开运输固定螺钉或键钮等止动装置。

（7）将电子天平的外接电源选择键钮调至当地供电电压挡上。

（8）把外接电源、插销插入外接电源插座内，并打开电子天平的电源开关，观察其显示是否正常，如正常显示，则表明电子天平的安装程序顺利完成。

四、 电子天平的称量准备

（1）取下天平罩　为了防尘，电子天平都配有天平罩；使用天平时，首先要取下天平罩，叠好，放在适宜位置。

（2）检查、调节天平水平　天平在使用时，必须处于水平状态，否则应调节天平底脚，至水平仪气泡位于黑圈中央。

（3）清扫天平　一般在天平箱内都备有软毛刷，用于清洁天平；使用天平前，要用软毛刷将秤盘及底座清扫干净。

（4）预热天平　接通电源，按天平使用说明书的要求，在"OFF"状态下预热一定时间，如 60min 左右。

（5）开启天平　按"开关键"开启天平，当显示"0.0000g"（见图 2-5）时，方可称量或校准天平。

图 2-5　电子天平准备完毕的显示

（6）校准天平　新安装、移动过或称量中读数不稳定的电子天平，需进行校准。校准时，先按要求准备好校准砝码及镊子［见图 2-6（a）］；长按"校准键"，待显示闪烁 CAL［见图 2-6（b）］及 200.0000g［见图 2-6（c）］时，打开天平门，用镊子夹取 200g 校准砝码，放在秤盘中央，关闭天平门；显示"0.0000g"［见图 2-6（d）］时，取下 200g 校准砝码，放回砝码盒中，关闭天平门，此时若显示 0.0000g［见图 2-6（e）］，表示天平校准成功，即可进行称量；否则需按上述方法重新校准。天平校准结束后，长按开关键关闭天平，校准砝码及镊子放回原处。

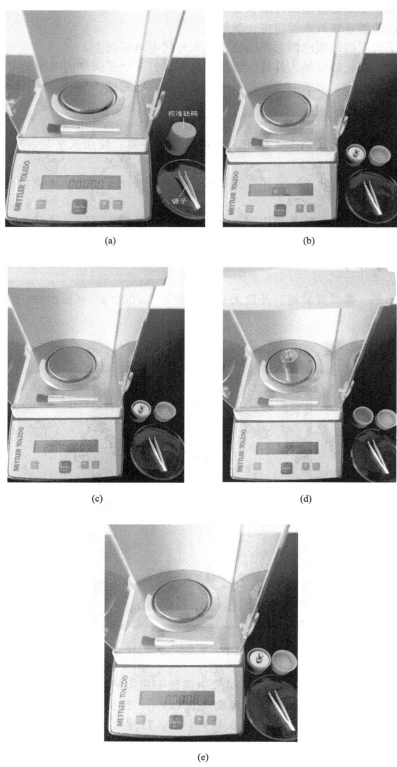

图 2-6　电子天平的校准

五、 电子天平的称量方法

电子天平常用的称量方法有直接称量法、差减称量法和固定质量称量法。

（一）直接称量法

直接称量法主要用于称量实验容器（如坩埚、小烧杯等）及在空气中稳定的固体物质。

1. 实验容器的称量（以坩埚的称量为例）

（1）按上述要求准备好电子天平。

（2）实验报告单及记录笔放在天平右边。

（3）将洗净的坩埚干燥后，放在干燥器中冷却至室温，置天平左边，如图 2-7（a）所示。

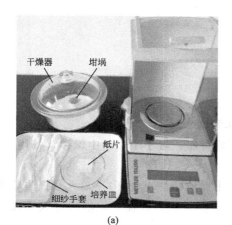
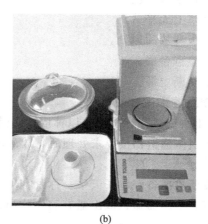

图 2-7　坩埚的称量

（4）打开干燥器盖。

（5）用纸片夹取（或戴上细纱手套拿取）坩埚放在干燥洁净的表面皿或培养皿上，置天平左边［见图 2-7（b）］。

（6）盖上干燥器盖。

（7）按"开关键"开启天平，当显示"0.0000g"时，打开天平左门。

（8）用纸片夹取（或戴上细纱手套拿取）坩埚放在秤盘中央，关闭天平门。

（9）数值稳定后读数，该读数即为此坩埚的质量［见图2-7（c）］，及时记录在报告单上。

（10）打开天平门，取出坩埚，放回表面皿或培养皿上，关闭天平门。

（11）观察显示器读数，应为"0.0000g"，否则，需按"开关键"去皮调零，显示"0.0000g"。

（12）长按"开关键"关闭天平。

（13）清扫天平。

（14）关闭天平门。

（15）坩埚放回干燥器中。

（16）记录天平使用状况。

（17）罩上天平罩。

（18）板凳放回原处。

（19）整理台面。

（20）切断电源。

2. 固体物质的称量

（1）不去皮直接称量法（以称取0.4g固体为例）

① 将固体称量物按要求处理后，放入扁型称量瓶，置于干燥器中保存，备用［见图2-8（a）］；

② 按要求准备好电子天平、称量容器（如干燥洁净的小烧杯）、角匙及报告单等；

③ 打开干燥器盖，取出盛有固体物质的扁型称量瓶，放在干燥洁净的表面皿或培养皿上［见图2-8（b）］，盖上干燥器盖；

④ 按"开关键"开启天平，当显示"0.0000g"时，打开天平左门，戴上细纱手套，拿取小烧杯放在秤盘中央［见图2-8（c）］，关闭天平门；

⑤ 待读数稳定后，将读数即烧杯的质量（如42.4811g）记录在报告单上；

⑥ 打开天平左门，打开扁型称量瓶盖，用角匙取固体称量物，伸向秤盘上小烧杯上方约2～3cm处，放入烧杯中［见图2-8（d）］；至接近所需质量时，按图2-8（e）所示的方法，将角匙柄上端顶在掌心，以拇指、中指及掌心握住角匙，并用食指轻敲匙柄，将物质缓缓抖入小烧杯中，直至达到所需质量范围（一般为指定质量的±5%），关闭天平门；

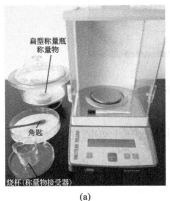

(a)

(b)

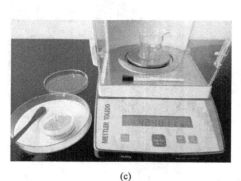

(c)　　　　　　　　　　　　　　(d)

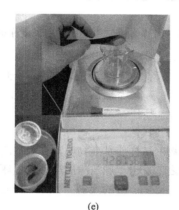

(e)

图 2-8　固体物质的称量（不去皮直接称量法）

⑦ 待读数稳定后，将读数即烧杯和固体物质的总质量（如 42.8756g）记录在报告单上，两次称量质量之差（即烧杯中的增量）即为称取物质的质量；

⑧ 取出烧杯，关闭天平门；

⑨ 按上述坩埚称量方法做好天平称量结束工作；

⑩ 盖上扁型称量瓶，放回干燥器中，整理台面。

（2）去皮直接称量法

① 按上述不去皮直接称量方法准备好电子天平、称量物、称量容器（如小烧杯）及报告单；

② 按"开关键"开启天平，当显示"0.0000g"时，打开天平左门；

③ 戴上细纱手套，拿取小烧杯放在秤盘中央，关闭天平门；

④ 待读数稳定后，按"开关键"去皮，显示"0.0000g"［见图 2-9（a）］时，打开天平左门；

⑤ 打开扁型称量瓶盖，用角匙以上述不去皮直接称量法将固体物质放入秤盘上的小烧杯中，直至达到所需质量范围［见图 2-9（b）］，关闭天平门；

⑥ 待读数稳定后，将读数即固体物质的质量及时记录在报告单上；

⑦ 取出烧杯，关闭天平门；

⑧ 按上述不去皮坩埚称量方法做好天平称量结束工作；

⑨ 盖上扁型称量瓶，放回干燥器中，整理台面。

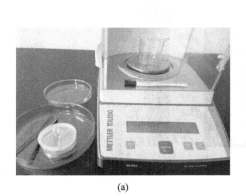 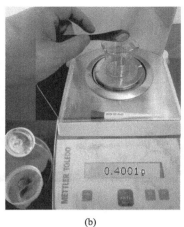

|(a)|(b)|

图 2-9　固体物质的称量（去皮直接称量法）

（二）差减称量法

差减称量法（简称差减法）又称递减称量法，主要用于称量在空气中不稳定（如易吸潮、易吸收空气中 CO_2、易被空气氧化等）的固体或溶液。差减称量法可分为不去皮差减称量法和去皮差减称量法。

1. 不去皮差减称量法

（1）称量物的准备　将称量物（试样或基准物质）在规定的条件下进行处理，于研钵中研细，装适量（不超过称量瓶高度的三分之二）于干燥洁净的高型称量瓶中，保存于干燥器内，备用。

（2）按要求准备好电子天平、称量物的承接器（如烧杯）、细纱手套或称量纸条及纸片等。

（3）打开干燥器盖，用洁净的纸条套裹夹取称量瓶［见图 2-10（a）］，或戴细纱手套拿取称量瓶，放在天平左侧干燥洁净的培养皿或表面皿上［见图 2-10（b）］，盖上干燥器盖。

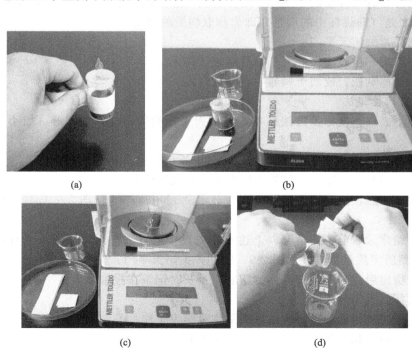

|(a)|(b)|
|(c)|(d)|

 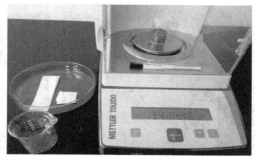

(e)　　　　　　　　　　　　　　(f)

图 2-10　不去皮差减称量法

（4）按"开关键"开启天平，当显示"0.0000g"时，打开天平左门。

（5）用干燥洁净的小纸条套裹夹取（或戴上细纱手套拿取）称量瓶，放置于秤盘中央[如图 2-10（c）所示]，关闭天平左门。

（6）待读数稳定后，将其读数即倾样前称量瓶和称量物的总质量（如 34.7424g）记录在报告单上。

（7）打开天平左门，用干燥洁净的小纸条套裹夹取（或戴上细纱手套拿取）称量瓶，关闭天平左门。

（8）物质的敲取　用左手将称量瓶举在承接器烧杯的上方，右手用小纸片夹住（或戴细纱手套拿住）称量瓶盖柄，打开瓶盖，用瓶盖边缘边轻敲称量瓶口上边缘[如图 2-10（d）所示]，边将称量瓶口缓缓向下倾斜，使称量物缓缓落入烧杯中；当倾出称量物接近所需质量时，进行回敲[见图 2-10（e）]，即用瓶盖边缘边轻敲称量瓶口边缘，边将称量瓶缓缓竖起，使附着在称量瓶口的物质落入称量瓶或烧杯内，敲至盖上瓶盖不碰瓶内物质，盖上瓶盖；打开天平左门，将称量瓶放回秤盘，关闭天平左门，试称质量；如此反复倾样、试称质量几次（试称一般不超过 3 次），直至倾出物质质量达到要求的范围；待读数稳定后，记录读数，即为倾样后称量瓶和剩余物质的总质量如 34.3446g[见图 2-10（f）]，记录在报告单上；倾样前和倾样后的质量之差，即为倾出物质的质量；按上述方法连续操作，可称取多份物质，以进行平行试验。

（9）打开天平左门，取出称量瓶，放回干燥器中。

（10）按要求做好天平称量结束工作。

（11）整理台面。

2. 去皮差减称量法

（1）用上述不去皮差减称量方法准备电子天平及称量物等；

（2）打开干燥器盖，用干燥洁净的小纸条套裹夹取（或戴上细纱手套拿取）称量瓶，放在培养皿或表面皿上；

（3）盖上干燥器盖；

（4）按"开关键"开启天平，当显示"0.0000g"时，打开天平左门；

（5）用洁净的小纸条套裹（或戴上细纱手套拿取）称量瓶，放置于秤盘中央，关闭天平左门；

（6）待读数稳定后，按"开关键"去皮，显示 0.0000g[见图 2-11（a）]；

（7）打开天平左门，取出称量瓶，关闭天平左门；

（8）用上述不去皮差减称量方法敲击倾出称量物于烧杯中，并试称质量，直至倾出物质的质量达到要求的范围，读数稳定后，显示值为负值（即表示取出了称量物），其绝对值为

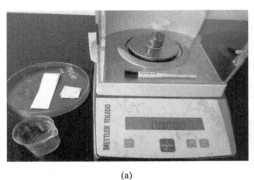

(a)   (b)

图 2-11　去皮差减称量法

取出称量物的质量［见图 2-11（b）］，及时记录在报告单上；

　　（9）打开天平左门，取出称量瓶，放回干燥器中，关闭天平门；

　　（10）按要求做好天平称量结束工作；

　　（11）整理台面。

　　（三）固定质量称量法

　　固定质量称量法，常用于配制一定准确浓度的标准溶液、标准缓冲溶液等时，称取指定质量的物质。以称量 0.5000g 固体物质为例，其称量过程如下所述。

　　（1）用上述不去皮直接称量法同样方法准备好电子天平及称量物等；

　　（2）按"开关键"开启天平，显示"0.0000g"；

　　（3）打开天平左门，戴上细纱手套拿取小烧杯放在秤盘中央，关闭天平门；

　　（4）待读数稳定后，按"开关键"去皮，显示"0.0000g"［见图 2-12（a）］时，打开天平左门；

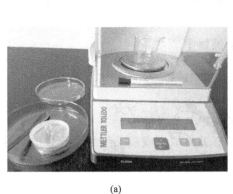

(a)   (b)

图 2-12　固定质量称量法

　　（5）打开扁型称量瓶盖，用角匙以不去皮直接称量方法将固体物质放入秤盘上的小烧杯中，直至非常接近所需质量时，按图 2-12（b）所示的方法，将角匙柄上端顶在掌心，用拇指、中指及掌心握住角匙，用食指轻磨匙柄，使物质缓缓落入小烧杯中，直至恰好为指定质量（如 0.5000g），关闭天平门；

（6）读数稳定后，将读数即称量物的质量记录在报告单上；

（7）打开天平门，取出烧杯，关闭天平门；

（8）盖上扁型称量瓶盖，放回干燥器中；

（9）按要求做好天平称量结束工作；

（10）整理台面。

（四）液体试样的称量

液体试样应根据其性质选择适宜的称量容器及称量方法。

（1）性质较稳定的液体试样的称量　在空气中不易挥发、不易吸收水分和 CO_2、不易被氧化的液体试样，可用小滴瓶（见图 2-13）以差减法称量。

图 2-13　用小滴瓶称量液体试样

（2）较易挥发的液体试样的称量　较易挥发的液体试样可用具塞锥形瓶以增量法称量。例如称量浓盐酸时，先在 100mL 具塞锥形瓶中加入 100mL 水，准确称其质量，然后快速加入适量的浓盐酸试样，立即盖上瓶塞，再准确称取质量，增加的质量即为浓盐酸试样的质量。

（3）易挥发或与水剧烈作用的液体试样的称量　例如乙酸试样的称量，可先在称量瓶中以增量法称量，然后连同称量瓶一起放入盛有适量水的具塞锥形瓶中，盖上具塞锥形瓶塞，轻轻摇动使称量瓶盖打开，试样与水混合后进行测定。

发烟硫酸、发烟硝酸及乙酸乙酯等可用安瓿球（如图 2-14 所示）以增量法称量。先准确称取安瓿球的质量，然后用镊子夹住安瓿球的毛细管部分，将球部在酒精灯上微热，赶去安瓿球中部分空气而产生负压后，迅速将安瓿球的毛细管尖端插入液体试样中，球泡冷却后，可从毛细管尖端吸入试样。注意：切勿将毛细管碰断。用滤纸吸干毛细管外壁溶液，并在火焰上加热封住毛细管口，再准确称其质量。将安瓿球放入盛有适量试剂的具塞锥形瓶塞中，摇碎安瓿球，若摇不碎可用玻璃棒击碎，断开的毛细管也可用玻璃棒碾碎。待试样与试剂混合后即可进行测定。

六、电子天平的常见故障与排除

在调修天平前，应先进行通电检查，记录天平不正常状态，初步判定故障部位，或根据天平本身的故障诊断程序，判断故障部位，然后再进行调整或维修。

1. 电子天平显示器上显示"OL"

当电子天平显示器上显示"OL"时，说明电子天平的称量已超过了最大载荷，需减载，

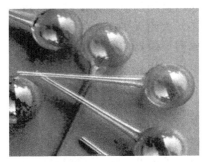

图 2-14　安瓿球

且绝不能超过最大载荷称量。

2. 电子天平显示器上显示"UL"

当电子天平的显示器上显示"UL"时，说明电子天平的称量处于欠载状态。应该仔细检查电子天平的秤盘或秤盘支架等，观察是否因未放上或未放好所致。

3. 电子天平的显示器不亮

（1）显示器不亮的原因

① 电源未接通或外部停电；

② 变压器连接有问题；

③ 变压器损害；

④ 天平没有开启。

（2）显示器不亮的调修方法

① 若电源未接通可仔细检查插销、导线等是否有断开或接触不良，并排除之；

② 正确连接变压器；

③ 更换同规格型号的变压器；

④ 开启天平。

4. 电子天平的显示值不停地变动

电子天平的显示值不停地变动，应该及时调修，以免影响天平示值的准确可靠。

（1）显示值不停变动的原因

① 天平严重不水平，倾斜度太大；

② 天平安装环境不符合要求；

③ 被称物易挥发或吸潮等；

④ 被称物与室温相差幅度较大所致。

（2）显示值不停变动的调修方法

① 调整电子天平使其处于水平状态；

② 选择合格的安装环境和工作台面安装电子天平；

③ 用器皿盛放易挥发或吸潮物品进行称量，有效防止被称物品的挥发和吸潮；

④ 将被称物进行必要的恒温处理后，再进行称量。

5. 电子天平的显示结果明显错误

若电子天平的显示结果明显错误，应及时进行调修，确保天平称量结果的准确可靠。

（1）故障原因

① 电子天平没有进行去皮；

② 天平不水平；

③ 天平长时间没有校准;

④ 天平校准方法不准确;

⑤ 环境的影响。

（2）调修方法

① 称量过程中注意除皮重;

② 认真检查调修天平，使电子天平处于水平状态;

③ 应该定期对天平进行核准，尤其是精确称量前更要对电子天平进行校准;

④ 如果天平校准不准确，可针对问题纠正或进行外校处理和线性调整;

⑤ 应避免温度、气流和湿度等对天平的影响。

6. 电子天平无显示或只显示破折号

电子天平如果无显示或只显示破折号时，要及时处理，以免影响天平的正常使用。

（1）故障原因　电子天平的稳定性设置得太灵敏。

（2）调修方法　重新设置电子天平的稳定性，至合适为止。

7. 电子天平校准中显示值不停地闪烁

（1）故障原因

① 天平严重不水平;

② 天平安装环境不符合要求;

③ 使用了不符合要求的外校砝码。

（2）调修方法

① 调好电子天平水平状态;

② 将电子天平安装在稳固的台面上，并保证环境符合电子天平的环境要求;

③ 避免使用不符合要求的外校准砝码，或者重新定义后，再进行校准。

8. 开启电子天平后，其显示器上无任何显示

（1）故障原因

① 没有真正开启天平;

② 没有电源或暂时停电;

③ 电源插销没有接触好;

④ 保险丝损坏;

⑤ 变压整流器损坏;

⑥ 电子天平电压挡选择不当;

⑦ 电源电压受到瞬间干扰;

⑧ 显示器损坏;

⑨ 电子天平 A/D 转换器可能有问题;

⑩ 电子天平的微处理器可能有故障。

（2）调修方法

① 重新开启电子天平;

② 用电压表检查外电源，确认无电后，只需关机待电;

③ 检查各电源插销，并使之接触良好，必要时用万用表检查导线间是否折断;

④ 更换同规格型号的保险丝;

⑤ 检修或更换电源变压整流器;

⑥ 正确选择电子天平的电压挡，使之与当地电压相符;

⑦ 如果电源电压过低，应暂时关机，待电源电压稳定后，再重新开启天平;

⑧ 检修或更换电子天平的显示器；

⑨ 检修或更换电子天平的 A/D 转换器；

⑩ 检修或更换电子天平的微处理器。

9. 电子天平的显示器只显示下半部

电子天平的显示器只显示下半部，表明天平发生了问题，应该立即进行检修。

（1）故障原因

① 称量系统有摩擦卡碰现象；

② 秤盘未安上或安错；

③ 天平开启后，从秤盘上取下了物品。

（2）调修方法

① 检查称量系统，除去卡碰等故障；

② 将秤盘安装好，如有几台同时安装，不要安错；

③ 天平开启后，如果要从秤盘取下物品，应关机后再开，规范操作。

电子天平在实际使用中，还会产生其他故障，有待于在实际工作中不断地总结、摸索和提高，以保证电子天平的正常使用。

第三章　定量分析误差及数据处理

第一节　定量分析误差

准确测定试样中各有关组分的含量是化学检验的主要任务之一。但即使选择最完善的检验方法，使用最精密的仪器设备，由技术熟练的化验员对同一样品进行多次平行测定，所得结果也不会完全相同，也不可能和真实值完全一致，这说明误差是客观存在的。因此，化验员不仅要按操作规程规范地进行操作、正确地记录数据和计算分析检验结果、合理地进行数据处理，还必须熟悉误差的规律，能正确评价检验结果的准确度，找出误差产生的原因，采取相应的措施减免之，把误差控制在允许的范围内，以满足生产、科研等的要求。

一、准确度与误差

1. 准确度

准确度是指测定值与真值（即标准值）相接近的程度。准确度的高低可用误差来衡量，测定值与真值越接近，误差越小，则分析结果的准确度越高。

（1）测定值（x）　测定值是化验员根据测定对象的性质，选用一定的分析方法通过测定所得的数据，即分析结果。

（2）真值（μ）　某一物质本身具有的客观存在的含量的真实数值称为真值。一般，真值是未知的，但下列情况的真值可认为是知道的。

① 理论真值。如某化合物的理论组成等。

② 计量学约定真值。如国际计量大会上确定的长度、质量、物质的量单位等。

③ 相对真值。认定精度高一个数量级的测定值作为低一级的测量值的真值，此真值是相比而言的。如厂矿实验室中标准试样及管理试样中组分的含量的标准值等可视为真值。

（3）平均值　在统计学中，对于所考察对象的全体称为总体（或母体）。自总体中随机抽出的一组测量值称为样本（或子样），样本中所含测量值的数目称为样本大小（或容量）。平均值可分为算术平均值和总体平均值。

① 算术平均值。设样本容量为 n，则样本的算术平均值简称平均值，用 $\bar{x}$ 表示。设一组有限次（如 n 次）测定值分别为 x_1、x_2、$\cdots$、x_n，其算术平均值为：

$$\bar{x} = \frac{x_1 + x_2 + x_3 + \cdots + x_n}{n} = \frac{1}{n} \sum_{i=1}^{n} x_i \tag{3-1}$$

平均值虽然不是真值，但比单次测量结果更接近于真值。因此，实际化学检验中，总是重复测定数次，然后求其平均值。

② 总体平均值。无限次测定值的平均值称为总体平均值，简称总体均值，是表示总体分布集中趋势的特征值，在校正了系统误差的情况下，即为真值，用符号 μ 表示。

$$\mu = \frac{1}{n} \sum_{i=1}^{n} x_i (n \to \infty) \tag{3-2}$$

（4）中位数（x_M）　将一组测量数据按大小顺序排列，中间的一个数据即为中位数。当测定次数为偶数时，中位数为中间相邻两个测量值的平均值。中位数用于表示数据的集中趋势，其优点是能简便直观地说明一组测量数据的结果，且不受两端具有过大误差的数据的影响。其缺点是不能充分利用所有测量数据。显然用中位数表示数据的集中趋势不如平均值好。

2. 误差

误差是指测定值与真值间的差异，可分为绝对误差和相对误差。

（1）绝对误差（E）　测定值（x）与真值（μ）之差称为绝对误差，即

$$E = x - \mu \tag{3-3}$$

【例题 3-1】　在同一分析天平上称取两份试样的质量分别为 1.6380g 和 0.1637g，假定两者的真实质量分别为 1.6381g 和 0.1638g，试计算两份试样称量的绝对误差。

解：$E_1 = 1.6380 - 1.6381 = -0.0001g$

$E_2 = 0.1637 - 0.1638 = -0.0001g$

在上例中，两份试样的质量相差十倍，而称量的绝对误差相同，显然无法用绝对误差判断两份试样称量准确度的高低，必须用相对误差进行评判。

（2）相对误差（RE）　绝对误差在真值中所占的百分数称为相对误差，可用下式表示。

$$RE = \frac{E}{\mu} \times 100\% \tag{3-4}$$

例题 3-1 中两份试样称量的相对误差分别为

$$RE_1 = \frac{-0.0001}{1.6381} \times 100\% = -0.006\%$$

$$RE_2 = \frac{-0.0001}{0.1638} \times 100\% = -0.066\%$$

可见，绝对误差相同时，当测定的量较大时，相对误差较小，其准确度较高。因此，用相对误差表示测定结果的准确度更为确切。但应注意，有时为了说明一些仪器测量的准确度，用绝对误差表示更清楚。例如分析天平的称量误差 ±0.0001g，常量滴定管的读数误差 ±0.01mL 等，都是指绝对误差。

在实际测定中，因为误差是客观存在的，通常要在相同条件下对同一样品进行多次重复测定（即平行测定），获得一组数值不等的测定结果，样品的测定结果则用各次测定结果的平均值（$\bar{x}$）表示。此时，测定结果的绝对误差和相对误差分别用下式表示。

$$E = \bar{x} - \mu \tag{3-5}$$

$$RE = \frac{\bar{x} - \mu}{\mu} \times 100\% \tag{3-6}$$

绝对误差和相对误差都是以真值为标准的，有正值和负值。当测定结果大于真值，误差为正值，表示测定结果偏高；当测定结果小于真值，误差为负值，则表示测定结果偏低。

二、 精密度与偏差

1. 精密度

化学检验中各次平行测定结果间相接近的程度称为精密度。在实际中，常用重复性和再现性表示不同情况下分析结果的精密度。重复性表示同一分析人员在同一条件下对同一试样

平行测定所得分析结果的精密度，再现性表示不同分析人员或不同实验室间在各自条件下对同一试样平行测定所得分析结果的精密度。

2. 偏差

精密度的高低可用偏差来衡量。偏差是指测定值（x）与几次平行测定结果平均值（$\overline{x}$）的差值。偏差越小，测定结果的精密度越高；偏差越大，测定结果的精密度越低，测定结果越不可靠。偏差也可分为绝对偏差和相对偏差。

（1）绝对偏差（d_i）　设一组 n 次测量值分别为 x_1、x_2、$\cdots$、x_n，其平均值为 $\overline{x}$，则各次测量值（x_i）的绝对偏差可表示为

$$d_i = x_i - \overline{x} \tag{3-7}$$

（2）相对偏差（d_r）　绝对偏差在平均值中所占的百分数称为相对偏差，即

$$d_r = \frac{d_i}{x} \times 100\% \tag{3-8}$$

（3）平均偏差　在几次平行测定中，各次测定结果的绝对偏差有正、有负或为零，通常用平均偏差表示分析结果的精密度。平均偏差分为绝对平均偏差和相对平均偏差。

① 绝对平均偏差（$\overline{d}$）。绝对平均偏差简称为平均偏差，是单次测量绝对偏差绝对值的平均值，可用下式表示。

$$\overline{d} = \frac{|d_1| + |d_2| + \Lambda + |d_n|}{n} = \frac{|x_1 - \overline{x}| + |x_2 - \overline{x}| + \Lambda + |x_n - \overline{x}|}{n} \tag{3-9}$$

偏差是以平均值为标准，有正值和负值，分别表示测定结果较平均值的高和低。偏差是客观存在的，故在计算平均偏差时必须取各次测定绝对偏差的绝对值。

② 相对平均偏差（$\overline{d}_r$）。绝对平均偏差在平均值中所占的百分数称为相对平均偏差，其计算式为

$$\overline{d}_r = \frac{\overline{d}}{x} \times 100\% \tag{3-10}$$

（4）标准偏差　用数理统计方法处理数据时，常用标准偏差衡量数据的分散程度。

① 总体标准偏差（σ）。当测量次数（n）为无限多次时，各测量值对总体平均值（μ）的偏离，可用总体标准偏差表示。即

$$\sigma = \sqrt{\frac{\sum_{i=1}^{n}(x_i - \mu)^2}{n}} \quad (n \to \infty) \tag{3-11}$$

计算标准偏差时，对单次测量偏差加以平方，不仅能避免单次测量偏差相加时正负值的抵消，更重要的是大偏差能更显著地反映出来，因而可以更好地说明数据的分散程度。

② 样本标准偏差（S）。当进行有限次测量，而总体平均值未知时，可用样本的标准偏差来衡量该组数据的分散程度。样本标准偏差的计算式为

$$S = \sqrt{\frac{\sum_{i=1}^{n}(x_i - \overline{x})^2}{n-1}} \tag{3-12}$$

式（3-12）中（$n-1$）称为自由度，以 f 表示，是指独立偏差的个数。对于一组 n 个测量数据的样本，可以计算出 n 个偏差值，但仅有（$n-1$）个偏差是独立的，因而自由度 f 比测量值 n 少 1。引入 $n-1$ 主要是为了校正以 $\overline{x}$ 代替 μ 所引起的误差。显然，当测量次

数非常多时，$\bar{x}$ 趋向于 μ，S 趋向于 σ，测量次数 n 与自由度 f 的差别就很小了。

③ 样本相对标准偏差（RSD）。样本相对标准偏差简称为相对标准偏差，又称变异系数，是标准偏差在平均值 $\bar{x}$ 中所占的百分数，其计算式为

$$RSD = \frac{S}{\bar{x}} \times 100\% \tag{3-13}$$

【例题 3-2】 用酸碱滴定法测定某混合物中乙酸含量，五次平行测定结果分别为 10.48%、10.37%、10.47%、10.43%、10.40%，试计算单次分析结果的平均偏差、相对平均偏差及标准偏差。

解：

$x_i/\%$	$\|d_i\|/\%$	d_i^2
10.48	0.05	2.5×10^{-7}
10.37	0.06	3.6×10^{-7}
10.47	0.04	1.6×10^{-7}
10.43	0.00	0
10.40	0.03	0.9×10^{-7}
$\bar{x} = 10.43$	$\sum \|d_i\| = 0.18$	$\sum d_i^2 = 8.6 \times 10^{-7}$

$$\bar{d} = \frac{\sum |d_i|}{n} = \frac{0.18\%}{5} = 0.036\%$$

$$\bar{d}_r = \frac{\bar{d}}{\bar{x}} = \frac{0.036\%}{10.43\%} \times 100\% = 0.35\%$$

$$S = \sqrt{\frac{\sum d_i^2}{n-1}} = \sqrt{\frac{8.6 \times 10^{-7}}{4}} = 4.6 \times 10^{-4} = 0.046\%$$

答：这组数据的平均偏差、相对平均偏差及标准偏差分别为 0.036%、0.35%、0.046%。

用平均偏差表示精密度的计算较简单，但在一系列测定结果中，通常小偏差占多数，大偏差占少数，如果按总的测定次数求算术平均偏差，其值会偏小，大偏差得不到应有的反映。表 3-1 列出了两组测定数据的偏差。

表 3-1   两组测定数据的偏差

组别	d_1	d_2	d_3	d_4	d_5	d_6	d_7	d_8	$\bar{d}$	S
1	0.18	0.26	−0.25	−0.37	0.32	−0.28	0.31	−0.27	0.28	0.29
2	0.11	−0.73*	0.24	0.51*	−0.14	0.00	0.30	−0.21	0.28	0.38

表 3-1 的两组数据中，其平均偏差均为 0.28。但第二组数据中含有两个偏差较大的数据（即 −0.73 和 0.51），分散程度明显大于第一组数据，即精密度较第一组差。若用标准偏差表示，将各次测定结果的偏差加以平方，可使大偏差显著地反映出来，能更好地说明数据的分散程度，而将它们的精密度区分开来。因此，在实际中，当各平行测定值较接近（即数据较集中）时，用计算较简单的平均偏差表示测定结果的精密度；而当平行测定值相差较大（即数据较分散）时，则用标准偏差表示测定结果的精密度更为确切。

④ 样本标准偏差的等效式。假定一组平行测定值为 x_1、x_2、$\cdots$、x_n，其平均值为 $\bar{x}$，按照式（3-12）计算标准偏差 S 较烦琐，且计算平均值时会带来数字取舍误差。此时，可用下列等效式进行计算。

$$S = \sqrt{\frac{\sum x^2 - (\sum x)^2/n}{n-1}} \tag{3-14}$$

目前，一般的计算器都有此计算功能，只需将数据输入计算器即可得到结果。

⑤ 平均值的标准偏差。样本平均值 $\bar{x}$ 是一个非常重要的统计量，通常以此来估计总体平均值 μ。假定对同一总体中的一个系列样本进行分析，每一个样本有 n 个测量结果，则由此可以求得一个系列的样本平均值 $\bar{x}_1$、$\bar{x}_2$、$\cdots$、$\bar{x}_n$，这些样本平均值并不完全相等，而是有一定的波动。它们分布的分散程度可用样本平均值的标准偏差 $\sigma_{\bar{x}}$ 表示。与 σ 表示单次测量结果的精密度一样，用 $\sigma_{\bar{x}}$ 表示样本平均值的标准偏差，其计算式为

$$\sigma_{\bar{x}} = \frac{\sigma}{\sqrt{n}} \quad (n \to \infty) \tag{3-15}$$

对于有限次测量，平均值的标准偏差则可表示为

$$S_{\bar{x}} = \frac{S}{\sqrt{n}} \quad (n \text{ 为有限次}) \tag{3-16}$$

由式（3-16）可知，平均值的标准偏差与测定次数的平方根成反比。4 次测量平均值的标准偏差是单次测量的 1/2；9 次测量平均值的标准偏差是单次测量的 1/3。可见增加测定次数，可使平均值的标准偏差减小，其变化规律可用图 3-1 表示。由图 3-1 可见，当 $n > 5$ 时，平均值的相对标准偏差的变化较慢，而 $n > 10$ 时其变化已很小。所以，在实际化学检验中，一般测定 3～4 次就够了，对较高要求的分析，可测定 5～9 次。对有限次测量样本，只要对分析结果计算出 $\bar{x}$ 和 S，即可表示出数据的集中趋势与分散程度，就能进一步对总体平均值可能存在的区间作出估计。

（5）极差（R）　一组测量数据中的最大值（$x_{\max}$）与最小值（$x_{\min}$）之差称为极差，即

$$R = x_{\max} - x_{\min} \tag{3-17}$$

$$相对极差 = \frac{R}{\bar{x}} \times 100\% \tag{3-18}$$

用极差表示误差较简单，适用于少数几次测定中估计误差的范围，其不足之处是没有利用全部测量数据。

（6）公差　公差是生产部门对分析结果允许差的一种表示方法。如果分析结果与标准值的差值未超出允许公差范围，则分析结果是可靠的；若分析结果与标准值的差值超出了允许公差范围，称为超差，则该项检验应重做。

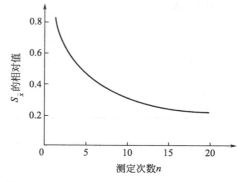

图 3-1　平均值的标准偏差与测量次数的关系

公差是根据生产和科学技术的需要，同时考虑化学检验技术能达到的水平制定的。它根据不同的要求和可能，给出不同的标准。表 3-2 列出的是工业分析的公差范围，可作为拟定公差的一般原则。

表 3-2　被测组分公差范围

被测组分含量/%	公差（相对误差）/%	被测组分含量/%	公差（相对误差）/%
80～99	0.3～0.4	1～5	1.6～5.0
40～80	0.4～0.6	0.1～1	5～20
20～40	0.6～1.0	0.01～0.1	20～50
10～20	1.0～1.2	0.001～0.01	50～100
5～10	1.2～1.6		

对于每一项具体化学检验工作，各主管部门都规定了一些具体的公差范围，供查阅使

用。在使用公差时分两种情况。

第一，试样有标准值时，采用单面公差（即公差绝对值）。例如，标准钢样中含硫量的标准值为 0.032%，某化学检验人员测得该标样的含硫量为 0.035%，在此含量范围内公差为±0.004%。此化学检验结果与标准值的差值为 0.035%－0.032%＝0.003%<|±0.004%|，所以该检验结果符合公差范围。若测定结果为 0.037%，即为超差。

第二，试样无标准值时，例如对一种钢铁试样，称取两份试样平行测定，得到含硫量分别为 0.052% 和 0.060%，这两个数据之差应小于双面公差（即公差绝对值的 2 倍）。即

$$(0.060\% - 0.052\%) < 2 \times |\pm 0.006\%|$$

则该化学检验结果有效，可取它们的平均值 0.056% 作为检验结果。如果两次平行测定结果分别为 0.050% 和 0.064%，超出双面公差，则必须重做。

三、 准确度与精密度的关系

在定量分析中，要求测量值即分析结果应达到一定的精密度和准确度。准确度和精密度是两个不同的概念，它们之间既有区别又有联系。准确度是表示测定结果与真值相符合的程度，而精密度是表示测定结果的重复性。由于真值是未知的，常用测定结果的精密度来衡量测定值是否可靠，但精密度高的测定结果不一定是准确的。例如，甲乙丙三人在同一条件下测定同一试样中铁含量时，所得结果见表 3-3 和图 3-2。

表 3-3　不同人员测定同一试样的结果

测定次数	测定结果/%		
	甲	乙	丙
1	50.30	50.36	50.48
2	50.30	50.35	50.38
3	50.28	50.34	50.27
4	50.27	50.33	50.29
平均值/%	50.29	50.35	50.36
真值/%	50.36		

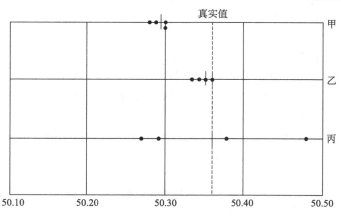

图 3-2　不同人员测定同一试样的结果
（"·"表示个别测定值，"|"表示平均值）

在上例中，乙测定结果的准确度和精密度均好，结果可靠；甲测定结果的精密度虽高，但准确度较低；丙的精密度很差，而平均值与真值相同，其原因是大的正负误差相互抵消，因此丙的结果不可靠。由此可见，精密度是保证准确度的先决条件，即准确度高一定要求精密度高，因为一组数据精密度很差（如上例中丙的结果），自然就失去了衡量准确度的前提。

但精密度高的结果其准确度不一定高（如上例中甲的结果），若对甲的结果进行系统误差的校正，即可得到较高的准确度。

四、 误差产生的原因及减免的方法

上例中，甲乙丙三人在同一条件下测定同一试样的结果有较大的差异，原因是在分析过程中存在着各种性质不同的误差。在定量分析中，各种原因导致的误差，根据其性质的不同，可分为系统误差与随机误差，误差产生的原因及相应的减免方法如表 3-4 所示。

表 3-4　误差产生的原因及减免的方法

误差分类	误差产生的原因	减免误差的方法
系统误差 （影响准确度）	试剂误差	选用适宜纯度的试剂，做空白试验
	仪器误差	校准仪器
	方法误差	对照实验
	操作误差	熟练掌握操作方法
随机误差 （影响精密度）	环境温度、湿度和气压等的微小波动和仪器性能的微小变化等	多做平行试验

1. 系统误差

系统误差是在一定条件下，由于某些固定原因所引起的误差。它对测定结果的影响比较固定，使测定结果系统地偏高或偏低；当重复测定时，它会重复出现，其大小有一定规律，所以影响测定结果的准确度，而不影响测定结果的精密度。上例中甲的测定结果显然存在着系统误差。系统误差产生的原因是可以找到的，因此能够设法测定和校正，从而消除它对测定结果的影响，所以系统误差又称为可测误差。系统误差产生的原因有试剂误差、仪器误差、方法误差和操作误差。

（1）试剂误差　试剂误差是由于实验时所使用的试剂或蒸馏水纯度不够而造成的。例如试剂或蒸馏水中含有被测组分或干扰物质等，可通过选用适宜纯度的试剂、进行空白试验而减免之。空白试验是在不加试样的情况下，按照试样分析同样的操作手续和条件进行试验，试验所得结果称为空白值。从试样分析结果中扣除空白值，即可消除试剂误差。

（2）仪器误差　是由于所用仪器、量器本身不够精确而造成的误差。例如，天平砝码的质量、容量器皿（如滴定管、吸管、容量瓶等）刻度、测量仪表刻度或显示值不准确等，都会造成仪器误差。仪器误差可以通过仪器校准而减小。所以，在准确度要求较高的检验中，需对所用仪器进行校准，求出校正值，并用于结果计算中。

（3）方法误差　是由化学检验方法本身不够完善或有缺陷而造成的误差。例如在滴定分析中，指示剂选择不够合理，使滴定终点与化学计量点不相符合而造成的误差；在重量分析中，沉淀剂选择不够合理，所得沉淀的溶解度较大或吸附某些杂质而产生的误差，等等，这些都系统地影响测定结果，使之偏高或偏低。方法误差可用对照试验来校正，常用的对照试验有以下三种。

① 用组成与待测试样相近、已知准确含量的标准样品，按选用的测定试样的方法进行测定，将标样的已知含量与对照试验的测定结果相比，其比值称为校正系数，即

$$校正系数 = \frac{标准试样组分的标准含量}{标准试样测得的含量} \tag{3-19}$$

则试样中被测组分的含量可按下式计算：

$$被测组分的含量 = 试样测得的含量 \times 校正系数 \tag{3-20}$$

② 用标准方法与所选定的方法测定同一试样，若测定结果符合公差要求，说明所选方法可靠。

③ 用加标回收的方法检验。如果试样的组成不完全清楚，即可取两等份试样，在一份中加入一定量的待测组分的纯物质，用相同的方法分别进行测定，计算测定结果和加入纯物质的回收率，以检验分析方法的可靠性。

$$回收率 = \frac{加入纯物质后的试样测定值 - 试样测定值}{加入纯物质的量} \times 100\% \qquad (3\text{-}21)$$

对照试验也可由不同的检验人员测试同一试样，互相对照。对照试验是检查测定过程中有无系统误差的最有效方法。

有实际分析检验中，为了检查分析人员间是否存在系统误差和其他问题，常在安排试样分析任务时，将一部分试样重复安排给不同分析人员，相互进行对照试验，这种方法称为"内检"。有时又将部分试样送交其他单位进行对照分析，这种方法称为"外检"。

（4）操作误差　是由于化验员主观原因造成的误差。例如，化验员在辨别终点颜色时的偏深或偏浅；读取滴定管、移液管等的刻度时的偏高或偏低等。减小操作误差的方法是加强化验员的基本功训练。

2. 随机误差

随机误差是由一些偶然的因素所造成的误差，故又称为偶然误差。例如测定时环境条件（温度、湿度和气压等）的微小波动，仪器性能的微小变化，化验员对各份试样处理时的微小差别等，都会引起随机误差。随机误差的特点是对同一项测定，其误差数值不恒定，即有大，有小，有正，有负。因无法测量，也不能校正，所以随机误差又称为不可测误差。随机误差客观存在而不可避免，它直接影响化学检验结果的精密度。虽然引起随机误差的原因是变化的，但仍遵循一定的规律。在消除系统误差后，以同样条件进行多次平行测定，发现随机误差服从一般的统计规律，可用正态分布曲线（见图3-3）表示。

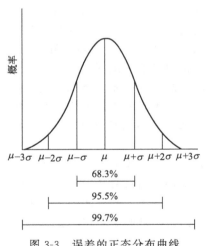

（1）绝对值相等的正误差和负误差出现的概率相等，呈对称。

（2）小误差出现的机会多，大误差出现的机会少，绝对值特别大的正误差和负误差出现的概率非常小。

在图3-3中，μ为无限多次平行测定的平均值，在校正了系统误差的情况下，即为真值。纵坐标表示误差产生的概率，横坐标以标准偏差σ为单位。由图可知，分析结果落在$\mu \pm \sigma$内的概率为68.3%，落在$\mu \pm 2\sigma$内的概率为95.5%，落在$\mu \pm 3\sigma$内的概率为99.7%，误差超过$\pm 3\sigma$的分析结果出现的概率仅为0.3%。因此，通过多次平行测定取平均值，可以减小随机误差对测量结果的影响。

图3-3　误差的正态分布曲线

3. 操作错误

操作错误不是误差，是由于化验员的粗心、不遵守操作规程等引起的操作上的失误。如器皿洗涤不干净，加错试剂，滴定管等容量器皿刻度读错，滴定中溶液的溅失等，沉淀的透滤，以及记录和计算错误等。这些都是不应有过失，会严重影响测定结果的精密度。一旦出现很大的误差经分析确定是由过失引起的，在计算平均值时应舍弃。图3-2中丙的结果就可能存在操作错误。为了避免操作错误，必须严格遵守操作规程，熟练掌握化学检验操作技术，一丝不苟、耐心细致地进行实验，养成良好的实验习惯。

第二节 化学检验结果的数据处理

一、 置信度与平均值的置信区间

正态分布是无限次测量数据的分布规律，通常分析测试只进行 3～5 次，是小样本实验，无法求得无限次测量数据的总体平均值 μ 和总体标准偏差 σ，而只能用有限样本的平均值 $\bar{x}$ 和标准偏差 S 来估计测量数据的分散情况。但用 S 代替 σ 时，必然会引起误差。对此，英国统计学家、化学家 W·S·Gosset 于 1908 年提出了"t 分布"，用 t 值代替 μ 值，以补偿这一误差，此时随机误差不是正态分布而是 t 分布。统计量 t 的定义为

$$t = \frac{|\bar{x} - \mu|}{S_{\bar{x}}} = \frac{|\bar{x} - \mu|}{S}\sqrt{n} \tag{3-22}$$

t 分布曲线（见图3-4）与正态分布曲线相似，只是 t 分布曲线随测定次数的减少而呈重尾分布，当 $n \to \infty$ 时，t 分布曲线就趋于正态分布。t 分布曲线下一定范围内的面积即为某测定值出现的概率，但一定 t 值时的概率随测定次数 n（或自由度 f）而变。因此，t 分布概率与 t 值及测定次数有关。t 分布将有限次测量的 $\bar{x}$ 和 S 与 μ 联系起来，其关系即平均值的置信区间为

$$\mu = \bar{x} \pm \frac{tS}{\sqrt{n}} \tag{3-23}$$

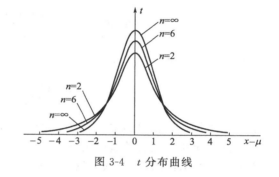

图 3-4 t 分布曲线

表 3-5 列出了常用的部分 t 值，表中的置信度通常用 P 表示，它表示在某一 t 值时，测定值落在 $(\mu \pm tS)$ 范围内的概率。显然，落在此范围之外的概率则为 $(1-P)$，称为显著性水平，用 α 表示。由于 t 值与测定次数 n（或自由度 f）及置信度 P 有关，故引用时需加注脚说明，一般表示为 $t_{\alpha,f}$。例如，$t_{0.05,8}$ 表示置信度 95%、自由度为 8（即 $n=9$）时的 t 值。

表 3-5 不同测定次数及不同置信度的 t 值

n	置信度与显著性水平				
	$P=0.50$	$P=0.90$	$P=0.95$	$P=0.99$	$P=0.995$
	$\alpha=0.50$	$\alpha=0.10$	$\alpha=0.05$	$\alpha=0.01$	$\alpha=0.005$
2	1.000	6.314	12.706	63.657	127.32
3	0.816	2.920	4.303	9.925	14.089
4	0.765	2.353	3.182	5.841	7.453
5	0.741	2.132	2.776	4.604	5.598
6	0.727	2.015	2.571	4.032	4.773
7	0.718	1.943	2.447	3.704	4.317
8	0.711	1.895	2.365	3.500	4.029
9	0.706	1.860	2.306	3.355	3.832
10	0.703	1.833	2.262	3.250	3.690
11	0.700	1.812	2.228	3.169	3.581
21	0.687	1.725	2.086	2.845	3.153
∞	0.674	1.645	1.960	2.576	2.807

综上所述，在处理有限次测量数据时，需先校正系统误差，然后对数据进行统计处理，剔除可疑值，计算出 $\bar{x}$ 和 S，根据置信度的要求，查出表 3-5 中的 t 值，再依据式（3-23）

计算平均值的置信区间，由此可估计出测定平均值与真值接近的程度，即真值在平均值附近可能存在的范围。

注意，必须正确理解置信区间的概念，如 $\mu = 47.50 \pm 0.10$（置信度为 95%），应理解为在 47.50 ± 0.10 区间内包括总体平均值即真值 μ 的概率为 95%。

【例题 3-3】 对某试样中 SiO_2 的含量平行测定 6 次，得一组测量数据为 28.62%、28.59%、28.51%、28.48%、28.52%、28.63%。试计算置信度分别为 90%、95% 和 99% 时总体平均值的置信区间。

解：$\bar{x} = 28.56\%$，$S = 0.06\%$，$n = 6$，$f = n - 1 = 5$，查表 3-5 得置信度为 90% 的 $t_{0.10,5} = 2.015$，

则
$$\mu = 28.56\% \pm \frac{2.015 \times 0.06\%}{\sqrt{6}} = (28.56 \pm 0.05)\%$$

同理，置信度为 95% 时，$t_{0.05,5} = 2.571$

$$\mu = 28.56\% \pm \frac{2.571 \times 0.06\%}{\sqrt{6}} = (28.56 \pm 0.07)\%$$

置信度为 99% 时，$t_{0.01,5} = 4.032$

$$\mu = 28.56\% \pm \frac{4.032 \times 0.06\%}{\sqrt{6}} = (28.56 \pm 0.10)\%$$

由上例可见，置信度越高，置信区间越大，即所估计的区间包括真值的可能性也就越大，在实际测定中，通常将置信度选在 95% 或 90%。

由表 3-5 可见，测定次数越多，t 值越小，因而求得的置信区间越窄，即测定平均值与总体平均值越接近，但测定 20 次与测定无限多次时的 t 值相差不大。这表明，当测定次数超过 20 次时，再增加测定次数对提高测定结果的准确度已没有意义了。可见，只有在一定测定次数范围内，分析数据的可靠性才随测定次数的增多而增加。

二、 分析数据的可靠性检验

在实际中，常使用标准方法与所用分析方法进行对照试验，再用统计学方法检验两种分析结果是否存在显著性差异。若存在显著性差异，而又肯定测定过程没有操作错误，可以认定所用方法有不完善之处，即存在较大的系统误差。在统计学上，此情况称为两批数据来自不同总体。若不存在显著性差异，说明差异只来源于随机误差，或两批数据来自同一总体，可认为所用的分析方法与标准方法一样准确。同样，如果用同一方法分析试样和标准试样，两个分析人员或两个实验室对同一试样进行测定，结果差异也需要进行显著性检验。

显著性检验的一般步骤是，先假设不存在显著性差异，或所有样本来源于同一总体；再确定一个显著性水平，可用 $\alpha = 0.1$、0.05、0.01 等值，实际中则多采用 0.05 的显著性水平，其含义是差异出现的机会在 95% 以上时，则取消前面的假设，承认有显著性差异存在；最后计算统计量，做出判断。常用的显著性检验方法是 t 检验法和 F 检验法。

1. t 检验法

（1）平均值与标准值的比较 此检验通常要确定所用分析方法是否存在较大的系统误差。因此，需先用该分析方法对标准试样进行分析，然后将得到的分析结果与标准值比较，进行 t 检验。检验时，由式（3-22）求得 $t_计$ 值（式中 $\bar{x}$ 为标样测定平均值，μ 为标样标准值；S 为标样测定的标准偏差），根据自由度 f 与置信度 P 查表 3-5 得 $t_{\alpha,f}$ 值，与 $t_计$ 比较，

若 $t_计 > t_{a,f}$，则存在显著性差异，否则不存在显著性差异。在实际中，通常以 95% 的置信度（即 5% 的显著性水平）为检验标准。

【例题 3-4】 用一新分析方法对某含铁标准样品平行测定 10 次，已知该铁标准试样的标准值为 1.06%，10 次测定的平均值为 1.054%，标准偏差为 0.009%，要求置信度为 95%，试判断此新分析方法是否存在较大的系统误差。

解：将 $\mu=1.06\%$、$\bar{x}=1.054\%$、$S=0.009\%$ 代入式（3-22）得

$$t_计 = \frac{|\bar{x}-\mu|}{S}\sqrt{n} = \frac{|1.054-1.06|}{0.009}\times\sqrt{10} = 2.11$$

由 $\alpha=0.05$ 和 $f=n-1=10-1=9$，查表 3-5，得 $t_{0.05,9}=2.262$。

因为 $t_计 < t_{0.05,9}$，故该新方法无较大的系统误差。

（2）两组数据平均值的比较 在实际中，常需要对两种分析方法、两个不同实验室或两个不同的操作者的分析结果进行比较。比较的方法是，双方对同一试样进行若干次测定，比较两组数据各自的平均值，以判断二者是否存在显著性差异。若以 x_{1i}、x_{2i} 分别表示两组各次测定值，$\bar{x}_1$、$\bar{x}_2$ 分别为 1、2 两组数据的平均值，n_1、n_2 分别表示两组各自测定次数，S_1、S_2 分别为两组数据的标准偏差。进行检验时，先用 F 检验法（见本节）检验两组数据的精密度是否存在显著性差异，在无显著性差异前提下再进行 t 检验。在 t 检验时，先用式（3-24）求出合并标准偏差（S_P），再由式（3-25）计算 t 值。

$$S_P = \sqrt{\frac{(n_1-1)S_1^2+(n_2-1)S_2^2}{n_1+n_2-2}} \tag{3-24}$$

$$t_计 = \frac{|\bar{x}_1-\bar{x}_2|}{S_P}\sqrt{\frac{n_1 n_2}{n_1+n_2}} \tag{3-25}$$

总自由度 $f=n_1+n_2-2$，$P=95\%$，查表 3-5 得 $t_{a,f}$ 值，若 $t_计 > t_{a,f}$，则存在显著性差异，否则不存在显著性差异。

此方法与（1）方法的不同点是两个平均值不是真值，因此，即使二者存在显著性差异，也不能说明其中一组数据或两组数据是否存在较大的系统误差。

【例题 3-5】 甲、乙两个分析人员用同一分析方法测定合金中 Al 的含量，他们的测定次数、所得结果的平均值及各自的标准偏差分别为

甲	$n=4$	$\bar{x}=15.1$	$S=0.41$
乙	$n=3$	$\bar{x}=14.9$	$S=0.31$

试判断两者的测定结果是否有显著性差异。

解：根据式（3-24）和式（3-25）得

$$S_P = \sqrt{\frac{(4-1)\times0.41^2+(3-1)\times0.31^2}{3+4-2}} = 0.37$$

$$t_计 = \frac{|15.1-14.9|}{0.37}\times\sqrt{\frac{3\times4}{3+4}} = 0.71$$

由于 $\alpha=0.05$ $f=3+4-2=5$，查表 3-5，得 $t_{0.05,5}=2.571$。

因为 $t_计 < t_{0.05,5}$，所以两人测定结果无显著性差异。

2. F 检验法

F 检验法用于检验两组数据的精密度，即标准偏差 S 是否存在显著性差异。

F 检验的步骤是，先求出两组数据的标准方差 $S_大^2$ 和 $S_小^2$，$S_大^2$ 和 $S_小^2$ 分别表示方差较大和较小的那组数据的方差。再用下式计算统计量 F 值。

$$F_{计} = \frac{S_{大}^2}{S_{小}^2} \qquad\qquad (3\text{-}26)$$

最后，在一定置信度及自由度下，从 F 值表查得 $F_{表}$，比较 $F_{计}$ 与 $F_{表}$。若 $F_{计} > F_{表}$，则存在显著性差异，否则不存在显著性差异。检验时要区别是单边检验还是双边检验，单边检验是指一组数据方差只能大于、等于但不能小于另一组数据的方差；双边检验则是指一组数据的方差可以大于、等于或小于另一组数据的方差。表 3-6 中 f_1 为两组数据中方差大的自由度，而 f_2 为方差小的自由度。该表中的 F 值适用于单边检验和双边检验。但是，用于双边检验时显著性水平不再是 0.05 而是 0.1。

表 3-6　F 分布表（$\alpha = 0.05$）

f_2	f_1												
	1	2	3	4	5	6	7	8	9	10	12	15	20
1	161.4	199.5	215.7	224.6	230.2	234.0	236.8	238.9	240.5	241.9	243.9	245.9	248.0
2	18.51	19.00	19.16	19.25	19.30	19.33	19.36	19.37	19.38	19.39	19.41	19.43	19.45
3	10.13	9.55	9.28	9.12	9.01	8.94	8.89	8.85	8.81	8.79	8.74	8.70	8.66
4	7.71	6.94	6.59	6.39	6.26	6.16	6.09	6.04	6.00	5.96	5.91	5.86	5.80
5	6.61	5.79	5.14	5.19	5.05	4.95	4.88	4.82	4.77	4.74	4.68	4.62	4.56
6	5.99	5.14	4.76	4.53	4.39	4.28	4.21	4.15	4.10	4.06	4.00	3.94	3.87
7	5.59	4.74	4.35	4.12	3.97	3.87	3.79	3.73	3.68	3.64	3.57	3.51	3.44
8	5.32	4.46	4.07	3.84	3.69	3.58	3.50	3.44	3.39	3.35	3.28	3.22	3.15
9	5.12	4.26	3.86	3.63	3.48	3.37	3.29	3.23	3.18	3.14	3.07	3.01	2.94
10	4.96	4.10	3.71	3.48	3.33	3.22	3.14	3.07	3.02	2.98	2.91	2.85	2.77
11	4.84	3.98	3.59	3.36	3.20	3.09	3.01	2.95	2.90	2.85	2.79	2.72	2.65
12	4.75	3.89	3.49	3.26	3.11	3.00	2.91	2.85	2.80	2.75	2.69	2.62	2.54
13	4.67	3.81	3.41	3.18	3.03	2.92	2.83	2.77	2.71	2.67	2.60	2.53	2.46
14	4.60	3.74	3.34	3.11	2.96	2.85	2.76	2.70	2.65	2.60	2.53	2.46	2.39
15	4.54	3.68	3.29	3.06	2.90	2.79	2.71	2.64	2.59	2.54	2.48	2.40	2.33
20	4.35	3.49	3.10	2.87	2.71	2.60	2.51	2.45	2.39	2.35	2.28	2.20	2.12
30	4.17	3.32	2.92	2.69	2.53	2.42	2.33	2.27	2.21	2.16	2.09	2.01	1.93
60	4.00	3.15	2.76	2.53	2.37	2.25	2.17	2.10	2.04	1.99	1.92	1.84	1.75
∞	3.84	3.00	2.60	2.37	2.21	2.10	2.01	1.94	1.88	1.83	1.75	1.67	1.57

【例题 3-6】 同一含铜样品，由两个实验室分别测定五次，其结果见下表：

实验室编号	1	2	3	4	5	$\bar{x}$	S
1	0.098	0.099	0.098	0.100	0.099	0.0988	0.00084
2	0.099	0.101	0.099	0.098	0.097	0.0988	0.00148

试用 F 检验法判断两个实验室所测数据的精密度是否存在显著性差异。

解：此问题属于双边检验，显著性水平为 0.1。

$$S_{大} = 0.00148 \quad S_{小} = 0.00084$$

$$F_{计} = \frac{S_{大}^2}{S_{小}^2} = 3.10$$

$$f_1 = f_2 = 5 - 1 = 4$$

查表 3-6 得，$F_{表} = 6.39$。

$F_{计} < F_{表}$，所以两组测定结果的精密度不存在显著性差异。

三、 可疑数据的取舍

在多次平行测定所得的一组数据中，往往有个别数据与其他数据相差较大，这一数据称为可疑值，又称异常值或离群值，若不是过失造成的，则应根据随机误差分布规律决定取舍。常用的可疑值取舍的判别方法有以下几种。

1. $4\bar{d}$ 法

用 $4\bar{d}$ 法判断可疑值取舍时，先求出除可疑值以外的其余数据的平均值 $\bar{x}$ 和平均偏差 $\bar{d}$，再将可疑值与平均值比较，若其绝对偏差大于 $4\bar{d}$，则可疑值应舍去，否则应保留。

【例题 3-7】 用 Na_2CO_3 基准物质标定 HCl 溶液浓度时，六次平行标定结果为 0.5050mol/L、0.5042mol/L、0.5086mol/L、0.5063mol/L、0.5051mol/L 和 0.5064mol/L，试用 $4\bar{d}$ 法判断可疑值 0.5086mol/L 是否应舍去。

解：不计可疑值 0.5086mol/L，其余数据的平均值和平均偏差分别为

$$\bar{x}=0.5054 \ (mol/L)$$

$$\bar{d}=0.00076$$

则

$$4\bar{d}=4\times0.00076=0.00304$$

可疑值与平均值的绝对偏差为

$$|0.5086-0.5054|=0.0032>4\bar{d}$$

故数据 0.5086mol/L 应舍去。

用 $4\bar{d}$ 法处理可疑数据的取舍时，存在着较大的误差，但由于方法简单，不必查表，故至今仍为人们所采用。显然，此方法只能用于处理要求不高的实验数据。

2. Q 检验法

当测定次数 $3\leqslant n\leqslant10$ 时，根据所要求的置信度，按下列步骤检验可疑值是否应舍弃。

（1）将各测定数据按从小到大的顺序排列 x_1、x_2、$\cdots$、x_n；

（2）求出最大值与最小值之差，即 x_n-x_1；

（3）求出可疑值与其相邻值之差，即 x_n-x_{n-1} 或 x_2-x_1；

（4）求出 $Q_{计}=\dfrac{x_n-x_{n-1}}{x_n-x_1}$ 或 $Q_{计}=\dfrac{x_2-x_1}{x_n-x_1}$；

（5）根据测定次数和要求的置信度，查表 3-7，得 $Q_{表}$；

（6）将 $Q_{计}$ 与 $Q_{表}$ 比较，若 $Q_{计}>Q_{表}$，则舍去可疑值，否则应予以保留。

表 3-7 取舍可疑数据的 Q 值表（置信度 90% 和 95%）

测定次数	3	4	5	6	7	8	9	10
$Q_{0.90}$	0.94	0.76	0.64	0.56	0.51	0.47	0.44	0.41
$Q_{0.95}$	1.53	1.05	0.86	0.76	0.69	0.64	0.60	0.58

【例题 3-8】 对某轴承合金中锑含量进行了十次平行测定，得测定结果为 15.48%、15.51%、15.52%、15.53%、15.52%、15.56%、15.53%、15.54%、15.68%、15.56%，试用 Q 检验法判断有无可疑值需舍去（置信度 90%）。

解：

（1）将各测定数据按从小到大的顺序排列。

15.48%、15.51%、15.52%、15.52%、15.53%、15.53%、15.54%、15.56%、15.56%、15.68%

（2）求出最大值与最小值之差：

$$x_n - x_1 = 15.68\% - 15.48\% = 0.20\%$$

（3）求出可疑值与其相邻值之差：

$$x_n - x_{n-1} = 15.68\% - 15.56\% = 0.12\%$$

（4）计算 Q 值：

$$Q_{\text{计}} = \frac{x_n - x_{n-1}}{x_n - x_1} = \frac{0.12\%}{0.20\%} = 0.60$$

（5）查表 3-7 得，$n = 10$ 时 $Q_{0.90} = 0.41$，$Q_{\text{计}} > Q_{\text{表}}$，所以最大值 15.68% 必须舍去。此时分析结果的范围为 15.48%～15.56%，$n = 9$。

同样，可以检验最小值 15.48%：

$$Q_{\text{计}} = \frac{15.51\% - 15.48\%}{15.56\% - 15.48\%} = 0.38$$

查表 3-7 得，$n = 9$ 时 $Q_{0.90} = 0.44$，$Q_{\text{计}} < Q_{\text{表}}$，所以最小值 15.48% 应予以保留。

Q 检验的缺点是，没有充分利用测定数据，仅将可疑值与相邻数据比较，可靠性差。

在测定次数少时，如 3～5 次测定，误将可疑值判为正常值的可能性较大。Q 检验可以重复检验至无其他可疑值为止。

3. 格鲁布斯（Grubbs）法

Grubbs 检验法即 G 检验法，常用作检验多组测定值的平均值的一致性，也可用于检验同组测定中各测定值的一致性。现以同一组测定值中数据一致性的检验为例，说明其检验步骤。

（1）将各数据按从小到大顺序排列为 x_1、x_2、…、x_n，求出其算术平均值 $\bar{x}$ 和标准偏差 S。

（2）确定检验值 x_1 或 x_n，或两者都作检验。

（3）计算 G 值 设 x_1 为可疑值，可用式（3-27）计算 G 值；若 x_n 为可疑值，则可用式（3-28）计算 G 值。

$$G = \frac{\bar{x} - x_1}{S} \tag{3-27}$$

$$G = \frac{x_n - \bar{x}}{S} \tag{3-28}$$

（4）查表 3-8 格鲁布斯检验临界值表（不做特别说明，α 取 0.05），得 G 的临界值 $G_{(\alpha, n)}$。

（5）比较 $G_{\text{计}}$ 与 $G_{(\alpha, n)}$ 值 若 $G_{\text{计}} \geqslant G_{(\alpha, n)}$，则可疑值 x_1 或 x_n 是异常的，应予以剔除；反之应予保留。

（6）在第一个异常数据剔除后，如果仍有可疑数据需判别时，则应重新计算 $\bar{x}$ 和 S，求出新的 $G_{\text{计}}$ 值，再次检验，依次类推，直到无异常的数据为止。

表 3-8 格鲁布斯检验临界值表

测定次数 n	自由度 f	G 值		测定次数 n	自由度 f	G 值	
		显著性水平 $\alpha = 0.05$	显著性水平 $\alpha = 0.01$			显著性水平 $\alpha = 0.05$	显著性水平 $\alpha = 0.01$
3	2	1.153	1.155	9	8	2.110	2.323
4	3	1.463	1.492	10	9	2.176	2.410
5	4	1.672	1.749	11	10	2.234	2.485
6	5	1.822	1.944	12	11	2.285	2.550
7	6	1.938	2.097	13	12	2.331	2.607
8	7	2.032	2.221	14	13	2.371	2.659

测定次数 n	自由度 f	G 值		测定次数 n	自由度 f	G 值	
		显著性水平 $\alpha = 0.05$	显著性水平 $\alpha = 0.01$			显著性水平 $\alpha = 0.05$	显著性水平 $\alpha = 0.01$
15	14	2.409	2.705	20	19	2.557	2.884
16	15	2.443	2.747	21	20	2.580	2.912
17	16	2.475	2.785	31	30	2.759	3.119
18	17	2.504	2.821	51	50	2.963	3.344
19	18	2.532	2.854	101	100	3.211	3.604

对多组测定值的检验，只需把平均值作为一个数据，用以上相同的步骤进行计算与检验。

【例题 3-9】　由不同实验室分析同一样品，各实验室测定的平均值按由小到大的顺序排列为 4.41、4.49、4.50、4.51、4.64、4.75、4.81、4.95、5.01、5.39，用格鲁布斯检验法检验最大均值 5.39 是否应该剔除。

解：

$$\overline{x} = \frac{1}{10} \sum_{i=1}^{10} x_i = 4.75$$

$$S = \sqrt{\frac{1}{10-1} \sum_{i=1}^{10} (x_i - \overline{x})^2} = 0.305$$

将 $\overline{x}$ 和 S 代入式（3-28）得

$$G_{计} = \frac{x_n - \overline{x}}{S} = \frac{5.39 - 4.75}{0.305} = 2.10$$

当 $n = 10$，显著性水平 $\alpha = 0.05$ 时，临界值 $G_{(0.05, 10)} = 2.176$，因 $G_{计} < G_{(0.05, 10)}$，故 5.39 为正常均值，即平均值为 5.39 的一组测定值为正常数据。

第三节　有效数字及运算规则

在定量分析中，分析结果所表达的不仅仅是试样中待测组分的含量，还反映了测量的准确度。为了得到准确的分析结果，不仅要准确地进行各种测量，还要正确地记录测定数据和计算分析结果。必须根据测量仪器、分析方法的准确度，决定记录测定数据和计算结果的有效数字。

一、有效数字

1. 有效数字

"有效数字"是指在分析检验中实际能测量到的数字。

2. 有效数字的组成

在保留的有效数字中，只有最后一位数字是可疑的（有 ± 1 个单位的误差），其余数字都是准确的。例如滴定管读数 25.31mL 中，25.3 是确定的，0.01 是可疑的，可能为 (25.31±0.01)mL。

有效数字的位数由所使用仪器的误差决定，不能任意增加或减少位数。例如，滴定管的读数为 25.61mL，不能记成 25.610mL，因为仪器无法达到此精度，也不能记成 25.6mL，否则就降低了仪器的精度。

3. 有效数字的位数

下表是一组数据的有效数字位数。

数据	有效数字的位数
2.1,1.0	两位
1.98,0.0382	三位
18.79%,0.7200	四位
43219,1.0008	五位
3600,100	有效数字位数不确定

(1) 数据中的"0"   上表数据中，数字"0"有不同的意义。在第一个非"0"数字前的所有的"0"（如 0.0382 中的"0"）都不是有效数字，它只起定位作用，与精度无关；而第一个非"0"数字后的所有的"0"（如 1.0008 中的"0"和 0.7200 中"2"后的"0"）都是有效数字。

(2) 整数   如数据 3600，一般看成 4 位有效数字，但它也可能是 2 位（3.6×10^3）、3 位（3.60×10^3）或 4 位（3.600×10^3）有效数字。对于这类数据，应根据实际情况而定。

(3) 对数   对于含有对数的值（如 pH、pK_a、$\lg k$ 等），其有效数字的位数取决于小数部分的位数，整数部分只说明此数值的方次，仅起定位作用。如 $pH = 9.02$ 的有效数字为两位，而不是三位。

二、 有效数字的修约

(1) 有效数字的修约   在数据处理中，常涉及有效数字位数不同的测量值，在各测量值的有效数字位数确定后，要将其后面多余的数字舍弃，即进行"数字修约"。

(2) 修约规则   修约数字时，应按照 GB 3101—1993 规定的"数字修约规则"进行修约。此规则可归纳为如下口诀：四舍六入五成双，五后非零就进一，五后皆零视奇偶，五前为偶应舍去，五前为奇则进一。

【例题 3-10】   将数据 1.43426、1.4631、1.4507、1.4500、1.3500、1.0500 修约为两位有效数字。

解：

修约前	修约后	说明
1.43426	1.4	第三位有效数字小于4,应舍去
1.4631	1.5	第三位有效数字为6,应进1
1.4507	1.5	第三位有效数字为5,但其后面并非全为0,应进1
1.4500	1.4	第三位有效数字为5,其后全为0,其前为偶数,应舍去
1.3500	1.4	第三位有效数字为5,其后全为0,但5前为奇数,应进1
1.0500	1.0	第三位有效数字为5,其后全为0,但5前为0,应舍去

(3) 一次修约到位   若拟舍弃的数字为两位以上，应按规则一次修约，不能分次修约。例如将 2.5491 修约为两位有效数字时，不能先修约为 2.55，再修约为 2.6，而应一次修约到位，即修约为 2.5。

(4) 计算工具   在用计算器（或计算机）处理数据时，对于运算结果，亦应按照有效数字的修约规则进行修约。

三、 有效数字运算规则

在分析测定过程中，往往要经过几个不同的测量环节，例如先用减量法称取试样，试样经过处理后进行滴定。在此过程中有多个测量数据，如试样质量、滴定管初读数和终读数等，在分析结果的计算中，每个测量值的误差都要传递到结果中。因此，在计算测定结果时，应遵循下列规则。

（1）加减法　几个数据相加或相减，它们的和或差的有效数字位数的保留，应以小数点后位数最少（即绝对误差最大）的数据为依据。例如 0.0121、25.64 和 1.0435 三个数据相加时，应依据小数点后位数最少的 25.64 为依据，对其他数据修约后，再相加。其计算过程如下：

$$
\begin{array}{r}
0.01|21 \\
25.64 \\
+)\ 1.04|35 \\
\end{array}
\quad\xrightarrow{\text{以25.64为基准进行修约}}\quad
\begin{array}{r}
0.01 \\
25.64 \\
+)\ 1.04 \\
\hline
26.69 \\
\end{array}
$$

（2）乘除法　几个数据相乘或相除时，它们的积或商的有效数字位数的保留必须以各数据中有效数字位数最少（即相对误差最大）的数据为准。如 $\dfrac{0.0243\times 7.105\times 70.06}{164.2}$ 的计算中，应以有效数字位数最少的 0.0243 为依据，将其他数据修约为三位有效数字后，再进行计算，其计算过程如下：

$$
\frac{0.0243\times 7.105\times 70.06}{164.2}=\frac{0.0243\times 7.10\times 70.1}{1.64\times 10^{2}}=0.0737
$$

（3）乘方和开方　对数据进行乘方或开方时，所得结果的有效数字位数应与原数据相同。例如：

$$6.72^{2}=45.1584\approx 45.2\ （保留三位有效数字）$$

$$\sqrt{9.65}=3.10644\cdots\approx 3.11\ （保留三位有效数字）$$

（4）对数计算　取对数的小数点后的位数（不包括整数部分）应与原数据的有效数字的位数相同。例如，$[H^{+}]=9.6\times 10^{-12}\,mol/L$，$pH=11.02$。

（5）分数、倍数　如 2、5、10 及 $\dfrac{1}{2}$、$\dfrac{1}{5}$、$\dfrac{1}{10}$ 等数字，可视为足够准确，计算中不考虑其有效数字的位数，计算结果的有效数字的位数应以其他测量数据为准。

（6）在乘除运算中，某数据的第一位有效数字≥8 时，其有效数字的位数可多取一位。

（7）对于各种平衡常数的计算，一般保留两位或三位有效数字。

（8）对于各种误差的计算，一般取一位最多两位有效数字。

（9）对于 pH 值的计算，一般取一位最多两位有效数字即可。如 pH 值为 3.4，7.5，10.48。

（10）在混合计算中，有效数字的保留以最后一步计算的规则执行。

（11）对于高含量（＞10%）组分的测定，一般要求分析结果保留四位有效数字；对于中含量（1%～10%）的组分，一般要求三位有效数字；对于微量（＜1%）组分，一般只要求两位有效数字。通常以此为标准，报出分析结果。

（12）在计算过程中，为了提高计算结果的可靠性，可暂时多保留一位有效数字。再多保留就完全没有必要了，而且会增加运算时间。但得到的最后结果，一定要弃去多余的数字。

第四章 化验室常用玻璃器皿

第一节 化验室常用玻璃器皿的分类及用途

一、 玻璃的特性及组成

玻璃具有很高的化学稳定性、较强的耐热性、良好的透明度、机械强度及绝缘性能，且制作方便、价格低廉，并可按需要制成各种不同形状的产品。改变玻璃的化学组成可以制成适用于各种不同要求的玻璃。因此，化验室大量使用玻璃仪器。

玻璃的化学成分主要有 SiO_2、CaO、Na_2O、K_2O 等，引入 B_2O_3、Al_2O_3、ZnO、BaO 等可使玻璃具有不同的性质和用途。表 4-1 列出了制造玻璃仪器的化学组成和主要用途。

表 4-1 玻璃仪器的化学组成和主要用途

玻璃种类	化学组成/%						主要用途
	SiO_2	Al_2O_3	B_2O_3	CaO	ZnO	Na_2O、K_2O	
特硬玻璃	80.7	2.1	12.8	0.6	—	3.8	制作耐热玻璃
硬质玻璃	79.1	2.1	12.4	0.6	—	5.8	制作烧器产品
一般仪器玻璃	74	4.5	4.5	3.3	1.7	12	制作滴管、培养皿等
量器玻璃	73	5	4.5	3.8	0.5	13.2	制作量器

由表 4-1 可见，特硬玻璃和硬质玻璃 SiO_2、B_2O_3 的含量较高，具有较好的热稳定性、化学稳定性，受热不易破裂，可用于制作允许加热的玻璃仪器。

玻璃虽然有较好的化学稳定性，不受一般酸、碱、盐的侵蚀，但氢氟酸对玻璃有很强的腐蚀作用，故不能用玻璃仪器进行含有氢氟酸的实验。

碱液，特别是浓的或热的碱液，对玻璃也有明显侵蚀作用。因此，玻璃容器不能用于长时间存放碱液，更不能使用磨口玻璃容器存放碱液。

二、 化验室常用玻璃器皿的分类

化验室常用玻璃器皿的种类很多，按其用途可分为普通玻璃器皿、量器类及特殊玻璃器皿等。

普通玻璃器皿主要包括烧杯、锥形瓶、试剂瓶、烧瓶等。

量器类根据其精度可分为普通量器（如量筒、量杯等）和容量器皿（如滴定管、容量瓶及吸管等）。

根据能否受热又可分为可加热的玻璃仪器和不宜加热的玻璃仪器，量器类都不能受热。

其他玻璃仪器是指具有特殊用途的玻璃仪器，如冷凝管、分液漏斗、干燥器、分馏柱、玻璃砂芯滤器、标准磨口玻璃仪器等。

三、 化验室常用玻璃器皿的规格及用途

玻璃器皿的种类不同、规格不同、用途不同，其使用方法及要求也不同，表 4-2 列出了

化验室常用玻璃仪器的规格、主要用途及使用注意事项。

表 4-2　化验室常用玻璃仪器的规格、主要用途及使用注意事项

名称	规格及表示方法	主要用途	使用注意事项
烧杯	以容积(mL)表示,有 1、5、10、15、25、100、250、500、1000、2000 等规格; 有一般型和高型,有刻度和无刻度等几种	配制溶液、溶解样品、作反应容器等	加热时应置于石棉网上,使其受热均匀,一般不可烧干; 反应液体不超过容积的 2/3,加热液体不超过容积的 1/3
锥形瓶(无塞 具塞)	以容积(mL)表示,有 5、10、50、100、200、250、500、1000 等规格;有无塞、有塞(具塞)、广口、细口和微型等几种	加热、处理试样和容量滴定分析	磨口锥形瓶加热时要打开塞子,非标准磨口要保持原配塞
碘量瓶	以容积(mL)表示,有 50、100、250、500、1000 等规格;具有配套的磨口塞	碘量法或其他生成挥发性物质的定量分析	磨口要保持原配塞; 加热时应置于石棉网上,使其受热均匀,一般不可烧干
量筒 量杯	以容积(mL)表示,有 5、10、25、50、100、250、500、1000、2000 等规格	粗略地量取一定体积的溶液	不能加热; 不能在其中配制溶液; 不能在烘箱中烘烤; 操作时要沿壁加入或沿嘴倒出溶液
容量瓶	以容积(mL)表示,有 10、25、50、100、250、500、1000 等规格	容量准确,用于配制准确体积的标准溶液或被测溶液	非标准的磨口塞要保持原配;漏水不可用; 不能在烘箱内烘烤,不能加热; 不能用毛刷洗刷内壁;不能代替试剂瓶存放溶液
滴定管	规格以容积(mL)表示;按形状和材料分为酸式滴定管、碱式滴定管、聚四氟旋塞滴定管;按容量分为常量滴定管(有 25、50、100 等规格)和微量滴定管(有 1、2、3、4、5、10 等规格);按管身颜色分为无色滴定管和棕色滴定管	主要用于容量滴定中准确测量溶液体积	旋塞要原配,漏水不可使用; 具有准确刻度线,不能加热,不能用毛刷刷洗内壁; 不能长期存放溶液;长期不用时,要在磨口旋塞处垫一纸片

名称	规格及表示方法	主要用途	使用注意事项
移液管 吸量管	吸管分为单刻度线大肚型（移液管）和刻度线直管型（吸量管）两种，此外还有自动移液管； 以容积（mL）表示，移液管有 1、2、5、10、20、25、50、100 等规格；吸量管有 0.1、0.2、0.5、1、2、5、10、20 等规格	吸管具有准确容量； 移液管用于准确移取一定量溶液； 吸量管用于准确移取不同体积的溶液	不能在烘箱中烘干，也不能用火加热烘干，不能加热； 上口和尖端破损不可使用
称量瓶	分扁型和高型；以外径（mm）×高（mm）表示，高型有 25×40、30×50、30×60、35×70 等规格，扁型有 40×25、50×30、60×30、70×30、70×35、70×40 等规格	高型用于称量基准物和样品等； 扁型用作测定干燥失重等	磨口塞要原配； 烘干时瓶盖要斜放在瓶口上，不可盖紧在瓶磨口上； 烘干后放在干燥器中冷却至室温后备用； 不能用火加热；称量时不可直接用手拿取，要戴细纱手套或洁净纸条拿取； 不用时，洗净、干燥后，在磨口处垫上纸条
试剂瓶	以容积（mL）表示，有 30、60、125、250、500、1000、2000 等规格； 有广口瓶、细口瓶两种，又分磨口、不磨口、无色、棕色等	细口瓶用于存放液体试剂； 广口瓶用于盛装固体试剂； 棕色瓶用于存放见光易分解的试剂	不能加热； 不能在瓶内配制操作过程放出大量热量的溶液； 磨口塞要保持原配； 放碱液的瓶子应使用橡皮塞，以免日久打不开
滴瓶	以容积（mL）表示，有 30、60、125 等规格，分无色和棕色两种	盛装需滴加的试剂，如指示剂等	不能加热； 棕色瓶盛放见光易分解或不稳定的试剂； 取用试剂时，滴管要保持垂直，不接触接收容器内壁，不要将溶液吸入橡皮头内，不能插入其他试剂中
漏斗	以上口直径（cm）表示，有 30、50、60、75 等规格； 按漏斗颈长度分类，有短颈、长颈、粗颈、无颈等几种	过滤沉淀； 引导溶液入小口容器中； 粗颈漏斗用于转移固体	不能用火直接加热，过滤液体不能太热； 过滤时，漏斗颈下尖端长的一侧必须紧靠承接滤液的容器壁
分液漏斗	以容积（mL）表示，有 50、100、250、1000 等规格； 按漏斗形状分类，有球形、梨形、筒形、锥形等几种	分离两种互不相溶的液体； 用于萃取分离和富集（多用梨形）； 制备反应中加液体（多用球形及滴液漏斗）	磨口旋塞必须原配，漏水不可使用； 不能加热； 萃取时，振荡初期应放气数次； 用作滴液加料到反应器中时，下尖端应在反应液面以下； 长期不用时，要在磨口处垫一纸片

名称	规格及表示方法	主要用途	使用注意事项
试管	有刻度的以容积（mL）表示，有 5、10、15、20、50 等规格；无刻度的规格用管口直径（mm）×管长（mm）表示；试管分为普通试管和离心试管；普通试管又分为翻口、平口、有支管、无支管、有塞、无塞等几种	普通试管用于少量试剂的反应容器，便于操作和观察；用于收集少量气体；下端尖的为离心试管，可在离心机中借离心作用分离溶液和沉淀	反应液体不得超过试管容积的1/2，加热液体不超过容积的1/3，加热前要擦干试管外壁；加热时要用试管夹，管口不要对人；加热液体时，要将试管向上倾斜与台面成约45°角，且不断振荡，使试管下部受热均匀；加热固体时，管口略向下倾斜；离心管只能水浴加热
比色管	用无色优质玻璃制成，有无塞和有塞两种；以环线刻度指示容量（mL）表示，有 10、25、50、100 等规格	比色、比浊分析	非标准磨口塞必须原配；注意保持管壁透明；比色时需选用质量、口径、壁厚、形状相同的比色管；不能加热，不能用毛刷刷洗内壁
烧瓶	规格以容积（mL）表示；有平底、圆底、长颈、短颈、细口、磨口、圆形、茄形、梨形、两口、三口等种类；还有微量烧瓶	在常温和加热条件下用作反应容器；作液体蒸馏容器，受热面积大；圆底的耐压；平底的不耐压，不能作减压蒸馏；多口的可装配温度计、搅拌器、加料管，与冷凝器连接	盛放的反应物料或液体不得超过容积的2/3，但也不宜太少；加热前，先擦干外壁水，再放在石棉网上；加热时，要固定在铁架台上；圆底烧瓶放在桌面上时，下面要垫有木环或石棉环，以免翻滚损坏
凯氏烧瓶	以容积（mL）表示，有 50、100、300、600 等规格	消解有机物质	同烧瓶
冷凝管	以外套管长（cm）表示，有 320、370、490 等规格；有直形、球形、蛇形、空气冷凝管等多种；还有标准磨口的冷凝管	用于冷却蒸馏出的液体；蛇形管适用于冷凝低沸点液体蒸汽；空气冷凝管用于冷凝沸点为150℃以上的液体蒸汽；球形冷凝管冷却面大，适用于加热回流	不可骤冷骤热；装配仪器时，先装冷却水乳胶管，再装仪器；通常由下支管进水，从上支管出水；开始进水时需缓慢，水流不能太大

名称	规格及表示方法	主要用途	使用注意事项
水分离器	多为磨口玻璃制品	用于分离不相混溶的液体，在酯化反应中分离微量水	同冷凝管
蒸馏头 加料管	标准磨口仪器	用于蒸馏时与温度计、蒸馏瓶、冷凝管连接	磨口处必须洁净，一般无须涂润滑剂，但接触强碱溶液时，应涂润滑剂； 安装时，要对准连接磨口，以免承受歪斜应力而损坏；用后立即洗净，注意不要使磨口连接处黏结而无法拆开
应接管	有磨口、普通两种，分单尾、双尾、三尾等	承接蒸馏出的冷凝液体，上口接冷凝管，下口接接收瓶	同蒸馏头
接头和塞子	标准磨口仪器	连接不同规格的磨口和用作塞子	同蒸馏头
洗气瓶	以容积（mL）表示，有 125、250、500、1000 等规格	内装适宜洗涤液，用于除去气体中的杂质； 反接可作安全瓶（即缓冲瓶）用	根据气体性质选择适宜洗涤液，洗涤液注入容器高度的 1/3，不得超过 1/2； 除去气体中杂质时，进气管插入洗涤液中，不能接反

名称	规格及表示方法	主要用途	使用注意事项
抽滤瓶	以容积(mL)表示,有250、500、1000、2000等规格	上口插入布氏漏斗或玻璃砂芯滤器,支管用乳胶管或橡皮管与缓冲瓶连接,或直接与水泵或油泵等抽真空系统连接,进行晶体或沉淀的减压过滤,接收滤液	属于厚壁容器,能耐负压;不能用火直接加热;布氏漏斗或玻璃砂芯滤器与抽滤瓶口大小要匹配;抽滤前,先抽气;抽滤结束时,先断开支管处的乳胶管,再停止抽气,以防液体倒吸
玻璃砂芯滤器	容积(mL)有35、60、140、500等规格;按滤板孔径分成G1～G6号;有玻璃砂芯漏斗和玻璃砂芯坩埚	用于质量分析中过滤需烘干称量的沉淀	必须抽滤;不能骤冷骤热;不能过滤氢氟酸、碱性溶液、浆状沉淀等;用毕立即洗净
表面皿	以直径(cm)表示,有45、60、75、90、100、120等规格	用于盖在烧杯、蒸发皿或漏斗等上,以防液体溅出或落入灰尘;也可用于称取少量固体物质	可烘干,但不能用火直接加热;作盖子用时,直径要大于容器口;用于称量试剂时,要事先洗净、烘干,放在干燥器中冷却至室温
培养皿	以玻璃底盖外径(cm)表示,有60、75、95、100等规格	存放固体样品;用作菌种培养繁殖	固体样品放于培养皿中,可放在干燥器中,或在烘箱中烘干;不能用火直接加热
干燥器 真空干燥器	以内径(cm)表示,有150、180、210、300等规格;分普通干燥器和真空干燥器两种;有无色干燥器和棕色干燥器	底部放变色硅胶或其他干燥剂,上盖和底座磨口处涂适量凡士林;可将烘干或灼烧过的物质及容器放在其中冷却,保持干燥;也可干燥少量制备产品	放入干燥器的物品温度不宜过高;放入热的物体后要每隔一定时间开一开盖子,以调节器内部压力;下室的干燥剂要及时更换,保持干燥;使用中要防止盖子滑动打碎;真空干燥器接真空系统抽去空气,干燥效果更好

名称	规格及表示方法	主要用途	使用注意事项
干燥管	规格按大小区分；有直形、弯形、U形等形状	盛装干燥剂，用于干燥气体	干燥剂放在球形部分，U形的装入管中，不宜过多； 小管与球形交界处放少许棉花填充； 两端大小不同的，大头进气，小头出气
干燥塔	规格以容积(mL)表示；有直形和球形两种	净化、干燥气体	塔体上室底部放少许玻璃棉，其上方放固体干燥剂； 下口进气，上口出气；球形干燥塔内管进气

四、 标准磨口玻璃仪器

1. 标准磨口玻璃仪器的组成

标准磨口玻璃仪器简称标准口玻璃仪器，是具有标准内磨口和外磨口的玻璃仪器。标准磨口是根据国际通用技术标准制成的，国内已普遍生产和使用。使用时根据实验需要选择适宜容量和口径。相同编号的磨口仪器，其口径统一、连接紧密，使用时可以互换，用少量的仪器可以组装多种不同的实验装置。根据需要，标准磨口制作成不同的大小，通常以整数表示标准磨口的系列编号，此数字是锥体大端直径（mm）最接近的整数。常用标准磨口系列见表4-3。也可用 D/H 两个数字表示标准磨口的规格，如 14/23，即大端直径为 14.5mm，锥体长度为 23mm。

表 4-3　常用标准磨口系列

编号	10	12	14	19	24	29	34
口径/mm(大端)	10.0	12.5	14.5	18.8	24.0	29.2	34.5

2. 标准磨口玻璃仪器的使用注意事项

（1）磨口处必须洁净，不能沾有固体杂物或硬质杂物，以免磨口对接不严，导致漏气。

（2）装配仪器时，要注意安装顺序正确，装置整齐、稳妥，保证磨口连接处不受应力。

（3）一般用途的磨口无须涂润滑剂，以免沾污反应物或生成物，但若反应中有强碱性物质或进行减压蒸馏时，磨口应涂润滑脂（真空活塞脂）。

（4）用后应立即拆卸洗净，否则磨口的连接处将会黏结，难以拆开。

第二节　玻璃仪器的洗涤和干燥

一、 玻璃仪器的洗涤

洗涤玻璃仪器不仅是一项必须做的实验前的准备工作，也是一项技术性的工作。仪器洗涤是否符合要求，对检验结果的准确度和精密度均有影响。洗干净的玻璃仪器，当倒置时，应该以仪器壁均匀地被水膜浸润而不挂水珠为准。经蒸馏水润洗后的仪器，残留水分用 pH 试纸检查应为中性。

1. 洗涤液的选择

洗涤玻璃仪器时，应根据实验要求、污物的性质及沾污程度，合理选用洗涤液。实验室常用的洗涤液有以下几种。

① 水。水是最普通、最廉价、最方便且没有污染的洗涤液。对于水溶性污物，一般可直接用自来水冲洗干净。

② 去污粉和合成洗涤剂。去污粉和合成洗涤剂是实验室常用的洗涤剂，洗涤油脂类污垢效果较好，可用于能用毛刷直接刷洗的仪器的洗涤。

③ 铬酸洗涤液。铬酸洗涤液简称铬酸洗液，是用重铬酸钾（$K_2Cr_2O_7$）和浓硫酸（H_2SO_4）配成的洗涤液。新配制时呈暗红色油状溶液，具有强酸性和强氧化性，适用于洗涤有无机物沾污和器壁残留少量油污的玻璃仪器内壁。用铬酸洗液浸泡沾污仪器一段时间，洗涤效果更好。洗涤完毕后，用过的铬酸洗液要回收在指定的容器中，不可随意乱倒。铬酸洗液可重复使用，当其颜色变绿时即为失效。铬酸洗液要密闭保存，以防吸水失效。使用铬酸洗液时，要注意不能溅到身上，以防"烧"破衣服和损伤皮肤。

④ 碱性 $KMnO_4$ 溶液。该洗液是将高锰酸钾以少量水溶解，再加入氢氧化钠而配成，有很强的氧化性，能除去油污和其他有机污垢。使用时倒入欲洗仪器中，浸泡后再倒出，但会留下褐色 MnO_2 痕迹，需用草酸或盐酸等还原剂除去。

⑤ 纯酸、纯碱洗液。根据器皿污垢的性质，直接用 1+1 的盐酸、硫酸或硝酸浸泡或浸煮器皿，可用于清洗碱性物质或无机物沾污。纯碱洗液多采用 10％以上的浓烧碱、氢氧化钾或碳酸钠液浸泡或浸煮器皿，用于洗涤有油污的仪器。

⑥ 乙醇-硝酸洗液。对于难以洗净的少量有机沾污，可先用乙醇润湿器壁并留下约 2mL，再向容器内加入 10mL 浓硝酸静置片刻，立即发生剧烈反应并放出大量的热，反应停止后倒出洗涤废液，用水冲洗干净即可。此过程会产生红棕色的 NO_2 有毒气体，必须在通风橱内进行洗涤。注意，绝不可事先将乙醇和硝酸混合！

⑦ 有机溶剂。乙醇、乙醚、丙酮、甲苯、汽油、石油醚、三氯甲烷等有机溶剂，均可用于洗涤各种油污及可溶于溶剂的有机物。用有机溶剂作为洗涤液浪费较大，能用毛刷刷洗的大件仪器尽量采用碱性洗液。只有无法用毛刷刷洗的小件或特殊形状的仪器才可使用有机溶剂洗涤，如活塞内孔、移液管尖头、滴定管尖头等。有机溶剂易燃，甚至有毒，使用时应注意安全。

⑧ 特殊洗涤液。一些污物用一般的洗涤液不能除去，可根据污物的性质，采用适当的试剂进行处理。如硫化物沾污可用王水溶解，沾有硫黄时可用 Na_2S 处理，$AgCl$ 沾污可用氨水或 $Na_2S_2O_3$ 处理等。

2. 洗涤的一般程序

洗涤玻璃仪器时，首先用自来水冲洗 1～2 次，除去可溶性物质的污垢，不能奏效时再用去污粉、合成洗涤剂等刷洗，仍不能除去的污物，应采用其他洗涤液洗涤或浸泡。洗涤完毕后，都要用自来水冲洗干净。必要时再用少量蒸馏水润洗 3～4 次。用蒸馏水润洗时，应按少量多次的原则，每次润洗应充分摇动后，倾倒干净，再进行下一次润洗。经蒸馏水润洗后的仪器，残留水分用 pH 试纸检查应为中性。

具有磨口塞的器皿，在洗涤时应注意各自配套，以免影响磨口处的密闭性。

3. 洗涤方法

洗涤玻璃仪器时，可采用下列几种方法。

① 振荡洗涤法。振荡洗涤法又称冲洗法，是利用水把可溶性污物溶解而除去。洗涤方法是向仪器中注入少量自来水，用力振荡后倒去，依此连洗数次。试管和烧瓶的振荡洗涤方

法分别见图 4-1 （a）和图 4-1 （b）。

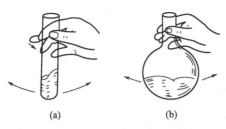

图 4-1　振荡洗涤

图 4-2　刷洗法

② 刷洗法。先用自来水冲洗仪器内壁和外壁，倒去水，再用毛刷蘸取少量肥皂水、去污粉等洗涤剂进行刷洗，此法适用于洗涤内壁或外壁有不易冲洗的污物。试管的刷洗方法见图 4-2。刷洗时要选用适当大小的毛刷，不要用力过猛，以免损坏仪器。注意：刷洗法不适用于容量器皿（如滴定管、容量瓶、吸管等）内壁的洗涤。

③ 润洗法。先用水湿润仪器内壁，然后尽量倒尽仪器中的水（以免稀释洗涤液，影响洗涤效果），再倒入少量洗液，摇动或转动使仪器内壁全部浸润，再将洗液倒入洗液回收瓶。污物较多的仪器，可用洗液浸泡一段时间，洗涤效果会更好。此法适用于洗涤难溶于水、刷洗不能奏效或不可刷洗的仪器（如容量器皿等）的污物。

二、 玻璃仪器的干燥

化验室常需使用洁净干燥的玻璃仪器，将玻璃仪器洗净后，要选用适宜的方法对玻璃仪器进行干燥。玻璃仪器的干燥一般采取下列几种方法。

（1）晾干　对不急于使用的仪器，洗净后将仪器倒置在格栅板上或实验室的干燥架上，控去水分，自然干燥。

（2）烘干　将洗净的仪器控去水分，放在烘箱的搁板上，温度控制在 105～110℃下烘干。烘箱是干燥玻璃仪器常用的设备，也可用于干燥化学药品。量器类不可在烘箱中烘干。

（3）吹干　对急需使用的仪器，将仪器倒置沥去水分，用电吹风的热风或冷风吹干。

（4）烤干　加热前先擦干仪器外壁，然后用小火烘烤，通过加热使仪器中的水分迅速蒸发而干燥。烧杯等放在石棉网上加热，试管用试管夹夹住，在火焰上来回移动，试管口略向下倾斜，直至除去水珠后再将管口略向上赶尽水汽。

（5）有机溶剂法　在洗净的仪器内加入少量易挥发且能与水互溶的有机溶剂（如丙酮、乙醇等），转动仪器，使仪器内壁浸润后，倒出洗涤废液，然后晾干或吹干。一些不能加热的仪器（如比色皿等）或急需使用的仪器可用此法干燥。

容量器皿是带有精密刻度的计量容器，可采用晾干或冷风吹干的方法干燥。不能用加热方法干燥，否则会影响仪器的精度。

三、 玻璃仪器的存放

玻璃仪器应存放在防尘的仪器存放柜内，且分门别类存放，便于取用。

移液管洗净晾干后，应置于防尘盒中。

滴定管用毕，洗净，用蒸馏水润洗后，倒置，或注满蒸馏水，上盖玻璃短试管或塑料套管，夹于滴定管夹上。长期不用的滴定管，应擦去其旋塞上的凡士林，再垫上纸片，并用橡皮筋拴好旋塞保存。磨口与塞间若有砂粒应用软纸轻轻擦除，而不要用力转动，也不要用去污粉刷洗磨口，以免漏液。

比色皿用后洗净，倒置于滤纸上，晾干后放回比色皿盒中保存。

带磨口塞的玻璃仪器如比色管等，在清洗前要用细线绳、塑料细丝或橡皮筋将塞子系在容器颈部，以免打破塞子或搞混。较长时间不用的磨口仪器，要在塞子和磨口间垫一纸片，以免日久黏住而打不开。

成套仪器如索氏萃取器、气体分析仪等用毕要立即洗净，放在专用盒中保存。

第三节　容量瓶及使用

一、 容量瓶的结构及技术要求

1. 容量瓶的结构

容量瓶是一种细颈梨形平底的玻璃瓶（见图 4-3），带有玻璃磨口、玻璃塞或塑料塞。颈部有一环形标线，其容量是指在指定温度（一般为 20℃）下，充水至弯月面最低点与标线上边缘恰好相切时所容纳水的体积，即容量瓶上所标示的体积，单位为 mL。容量瓶分为无色和棕色两种，常用的规格有 10mL、25mL、50mL、100mL、250mL、500mL 和 1000mL 等，此外还有 1mL、2mL、5mL 的小容量瓶。

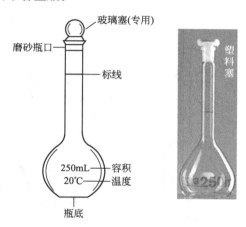

图 4-3　容量瓶

2. 容量瓶的技术要求

容量瓶主要用于配制和稀释准确浓度的标准溶液及试样溶液，常与移液管配套使用，属于量入式（In）计量玻璃仪器。按精度可分为 A 级和 B 级，A 级为较高级别，B 级为较低级别，必须符合 GB 12806—2011《实验室玻璃仪器　单标线容量瓶》的要求。容量瓶的容量允差如表 4-4 所示。

表 4-4　容量瓶的容量允差

标准容量/mL		1	2	5	10	20	25	50	100	200	250	500	1000	2000	5000
容量允差 （±）/mL	A 级	0.01	0.01	0.02		0.03		0.05	0.10	0.15		0.25	0.40	0.60	1.20
	B 级	0.02	0.03	0.04		0.06		0.10	0.20	0.30		0.50	0.80	1.20	2.40

二、 容量瓶的准备

1. 试漏

容量瓶在使用前应试漏。试漏的方法是，加自来水至标线附近，盖好瓶塞，用滤纸片擦净瓶塞及瓶塞与瓶口间的水；用左手食指按住瓶塞，其余手指握住瓶颈标线以上部分，右手指尖托住瓶底边缘,将瓶倒立(见图4-4)试漏1~2min后直立,放在实验台上;用滤纸片沿瓶盖与瓶口间转一圈检漏,滤纸片干燥,表示不漏。将瓶盖旋转180°,以上述同样方法再次试漏和检漏,若不漏水,则可使用。可用橡皮筋或细绳将瓶塞系在瓶颈上,使瓶塞与容量瓶配套使用,否则会漏水。不可取下瓶塞随意乱放,以免沾污或打碎。

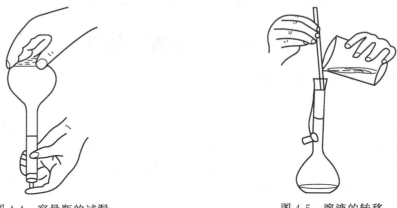

图4-4 容量瓶的试漏   图4-5 溶液的转移

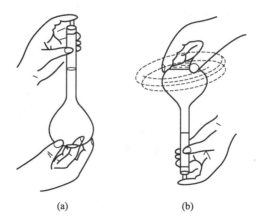

(a)   (b)

图4-6 溶液的摇匀

2. 洗涤

(1)自来水冲洗 容量瓶内壁和外壁无明显油污时,可直接用自来水冲洗干净。

(2)铬酸洗液润洗内壁 容量瓶内壁有油污不易清洗时,可根据沾污物性质及沾污程度,选择适宜的洗液(如铬酸洗液等)洗涤,洗涤方法如下:

① 自来水冲洗。用自来水冲洗容量瓶内壁和外壁,尽量倒尽瓶内的水。

② 用铬酸洗液洗涤。加入适量(250mL容量瓶用量为20~30mL,100mL及以下的容量瓶用量为10~15mL)铬酸洗液,盖上瓶塞,直立摇动,洗涤容量瓶底部,然后用左手食指按住瓶塞,其余手指拿住瓶颈标线以上部分,右手指尖托住瓶底边缘,倾斜转动或反复颠倒容量瓶,充分润洗其内壁;放置数分钟;左手食指和中指夹住瓶塞柄,打开瓶塞,拇指和食指拿住瓶颈,将瓶内铬酸洗液倒入回收瓶中。

③ 自来水洗涤内壁。加入适量自来水润洗容量瓶内壁,第一次润洗废液倒入废液缸中,再用自来水冲洗干净。

(3)刷洗外壁 用毛刷蘸取洗涤剂或肥皂水充分刷洗容量瓶外壁(注意:不可刷洗其内

壁，以免划伤，影响容积的准确度），再用自来水冲洗干净，洗净后要求内外壁都不挂水珠。

（4）蒸馏水润洗内壁　用洗瓶以蒸馏水沿容量瓶颈内壁润洗 2～3 圈（注意洗瓶嘴不得碰容量瓶壁），倒去润洗废水，以同样方法用蒸馏水润洗内壁 3～4 次，每次润洗所用蒸馏水的量可视容量瓶的大小而定，如 250mL 容量瓶的润洗，每次用水量为 10～20mL，洗净后备用。

三、 容量瓶的使用

1. 用固体物质配制准确浓度的溶液

（1）固体物质的处理　在电子天平或电光分析天平上准确称取基准物质或试样，置于小烧杯中，加少量蒸馏水（或其他溶剂），用玻璃棒搅拌溶解。如需加热溶解，则加热后应冷却至室温。

（2）溶液的定量转移　转移溶液时，右手将烧杯中的玻璃棒提离液面，在烧杯内壁靠两下，使玻璃棒下端溶液流入烧杯中，以免移入容量瓶的过程中掉落而损失；如图 4-5 所示，将玻璃棒伸入容量瓶口（注意不得碰容量瓶口）以下约 2cm 处，玻璃棒下端靠在瓶颈内壁；左手拿烧杯，使烧杯嘴紧贴玻璃棒（杯嘴在容量瓶口以上 1～2cm 处），使溶液沿玻璃棒和瓶内壁流入容量瓶中，烧杯中溶液倾完后，将烧杯嘴沿玻璃棒向上提 1cm 左右，再将烧杯直立，杯嘴在玻璃棒上靠两次，使杯嘴与玻璃棒间夹着的溶液沿玻璃棒流入瓶中，然后将杯嘴离开玻璃棒，并将玻璃棒放回烧杯中，靠在杯嘴的对面（玻璃棒不能靠在杯嘴上，因杯嘴上有溶液）。左手食指夹住玻璃棒，使其上端靠在烧杯口上（以免滚动），其余手指拿住烧杯，右手拿洗瓶，用少量蒸馏水（或其他溶剂）润洗烧杯内壁和玻璃棒 3～4 次，每次都用上述同样方法将洗涤溶液转移到容量瓶中。

（3）溶液的稀释、定容　用洗瓶以蒸馏水润洗容量瓶颈内壁 2～3 圈，再加蒸馏水稀释至容量瓶梨形部分容量的 2/3 处，不盖瓶塞，将容量瓶直立平摇，使溶液初步混匀。继续加水至容量瓶标线以下 0.5～1cm 处，静置 1～2min，使附着在瓶颈内壁的水流下。左手拿住容量瓶标线以上部分，视线与标线处于水平，右手拿小滴管滴加蒸馏水至溶液弯月面的最低点与标线上边缘恰好相切。

（4）溶液的摇匀　盖上瓶塞，如图 4-6（a）所示，左手食指按住瓶塞，其余手指拿住瓶颈标线以上部分，右手指尖托住瓶底边缘后，将容量瓶倒立，使气泡上升至瓶底，右手水平摇动 3～4 圈，见图 4-6（b），再将容量瓶直立。如此重复操作，摇匀 10～15 次，使瓶内溶液充分混匀。注意当摇匀 3～4 次（或 7～8 次）时，垂直向上轻提瓶盖，将瓶盖上的溶液靠在瓶口下的瓶颈内壁上，使瓶盖和瓶颈夹缝的溶液流入瓶中，一起混匀。

2. 浓溶液的稀释

用吸管移取（其移取方法见第四节）一定体积的浓溶液于容量瓶中，加蒸馏水稀释、摇匀即可。溶液的稀释、摇匀方法同上述用固体物质配制溶液。

3. 溶液配制后的处理

当容量瓶中配好的溶液不急于使用时，不宜长期储存在容量瓶中，应转移到按要求准备好的试剂瓶中，并贴上标签。转移前要用容量瓶中溶液润洗试剂瓶 3～4 次，使溶液浓度保持不变。

4. 容量瓶使用后的处理

用过的容量瓶，要及时用水洗净备用。对长时间不用的容量瓶，要把磨口和瓶塞擦干，并用纸片隔开。此外容量瓶不能在电炉上或烘箱中干燥。如需干燥，可先用 C_2H_5OH 等有机物润洗后，再用电吹风或烘干机的冷风吹干。

第四节　吸管及使用

一、吸管的分类

图4-7　移液管

吸管属于量出式容量仪器，根据形状可分为移液管（也称无分度吸管）和吸量管（又称有分度吸管），用于准确量取一定量标准溶液和试样溶液。

1. 移液管

（1）移液管的结构　如图4-7所示，移液管上下两端细长，上端刻有一环形标线，中间有一膨大部分，上面标有其容积和标定时的温度。在标明的温度下，将溶液吸入管内，调节至溶液弯月面最低点与标线上边缘恰好相切，再使溶液按一定方法自然流出，则流出溶液的体积即为移液管上标示的容积。移液管的规格主要有1mL、2mL、5mL、10mL、25mL、50mL、100mL等。由于环形标线处管径较小，其读数的准确度较高，一般都能读准至0.01mL，可用于化学分析和仪器分析中准确量取一定量标准溶液和试样溶液。

（2）移液管的容量要求　按容量精度可将移液管分为A级和B级，其容量允差必须符合GB 12808—2015《实验室玻璃仪器　单标线吸量管》要求（见表4-5）。

表4-5　移液管的容量允差

标准容量/mL		1	2	3	5	10	15	20	25	50	100
容量允差 （±）/mL	A 级	0.007	0.010	0.015		0.020	0.025	0.03		0.05	0.08
	B 级	0.015	0.020	0.030		0.040	0.050	0.06		0.10	0.16

2. 吸量管

（1）吸量管结构　吸量管的结构见图4-8，是一有分刻度的直型玻璃管，刻度上方标有指定温度下的总容量。常用的规格有1mL、2mL、5mL、10mL等，可用于准确量取不同体积的溶液。

吸入溶液至"0"刻度以上，调至溶液弯月面最低点与"0"刻度上边缘恰好相切，然后将溶液放出至其弯月面最低点与某刻度线上边缘恰好相切，此刻度读数即为放出溶液的体积。

（2）吸量管的容量要求　吸量管的读数部分管径较大，其读数准确度稍低于移液管。吸量管的容量必须符合GB 12807—1991《实验室玻璃仪器　分度吸量管》要求。

二、吸管的准备

1. 检查

吸管在使用前需检查管尖、管口有无破损，若有破损则不能使用。

2. 洗涤

（1）自来水冲洗　吸管内壁无明显油污时，可直接用自来水冲洗，不可刷洗，以免划伤，影响容积的准确度。

（2）铬酸洗液润洗内壁　吸管内壁有油污不易清洗时，可根据沾污物性质及沾污程度，选择适宜的洗液（如铬酸洗液等）洗涤。

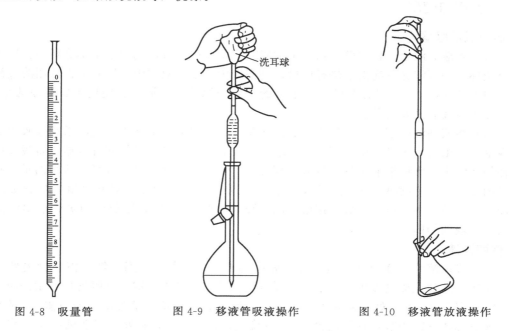

图 4-8　吸量管　　　　图 4-9　移液管吸液操作　　　　图 4-10　移液管放液操作

① 用铬酸洗液润洗内壁。先用自来水冲洗内壁和外壁，尽量放去管内的水（以免稀释铬酸洗液，影响洗涤效果）；打开铬酸洗液瓶盖，向上放置；如图 4-9 所示，右手拇指在前，中指、无名指及小手指在后，食指靠在管口边，握住吸管；左手用滤纸片擦吸管尖内壁及外壁，擦吸废纸放入废纸篓中；将吸管插入铬酸洗液瓶中液面以下 2～3cm 处，左手将洗耳球捏瘪赶去球内空气，洗耳球尖端紧按在吸管口上（见图 4-9），缓缓松开捏瘪的洗耳球球部，吸取铬酸洗液，至移液管鼓出部分的 1/4 至 1/3 处（吸量管吸取铬酸洗液的量不超过其容量的 1/2）；左手迅速向上移去洗耳球，右手食指立即按住管口，左手放下洗耳球；两手拇指、食指和中指横握吸管两端，并转动吸管，用铬酸洗液润洗吸管内壁至蓝色（或黄色等）标记以上；左手打开铬酸洗液回收瓶盖，朝上放置，拿住铬酸洗液回收瓶并倾斜 30°角左右，右手将吸管竖起，保持垂直，管尖靠在铬酸洗液回收瓶口以下约 2cm 处的瓶颈内壁上，松开右手食指，放出铬酸洗液于回收瓶中，待液面降至管尖后，转动吸管 2～3 圈，必要时，可用洗耳球吹几次，使铬酸洗液尽量全部流入回收瓶中，盖上铬酸洗液瓶和回收瓶盖，并将瓶放回原处。

② 自来水洗涤内壁。在烧杯中加入自来水，用上述同样方法握持吸管及洗耳球，将吸管插入自来水中，吸取自来水，双手横握并转动吸管，用自来水润洗吸管内壁，第一次润洗后的废液放入废液缸中，以免污染环境和腐蚀下水管；再将吸管用自来水冲洗干净。

（3）洗涤吸管外壁　用毛刷蘸取肥皂水或其他洗涤剂充分刷洗吸管外壁，再用自来水冲洗干净，洗涤后要求吸管内壁和外壁都不挂水珠。

（4）用蒸馏水润洗吸管内壁　用洗瓶以蒸馏水润洗小烧杯内壁 3～4 次，再加入适量蒸馏水于小烧杯中，用滤纸片擦吸管尖内壁和外壁，擦吸用的废纸放入废纸篓中；用上述同样方法操作吸管和洗耳球，将吸管插入小烧杯的蒸馏水中，吸取蒸馏水至移液管鼓出部分的 1/4～1/3 处（吸量管吸取蒸馏水的量不超过其容量的 1/2）；用上述同样方法横握并转动吸管，用蒸馏水润洗吸管内壁至蓝色（或黄色等）标记以上；竖起吸管，从管尖放出蒸馏水于废液缸或水池中；以同样方法用蒸馏水润洗吸管内壁 3～4 次，放在移液管架上，备用。

三、 吸管的使用

1. 溶液润洗吸管内壁

（1）溶液润洗小烧杯内壁　摇匀试剂瓶或容量瓶中溶液，倒少量于小烧杯中；横握并转动小烧杯，用溶液充分润洗小烧杯内壁，倒润洗废液于废液缸中；以同样方法用溶液润洗小烧杯内壁 3～4 次，以保证润洗吸管溶液的浓度与原溶液相同。若使用干燥洁净的小烧杯，则不必用溶液润洗其内壁。

（2）溶液润洗吸管内壁　加入适量溶液于上述洗净的小烧杯中，用滤纸片擦吸管尖外壁和内壁，废纸放入废纸篓中；用上述吸取铬酸洗液的方法操作吸管和洗耳球，将吸管插入小烧杯的溶液中，吸取溶液至移液管鼓出部分的 1/4 至 1/3 处（吸量管吸取溶液的量不超过其容量的 1/2）；双手横握并转动吸管，用溶液充分润洗吸管内壁；竖起吸管，从管尖放出润洗废液于废液缸中；以同样方法用溶液润洗吸管内壁 3～4 次，以保证用吸管取出溶液的浓度与原溶液的相同。

2. 移取溶液

（1）吸取溶液　摇匀试剂瓶或容量瓶中溶液，打开瓶盖；用滤纸片擦吸管尖外壁和内壁，擦吸废纸放入废纸篓中；用上述同样方法握持吸管和洗耳球，将吸管插入试剂瓶或容量瓶中液面以下 2～3cm 处（插入太浅易吸空，插入太深，管外壁带出溶液过多），吸取溶液至移液管标线（或用吸量管吸液至"0"刻度线）以上 2～3cm 处；左手迅速向上移去洗耳球，右手食指立即按住管口，并将吸管垂直向上提离试剂瓶或容量瓶；左手放下洗耳球，拿起滤纸片擦吸管尖外壁溶液，废纸放入废纸篓中。

（2）调节液面　左手拿起干燥洁净的小烧杯倾斜 30°角左右，右手使吸管垂直，管尖紧靠小烧杯内壁，微微松动食指，使液面下降至移液管标线（或吸量管"0"刻度线）以上 0.5～1cm 处，食指立即按紧管口，静置 10～15s，使附着在液面上方管内壁的溶液全部流下；视线与移液管标线（或吸量管的"0"刻度线）上边缘处于水平，微微松动右手食指，使液面缓缓下降，至溶液弯月面最低点与移液管标线（或吸量管"0"刻度线）上边缘恰好相切，食指立即按住管口，左手放下小烧杯。

（3）放液操作

① 移液管放液操作。如图 4-10 所示，左手拿洁净的接收器（如锥形瓶、烧杯或容量瓶等）向右倾斜 30°角左右；右手使移液管垂直，管尖右侧靠在接收器口以下约 2cm 处的内壁上，松开食指，使溶液沿接收器内壁自然流下，待液面降至管尖后，停留约 15s，使附着在管内壁的溶液流下，转动移液管 1～2 圈，让能自然流下的溶液全部流下，再将移液管放回移液管架上。

② 吸量管放液操作。用吸量管放液时，左手用与移液管放液操作相同的方法拿住洁净的接收器；右手使吸量管垂直，管尖靠在接收器口以下约 2cm 处的内壁上，两手同时向上提起吸量管和接收器，使视线与吸量管"0"刻度线的上边缘处于水平；微微松开右手食指，使溶液沿接收器内壁缓慢流下，当吸量管中液面降至所需刻度以上 0.5～1cm 处，食指立即按紧管口，静置 10～15s，使附着在液面上方管内壁的溶液全部流下；再微微松开右手食指，使液面缓缓下降，至溶液弯月面最低点与所需刻度线上边缘恰好相切，食指立即按住管口，停止放液；将吸量管中剩余的废液放入废液缸中。

（4）溶液的稀释　用洗瓶以蒸馏水沿接收器颈部内壁（注意：洗瓶嘴不能碰接收器内壁，以防接收器内壁溶液沾污洗瓶嘴）润洗 2～3 圈，使接收器内壁的溶液全部流下；再用蒸馏水稀释至所需体积，并摇匀。

3. 吸管使用注意事项

（1）不同吸管的误差不同，同一吸管不同部位刻度的误差也不同。为了减小因吸管刻度不准而产生的仪器误差，吸取相同体积同一溶液进行平行试验时，必须使用同一吸管；用同一吸管吸取不同体积的同一溶液时，都需从"0"刻度开始放液。

（2）吸管放液停留约15s后，管尖残留的溶液不得用洗耳球吹入接收器中，因为吸管标示值中不包含管尖溶液（注意：吸管上标有"吹"字的例外）。

（3）润洗吸管内壁时，必须从管尖放出润洗废水或废液。

（4）吸管洗涤后或移取溶液后，要及时放回移液管架上，以免沾污吸管下端。

（5）实验结束后，要及时清洗吸管。

第五节　滴定管及使用

一、滴定管的分类

滴定管是一细而长带有准确刻度的玻璃管，可用于准确测量流出溶液的体积，属于量出式容量仪器。

根据结构可将滴定管分为酸式滴定管、碱式滴定管和聚四氟旋塞滴定管。

酸式滴定管（见图4-11）下端有一玻璃旋塞（用以控制溶液的滴定速度），可盛装酸性、中性及氧化性溶液。因碱性溶液会使玻璃旋塞与旋塞套黏结，故不能用酸式滴定管盛装碱性溶液。

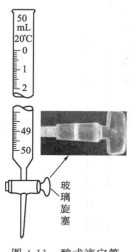

图 4-11　酸式滴定管

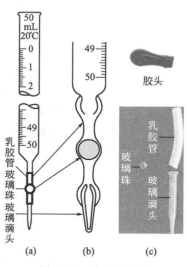

图 4-12　碱式滴定管

碱式滴定管的结构如图4-12所示，其下端用乳胶管与小滴头连接，乳胶管内有一玻璃珠（以控制溶液的滴定速度），可用于盛装碱性溶液和还原性溶液，但不能盛放氧化性（如高锰酸钾、碘和硝酸银等）溶液，因为氧化性溶液会腐蚀乳胶管。

聚四氟旋塞滴定管（见图4-13）的结构与酸式滴定管大致相同，只是旋塞为聚四氟乙烯材料，属于通用滴定管，可盛装各种性质的溶液。

根据颜色可将滴定管分为无色滴定管和棕色滴定管（见图4-13）。无色滴定管用于盛放在空气中稳定的无色溶液，棕色滴定管用于盛装有色溶液和见光易分解的无色溶液。

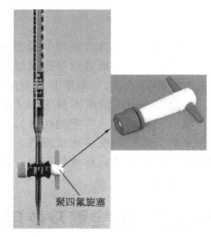

图 4-13　棕色聚四氟滴定管

根据容积可将滴定管分为常量滴定管和微量滴定管。

常量滴定管有 50mL、25mL 等规格，其最小分度为 0.1mL，能估读至 0.01mL，可用于常量滴定。

微量滴定管的结构见图 4-14，有 1mL、2mL、5mL、10mL 等规格，其最小分度见表 4-6，用于电位微量滴定等。

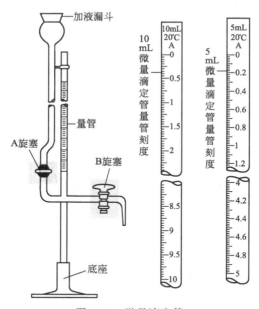

图 4-14　微量滴定管

表 4-6　微量滴定管的分度值

规格/mL	分度/mL	读数误差（±）/mL
10	0.05	0.01
5	0.02	0.01
3	0.01	0.001
2	0.01	0.001
1	0.01	0.001

滴定管按其精度可分为 A 级和 B 级，必须符合 GB 12805—2011《实验室玻璃仪器　滴

定管》的要求，其容量允差如表 4-7 所示。

表 4-7　滴定管的容量允差

标准容量/mL		1	2	5	10	25	50	100
容量允差 （±）/mL	A 级	0.01	0.01	0.01	0.025	0.04	0.05	0.10
	B 级	0.02	0.02	0.02	0.050	0.08	0.10	0.20

二、 滴定管的准备

1. 酸式滴定管的准备

（1）检查　酸式滴定管使用前要检查其旋塞旋转是否灵活，管尖、管口有无破损，若有破损应予以更换。

（2）试漏　试漏即检查旋塞是否漏水。试漏的方法是，关闭旋塞，加自来水至"0"刻度线以上，赶除气泡，调节液面至"0"刻度附近，直立夹在滴定管夹上，用滤纸片擦吸旋塞上的水，以小烧杯内壁靠去管尖残留水滴，静置 1～2min。观察液面是否下降，管尖是否有水滴，再用滤纸片分别沿旋塞两侧的旋塞套与旋塞间转一圈，检查是否有水渗出，滤纸干燥，表示不漏。将旋塞旋转 180°角，再静置 1～2min，按上述同样方法检漏。若不漏水，则可使用。

（3）涂油　一支新的或较长时间不用的和使用了较长时间的酸式滴定管，会因玻璃旋塞闭合不好或转动不灵活，而导致漏液和操作困难，需涂抹旋塞涂油（如凡士林或专用旋塞油）。涂油的方法是，将滴定管平放在实验台上，取下玻璃旋塞，用滤纸片擦干旋塞和旋塞套内的水。如图 4-15（a）所示，左手拿住旋塞柄，右手食指蘸取少量旋塞油，在旋塞孔左右两侧旋塞周围均匀地涂一薄层。注意，不可涂油太多，也不能将油涂在旋塞孔上、下两侧，否则旋转旋塞时，旋塞油会堵塞旋塞孔。如图 4-15（b）所示，将涂好油的旋塞径直插入旋塞套中，并向同一方向转动旋塞，直至旋塞和旋塞套内的旋塞油全部透明为止，再用一乳胶管小圈套在旋塞尾部的凹槽内，以防旋塞掉落损坏。注意，滴定管涂油后必须重新试漏。

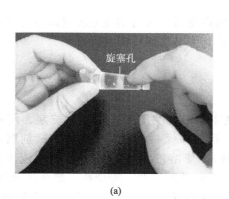
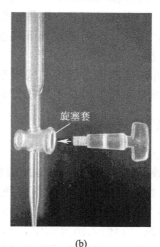

（a）　　　　　　　　　　　　　　（b）

图 4-15　酸式滴定管旋塞的涂油

（4）洗涤　滴定管内壁无明显油污时，可直接用自来水冲洗，不可刷洗，以免划伤，影响容积的准确度。

① 铬酸洗液洗涤内壁。滴定管内壁有油污不易清洗时，可根据沾污物性质及沾污程度，选择适宜的洗液（如铬酸洗液等）洗涤。洗涤方法是，倒去滴定管内的水，关闭旋塞，加入

10～15mL 铬酸洗液。打开旋塞，使洗液流下充满滴定管旋塞以下部分，关闭旋塞。两手横握并转动滴定管（注意：转动时洗液不得从管口流出），直至洗液布满管内壁。将滴定管竖起，打开旋塞，洗液放入洗液回收瓶中。若滴定管油污较多，可用温热洗液加满滴定管浸泡一段时间。

② 用自来水冲洗内壁。注意：最初的刷洗废液应倒入废酸缸中，以免污染环境和腐蚀下水管。

③ 刷洗滴定管外壁。滴定管外壁可用毛刷蘸取洗涤剂或肥皂水刷洗，再用自来水冲洗干净。洗净的滴定管其内壁和外壁应完全被水膜浸润而不挂水珠，否则需重新洗涤。

④ 蒸馏水润洗滴定管内壁。用蒸馏水润洗滴定管内壁 3～4 次，每次用洗瓶加入蒸馏水 10～15mL，两手横握并转动滴定管，直至蒸馏水布满管内壁，竖起滴定管，打开旋塞，弃去蒸馏水，倒夹在滴定管夹上（以防灰尘落入），备用。

聚四氟旋塞滴定管，除不需涂油外，其他准备及使用方法与酸式滴定管相同。

2. 碱式滴定管的准备

（1）检查　碱式滴定管在使用前应检查管尖、管口有无破损，乳胶管和玻璃珠是否完好、匹配。若管尖、管口有破损，乳胶管老化，玻璃珠过大（不易操作）或过小和不圆滑（漏水），都应予以作对应更换。

（2）试漏　装入自来水至"0"刻度线以上，赶除气泡，调节液面至"0"刻度线附近，直立夹在滴定管夹上，用滤纸片擦吸乳胶管上的水，以小烧杯内壁靠去管尖残留水滴，静置 1～2min。观察液面是否下降，管尖是否有水滴，乳胶管外侧是否有水渗出。若漏水，则应更换乳胶管，或配上大小合适且较圆滑的玻璃珠，再用上述方法试漏。

（3）洗涤　碱式滴定管的洗涤方法与酸式滴定管基本相同。但需用铬酸洗液洗涤时，要将其乳胶管中的玻璃珠向上挤捏，使其紧贴在滴定管身的下口，以防洗液腐蚀乳胶管。也可将滴定管下端乳胶管连同玻璃滴头取下，换上乳胶头［见图 4-12（c）］。然后以酸式滴定管同样的方法用铬酸洗液润洗其内壁。并在小烧杯中加入铬酸洗液，放入玻璃滴头和玻璃珠［见图 4-12（c）］进行浸泡后，用镊子将其取出，以自来水冲洗干净，并与用自来水洗净的乳胶管装配好，再与洗净的滴定管下端连接。最后用蒸馏水以酸式滴定管同样的方法润洗滴定管内壁 3～4 次。

用自来水冲洗或蒸馏水润洗碱式滴定管内壁时，应特别注意玻璃珠下方"死角"处的清洗。为此，在挤捏乳胶管时应不断改变方位，使玻璃珠周围都能洗到。

三、 滴定管的使用

1. 装溶液、 赶气泡

（1）用溶液润洗滴定管　摇匀试剂瓶中溶液，关闭酸式滴定管旋塞，用左手手指握持（不要用手掌握持）滴定管上部无刻度处，可稍作倾斜。右手拿住细口试剂瓶向滴定管中加入溶液（注意：溶液不得淋在滴定管外壁），使溶液沿滴定管内壁缓慢流下至 10～15mL（注意：要将溶液直接倒入滴定管中，不得借助其他容器，如烧杯、漏斗等转移）。管尖对着废液缸，打开旋塞，使溶液流下充满滴定管旋塞以下部分，关闭旋塞。两手横握并转动滴定管，直至溶液洗遍滴定管全部内壁，竖起滴定管，打开旋塞，将废液放入废液缸中。以同样方法用溶液润洗滴定管内壁 3～4 次。

用溶液润洗碱式滴定管的方法与酸式滴定管相同，但仍要注意玻璃珠下方的洗涤。

（2）装溶液、赶气泡　向上述准备好的酸式滴定管中加入溶液至"0"刻度线以上，用右手拇指和食指握持滴定管上部，使滴定管垂直，管尖对着废液缸，左手无名指和小手指向手心弯曲靠在掌心，拇指在上、食指和中指在下握住旋塞柄（见图 4-16），迅速向内旋转，打开旋塞，使溶液快速冲出（放入废液缸）而带出气泡，关闭旋塞。若气泡仍未排尽，可用右手持滴定管上部，使滴定管竖直，左手打开旋塞，用力向下抖动几次，或多次同方向快速旋转旋塞 180°，即可排尽气泡。

图 4-16　酸式滴定管旋塞握持方法　　　　　图 4-17　碱式滴定管排气泡方法

　　碱式滴定管装液后，用右手持滴定管中部，使其倾斜，左手握住管下端玻璃珠所在部位，并使乳胶管弯曲，管尖倾斜向上，用拇指和中指轻轻挤捏玻璃珠上方的乳胶管，在玻璃珠和乳胶管间形成缝隙，使溶液从管尖迅速喷出（见图 4-17），以带出气泡。再将乳胶管放直，缓慢松开拇指和中指，否则会在出口管尖产生气泡。

　　滴定管气泡排尽后，若溶液在其 "0" 刻度线以下，则需再加溶液至 "0" 刻度线以上 2～3cm 处，并调至 "0" 刻度线以上 0.5～1cm 处，垂直夹在滴定管夹上，静置 1～2min。

2. 调零

　　（1）酸式滴定管的调零　　上述滴定管中溶液静置 1～2min 后，从滴定管夹上取下滴定管，用右手拇指和食指拿住滴定管液面以上部位，使滴定管垂直，管尖对着废液缸，视线与溶液弯月面的最低点处于水平，左手按图 4-16 的方法握住旋塞柄，缓慢打开旋塞，使液面缓缓下降，至溶液弯月面最低点与 "0" 刻度线上边缘恰好相切（见图 4-18），立即关闭旋塞，将滴定管垂直夹在滴定管夹上。此时的零点即 0.00mL 为滴定的初读数，要及时记录在报告单上。

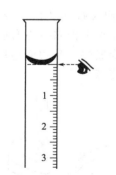  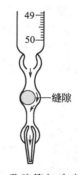

图 4-18　滴定管调零　　　　图 4-19　碱式滴定管的握持　　　图 4-20　乳胶管与玻璃珠间缝隙

　　（2）碱式滴定管的调零　　调节碱式滴定管零点时，按图 4-19 所示的方法，用左手无名指和小手指夹住乳胶管下端的玻璃滴头，拇指和食指将玻璃珠右侧稍上处（注意：不能挤压玻璃珠下方的橡皮管，否则会产生气泡，引起误差）的乳胶管向右挤捏，在玻璃珠和乳胶管间形成缝隙（图 4-20），使液面缓慢下降至弯月面最低点与 "0" 刻度线上边缘恰好相切，缓慢松开拇指和食指，以防管尖产生气泡。其他步骤及要求与酸式滴定管相同。

3. 滴定操作

（1）在锥形瓶中滴定

① 管尖溶液的处理。将上述调好零点的酸式滴定管（或碱式滴定管）尖悬挂的液滴，用干燥洁净的小烧杯内壁靠去。

② 滴定管高度的调节。将预先准备好的加有被滴定溶液的锥形瓶放在滴定台上，调节滴定管高度，使管尖距锥形瓶口 1～2cm（见图 4-21）。

图 4-21　滴定前管尖距锥形瓶口的距离

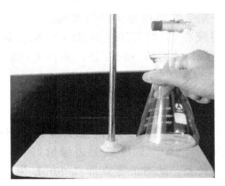

图 4-22　滴定时管尖在锥形瓶口下的位置

③ 滴定操作。操作者自然站立，右手拿住锥形瓶上部，使管尖伸入瓶口以下 1～2cm 处（见图 4-22），瓶底距滴定台 2～3cm。如图 4-23 所示，左手无名指和小手指向手心弯曲，拇指在上、中指和食指在下，轻轻捏住并旋转旋塞柄，使溶液滴入锥形瓶中，且边滴边用右手顺时针旋转摇动锥形瓶，使溶液沿同一方向旋转而摇匀，直至滴定终点。

图 4-23　酸式滴定管在
锥形瓶中滴定

图 4-24　碱式滴定管在
锥形瓶中滴定

图 4-25　在烧杯中滴定

用碱式滴定管进行滴定时，如图 4-24 所示，左手与碱式滴定管调零时的操作方法相同，右手与用酸式滴定管进行滴定时相同的方法握持和摇动锥形瓶，将溶液滴入锥形瓶中并摇匀。其他要求与酸式滴定管的滴定相同。

（2）在烧杯中滴定　在烧杯中滴定时，将烧杯放在滴定台上，调节滴定管位置及高度，使管尖偏向烧杯左侧并伸入烧杯内 1～2cm 处。左手操作方法与在锥形瓶中的滴定相同。右手持玻璃棒搅拌溶液（见图 4-25），搅拌时玻璃棒不得碰烧杯壁及底部。

4. 滴定速度的控制

（1）滴定速度的控制　开始滴定时，滴定速度可稍快些，但溶液不能呈线状流下，应呈"连滴不成线"状滴下，此时滴定速度为 3～4 滴/s。接近终点时，应一滴一滴地滴入，即滴一滴摇一摇。临近终点时，先用洗瓶以少量蒸馏水润洗锥形瓶（或烧杯）内壁 1～2 圈，将附着在锥形瓶（或烧杯）内壁的溶液冲下，再半滴半滴（或更少量，如 1/3 滴或 1/4 滴，视溶液颜色的深度而定）地加入溶液。注意：用洗瓶以蒸馏水润洗锥形瓶（或烧杯）内壁时，只能用少量蒸馏水润洗 1～2 圈，润洗次数太多或用水量太大，使溶液过于稀释，会导致终点颜色变化不敏锐；每次平行滴定中，润洗用水量要相近，以保证滴定的精密度；润洗时，洗瓶嘴不得碰锥形瓶（或烧杯）内壁，以免沾污洗瓶嘴。

（2）半滴溶液的加入方法　用酸式滴定管滴定时，可缓慢旋转旋塞，使溶液缓缓流出，形成半滴，悬挂在管尖上，立即关闭旋塞。用碱式滴定管滴定时，拇指和食指轻轻向右挤捏玻璃珠右侧的乳胶管，使溶液缓缓流出形成半滴，悬挂在管尖上，松开拇指和食指。然后用锥形瓶口下约 2cm 处的内壁靠去管尖悬挂的液滴，再用洗瓶以很少量的蒸馏水将靠在锥形瓶内壁的溶液冲下，摇动锥形瓶，同时观察溶液颜色的变化。若溶液颜色发生突变即为滴定终点，立即停止滴定。否则用上述同样方法继续加入半滴（1/3 滴或 1/4 滴），直至溶液颜色发生突变。在烧杯中进行滴定时，可用玻璃棒下端轻轻沾下滴定管尖的半滴（1/3 滴或 1/4 滴）溶液，浸入烧杯中搅拌均匀。注意：玻璃棒只能接触溶液，不能接触管尖。用碱式滴定管滴定时，一定要先松开左手拇指和食指，再将管尖悬挂的液滴靠下，否则管尖内会产生气泡。

5. 滴定管的读数

滴定管的调零（即初读数）和滴定结束后读数（即终读数）的正确与否，将直接影响滴定结果的准确度。因此，滴定管的读数必须满足如下要求。

（1）放出溶液后，必须静置 1～2min，使附着在液面以上管内壁的溶液完全流下后再读数。如果放出溶液的速度较慢（例如，滴定到最后阶段，每次只加半滴或更少溶液）时，则等待 0.5～1min 方可读数。

（2）每次读数前要检查液面上方管内壁是否挂液珠，出口管内是否有气泡，管尖是否有液滴。

（3）读数时，用右手拇指和食指拿住滴定管液面以上部位，使滴定管保持垂直。对于无色或浅色溶液，读数时，视线必须与弯月面下缘最低点处于水平，读取溶液弯月面下缘最低点相切的刻度（见图 4-26）。视线的位置不同会得到不同的读数，如图 4-27 所示。

溶液颜色太深时，看不清溶液弯月面下缘最低点，视线要与液面两侧最高点处于水平，读取液面两侧最高点相切的刻度（见图 4-28）。

带有白底蓝线衬背的滴定管，当盛有无色溶液时，液面有两个弯月面相交于滴定管蓝线上的某一点，此交点即为白底蓝线衬背滴定管读数的正确位置（见图 4-29）。

（4）对于初学者，可借助于读数卡练习读数。在一白纸板上贴上长方形（约 3cm×1.5cm）黑纸制成黑色读数卡，将其放在装有无色溶液滴定管的背后，使黑色部分在弯月面下 1~5mm 处，此时即可看到弯月面的反射层成为黑色（见图 4-30），然后读此黑色弯月面最低点相切的刻度。若滴定管中装有有色溶液，需用白色读数卡作为背景，并读取弯月面两侧最高点相切的刻度。

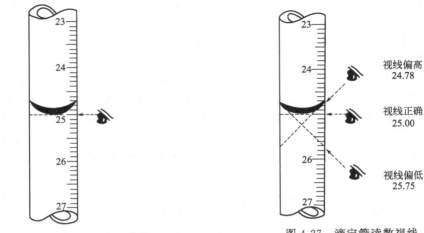

图 4-26　无色或浅色溶液读数　　　　　　　图 4-27　滴定管读数视线

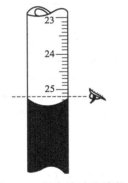　　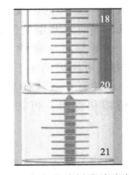　　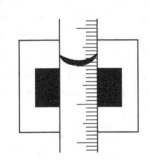

图 4-28　深色溶液的读数　　图 4-29　白底蓝线衬背滴定管读数　　图 4-30　读数卡

（5）无论哪种溶液或滴定管的读数，都应注意初读数与终读数采用同一标准，常量滴定管必须读准至 0.01mL。

6. 滴定操作注意事项

（1）每次滴定前都应将液面调至"0"刻度处，使每次平行滴定的读数基本上都在滴定管的同一部位，以消除因滴定管不同部位的刻度不完全一致而引起的仪器误差；同时还可避免滴定中因溶液不够而重新装液所引起的读数误差。

（2）摇动锥形瓶时，应微动腕关节，使溶液向同一方向旋转而摇匀。不能前后振摇锥形瓶，以免溶液溅出。摇动锥形瓶的速度要适宜，使溶液出现一漩涡。摇动过慢，溶液不能充分摇匀，摇动过快，溶液会溅出。

（3）滴定时，滴定管尖要在锥形瓶口中央，瓶口及瓶颈不能碰滴定管尖；滴定管的溶液要直接滴入锥形瓶（或烧杯）的溶液中，不能滴在锥形瓶壁（烧杯壁或玻璃棒）上。

（4）握持酸式滴定管旋塞的手心要内凹，不要顶着旋塞，以防顶出旋塞，造成漏液。左手转动旋塞时手指要稍向手心（即向左）用力，以免旋塞向右移动造成漏液，但向左用力不能太大，以防旋塞塞得过紧，造成旋塞转动不灵活。滴定时，左手不能离开滴定管旋塞，而任溶液自然流下。

(5) 滴定时，应认真观察锥形瓶（或烧杯）中溶液颜色的变化，而不能去看滴定管上的刻度变化，以防滴定过量。

7. 微量滴定管的使用

(1) 洗涤　微量滴定管的洗涤方法及要求与其他滴定管相同。

(2) 装溶液　关闭旋塞 B，打开旋塞 A，从加液漏斗加入溶液，溶液流经旋塞 A，再向上进入量管，至量管的"0"刻度线以上，停止加液。

(3) 检查气泡　关闭旋塞 A，继续向漏斗加入溶液至漏斗容积的 2/3 左右；检查管内，特别是两旋塞间是否有气泡，如有气泡应设法排除。

(4) 调零　关闭旋塞 A，缓慢打开旋塞 B，使量管中液面缓缓下降至溶液弯月面最低点与"0"刻度线上边缘恰好相切，立即关闭旋塞 B。

(5) 滴定　右手持锥形瓶（方法与上述滴定相同），左手握持旋塞 B，进行滴定。其滴定操作及读数方法与其他滴定管相同。

8. 自动滴定管及使用

(1) 结构　自动滴定管是上述微量滴定管的改进（所不同的是灌装溶液的半自动化），其结构如图 4-31 所示，储液瓶用于储存标准溶液，常用储液瓶的容积为 1～2L。量管是以磨口接头（或胶塞）与储液瓶连接。防御管中填装碱石灰等，用于防止标准溶液吸收空气中的 CO_2 和水分等。

(2) 使用　使用自动滴定管时，用打气球打气，通过玻璃管将液体压入量管并将其充满。玻璃管末端是一毛细管，它准确位于量管零标线上。因此，当溶液压入量管略高出零标线时，用手按下通气口，让压力降低，此时溶液即自动向右虹吸到储液瓶中，使量管中液面恰好位于零标线上。自动滴定管的准备、滴定操作及读数方法与其他滴定管相同。

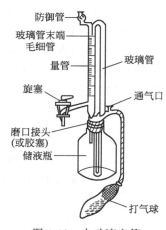

图 4-31　自动滴定管

(3) 特点　自动滴定管的构造比较复杂，但使用比较方便，适用于经常使用同一标准溶液的日常例行分析工作。

第六节　容量仪器的校准

滴定管、容量瓶及吸管是化学检验中常用的容量仪器，具有准确刻度即标称容量（即标示容量）。由于制造工艺的限制、试剂侵蚀等原因，使容量仪器的实际容量与其标称容量不完全相符，存在或大或小的误差，此误差会直接影响化学检验结果的准确度，必须进行校准。通常容量仪器的校准以 20℃ 为标准，但实际使用时不一定是 20℃。温度改变时，容器的容积及溶液的体积都将发生变化，因此，精密分析时需进行容量器皿容积及溶液体积的校正，且要符合一定标准即容量允差，参照 GB/T 12810—1991《实验室玻璃仪器　玻璃量器的容量校准和使用方法》、JJG 196—2006《常用玻璃量器检定规程》。

一、　容量仪器的校准方法

容量仪器校准的方法有绝对校准法和相对校准法。

1. 绝对校准法（即称量法）

（1）绝对校准原理 绝对校准法是通过称量被校准量器量入或量出的纯水的质量，根据校准时水温下纯水的密度，计算出被校准量器的实际容量。

真空和 3.98℃下的水，1L＝1000mL＝1000g，即 1g＝1mL。使用容量仪器的标准温度为 20℃，而实际使用时的温度、环境（空气中）都不相同，必须校准空气浮力、温度对水密度、温度对玻璃容器容积三方面因素的影响。为便于计算，将此三项校正值合并而得一总校正值（见表 4-8）。表中数值表示 20℃时的 1mL 纯水在不同温度下于空气中用黄铜砝码称取的水的质量（g），即水的表观密度。根据一定温度下称得玻璃量器量入或量出纯水的质量及表 4-8 中对应温度下水的表观密度，由式（4-1）即可将量器在使用温度时的标称容量（$V_标$）校准为 20℃下的实际容量（V_{20}）。实际容量与标称容量之差即为容量校准值（ΔV）。

$$V_{20}=\frac{m_t}{\rho_t} \tag{4-1}$$

式中 V_{20}——容量仪器在 20℃时的实际容量，mL；

m_t——在 t℃下，容量仪器量入或量出的纯水于大气中以黄铜砝码称得的质量，g；

ρ_t——20℃时的 1mL 纯水，在 t℃下于空气中以黄铜砝码称取的水的质量（g），即水的表观密度，g/mL。

例如，在 19℃时，由滴定管放出 0.00～30.00mL（即 $V_标$＝30.00mL）水的质量为 29.9290g，查表 4-7 得 19℃时水的表观密度为 0.99734g/mL，该滴定管读数为 0.00～30.00mL 的实际容量应为：

$$V_{20}=\frac{29.9290}{0.99734}=30.01（mL）$$

容量校准值（ΔV）＝30.01－30.00＝0.01（mL）。

表 4-8　20℃时的 1mL 纯水在不同温度下于空气中以黄铜砝码称取的质量

温度/℃	质量/g	温度/℃	质量/g	温度/℃	质量/g	温度/℃	质量/g
1	0.99824	11	0.99832	21	0.99700	31	0.99464
2	0.99832	12	0.99823	22	0.99680	32	0.99434
3	0.99839	13	0.99814	23	0.99660	33	0.99406
4	0.99844	14	0.99804	24	0.99638	34	0.99375
5	0.99848	15	0.99793	25	0.99617	35	0.99345
6	0.99851	16	0.99780	26	0.99593	36	0.99312
7	0.99850	17	0.99765	27	0.99569	37	0.99280
8	0.99848	18	0.99751	28	0.99544	38	0.99246
9	0.99844	19	0.99734	29	0.99518	39	0.99212
10	0.99839	20	0.99718	30	0.99491	40	0.99177

滴定管、容量瓶、移液管均可用绝对校准法校准。

（2）滴定管的校准 以 50mL 滴定管的校准为例，其校准步骤如下：

① 取 18 个 50mL 具塞锥形瓶，洗净、烘干、冷却至室温，并编号。

② 在电子天平上准确称取 1 号具塞锥形瓶的质量（可称准至 0.001g），并记录。

③ 将温度计插入蒸馏水中。

④ 按要求准备好滴定管，装入蒸馏水，调至 0.00mL。

⑤ 滴定管 0～10mL 分度线的校准。以 10mL/min 的速度，从滴定管放水于 1 号具塞锥形瓶中，当水面降至被校准分度线即滴定管读数 10mL 以上约 0.5cm 处，等待 30s，然后在 10s 内将水面调至被校准分度线（不一定恰好为 10.00mL，但相差不得大于 0.1mL，且要准确读数，并记录）；用具塞锥形瓶内壁靠下挂在滴定管尖的水滴，盖上瓶塞，在电子天

上准确称取具塞锥形瓶和水的总质量，并记录。两次称量质量之差即为在校准温度（t℃）下放出水的质量，记为 m_{t1}（g）。

⑥ 测量水温（注意：读数时温度计的水银球不得离开水面，并读准至 0.5℃），记为 t℃。

⑦ 用上述步骤④~⑥同样方法，对滴定管 0~10mL 分度线再进行一次校准，即作两次平行校准，此次校准放出水的质量记为 m_{t2}（g）。

⑧ 用步骤④~⑥同样方法，分别对上述滴定管（0~15）mL、（0~20）mL、（0~25）mL、（0~30）mL、（0~35）mL、（0~40）mL、（0~45）mL、（0~50）mL 分度线各作两次平行校准。并将校准数据记录于表 4-9 中。

⑨ 由表 4-8 查出校准温度下纯水的表观密度 ρ_t，用式（4-1）计算所校准容量间隔在 20℃的实际容量（V_{20}）、容量校准值（ΔV_i）及容量平行校准值的平均值（ΔV）。校准数据记录见表 4-9。

表 4-9　滴定管校准记录

校准分段 /mL	0.00~10.00	0.00~15.00	0.00~20.00	0.00~25.00	0.00~30.00	0.00~35.00	0.00~40.00	0.00~45.00	0.00~50.00
$V_{标1}$/mL	10.02	15.00	20.00	25.02	30.04	35.03	40.00	44.99	50.00
$V_{标2}$/mL	10.00	14.99	20.02	25.02	30.02	35.00	40.03	45.00	50.02
m_{t1}/g	9.9723	14.9282	19.9425	24.9400	29.8945	34.8632	39.8577	44.8331	49.8201
m_{t2}/g	9.9524	14.9182	19.9624	24.9400	29.8746	34.8333	39.8876	44.8431	49.8400
t/℃	26.4	26.4	26.2	26.0	26.3	26.4	26.5	26.5	26.5
ρ_t/(g/mL)	0.99593	0.99593	0.99593	0.99593	0.99593	0.99593	0.99593	0.99593	0.99593
V_{20-1}/mL	10.013	14.989	20.024	25.042	30.017	35.006	40.021	45.016	50.024
V_{20-2}/mL	9.993	14.979	20.044	25.042	29.997	34.976	40.051	45.026	50.044
ΔV_1/mL	−0.007	−0.011	0.024	0.022	−0.023	−0.024	0.021	0.026	0.024
ΔV_2/mL	−0.007	−0.011	0.024	0.022	−0.023	−0.024	0.021	0.026	0.024
ΔV/mL	−0.007	−0.011	0.024	0.022	−0.023	−0.024	0.021	0.026	0.024

⑩ 以滴定管的读数即标称容量（$V_{标}$）为横坐标，相应的容量平行校准值的平均值（ΔV）为纵坐标，绘制校准曲线（见图 4-32），以供使用该滴定管时查用。

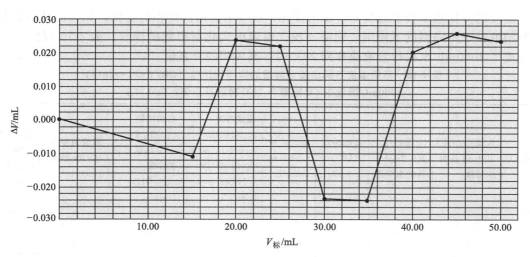

图 4-32　滴定管校准曲线

（3）容量瓶的校准　将按要求洗净、自然晾干的容量瓶，在电子天平上准确称取质量（称准至 0.001g），并记录。加入蒸馏水定容，称量，记录质量。两次质量之差即为容量瓶量入（即容纳）水的质量。测定水温（准确至 0.5℃），根据该温度下水的密度，计算容量瓶的实际体积和容量校准值，并在使用该容量瓶时应用。

（4）移液管的校准　取一小具塞锥形瓶，洗净、烘干（或晾干）、冷却至室温，在电子天平上准确称取质量（可称准至 0.001g），并记录。用按要求洗净的移液管量取纯水，放入已称重的具塞锥形瓶中，再在电子天平上准确称量，记录其质量。两次质量之差即为移液管量出（即放出）水的质量。测定水温（准确至 0.5℃），根据该温度下水的密度，计算移液管的实际体积和容量校准值，并在使用该移液管时应用。

（5）吸量管的校准　吸量管的校准方法与滴定管相似，例如对 10mL 吸量管进行校准时，需分别校准（0～1）mL、（0～5）mL、（0～10）mL 等刻度间的容量，并进行平行校准。校准中的数据记录及计算与滴定管相同。

2. 相对校准法

（1）相对校准法　用一已校准过的容器间接校准另一容器的方法称为相对校准法，是相对比较两容器所盛液体体积的比例关系。在实际化学检验中，移液管和容量瓶常常配套使用，因此常用相对校准法校准。

（2）容量瓶和移液管的相对校准法（以 25mL 移液管与 250mL 容量瓶的相对校准为例）

① 先按要求洗净 250mL 容量瓶，并自然晾干。

② 用按要求洗净且已绝对校准过的 25mL 移液管吸取蒸馏水 10 次放入容量瓶中。

③ 观察容量瓶中水的弯月面最低点是否与标线恰好相切，若不相切，标记弯月面最低点的位置。

④ 用上述步骤①～③的方法，再重复校准一次。

⑤ 两次校准相符后，用一平直的窄纸条贴在与水弯月面最低点相切处，并在纸条上贴上透明胶带以保护此标记，也可用透明胶带直接标记。

⑥ 对相对校准过的容量瓶和移液管进行编号，以便使用此容量瓶和移液管时按所做的标记配套使用。

二、 标准溶液的温度补正

温度的变化除了会引起仪器容积的变化，还会引起溶液体积的变化，如果在某一温度下配制溶液，于不同温度下使用，则需要校正由温度变化所引起的误差。表 4-10 列出了在不同温度下 1000mL 水或稀溶液换算到 20℃时，其体积的补正值。

表 4-10　不同温度下标准滴定溶液的体积补正值（GB/T 601—2016）

1000mL 溶液由 t℃ 换算为 20℃时的补正值/（mL/L）

温度/℃	水及 0.05mol/L 以下的各种水溶液	0.1mol/L 及 0.2mol/L 各种水溶液	盐酸溶液 $c(HCl)=$ 0.5mol/L	盐酸溶液 $c(HCl)=$ 1mol/L	硫酸溶液 $c(1/2H_2SO_4)=$ 0.5mol/L；氢氧化钠溶液 $c(NaOH)=$ 0.5mol/L	硫酸溶液 $c(1/2H_2SO_4)=$ 1mol/L；氢氧化钠溶液 $c(NaOH)=$ 1mol/L	碳酸钠溶液 $c(1/2Na_2CO_3)=$ 1mol/L	氢氧化钾-乙醇溶液 $c(KOH)=$ 0.1mol/L
5	+1.38	+1.7	+1.9	+2.3	+2.4	+3.6	+3.3	
6	+1.38	+1.7	+1.9	+2.2	+2.3	+3.4	+3.2	
7	+1.36	+1.6	+1.8	+2.2	+2.2	+3.2	+3.0	
8	+1.33	+1.6	+1.8	+2.1	+2.2	+3.0	+2.8	
9	+1.29	+1.5	+1.7	+2.0	+2.1	+2.7	+2.6	

温度/℃	水及0.05mol/L以下的各种水溶液	0.1mol/L及0.2mol/L各种水溶液	盐酸溶液 $c(HCl)=$0.5mol/L	盐酸溶液 $c(HCl)=$1mol/L	硫酸溶液 $c(1/2H_2SO_4)=$0.5mol/L;氢氧化钠溶液 $c(NaOH)=$0.5mol/L	硫酸溶液 $c(1/2H_2SO_4)=$1mol/L;氢氧化钠溶液 $c(NaOH)=$1mol/L	碳酸钠溶液 $c(1/2Na_2CO_3)=$1mol/L	氢氧化钾-乙醇溶液 $c(KOH)=$0.1mol/L
10	+1.23	+1.5	+1.6	+1.9	+2.0	+2.5	+2.4	+10.8
11	+1.17	+1.4	+1.5	+1.8	+1.8	+2.3	+2.2	+9.6
12	+1.10	+1.3	+1.4	+1.6	+1.7	+2.0	+2.0	+8.5
13	+0.99	+1.1	+1.2	+1.4	+1.5	+1.8	+1.8	+7.4
14	+0.88	+1.0	+1.1	+1.2	+1.3	+1.6	+1.5	+6.5
15	+0.77	+0.9	+0.9	+1.0	+1.1	+1.3	+1.3	+5.2
16	+0.64	+0.7	+0.8	+0.8	+0.9	+1.1	+1.1	+4.2
17	+0.50	+0.6	+0.6	+0.6	+0.7	+0.8	+0.8	+3.1
18	+0.34	+0.4	+0.4	+0.4	+0.5	+0.6	+0.6	+2.1
19	+0.18	+0.2	+0.2	+0.2	+0.2	+0.3	+0.3	+1.0
20	0	0	0	0	0	0	0	0
21	−0.18	−0.2	−0.2	−0.2	−0.2	−0.3	−0.3	−1.1
22	−0.38	−0.4	−0.4	−0.5	−0.5	−0.6	−0.6	−2.2
23	−0.58	−0.6	−0.7	−0.7	−0.8	−0.9	−0.9	−3.3
24	−0.80	−0.9	−0.9	−1.0	−1.0	−1.2	−1.2	−4.2
25	−1.03	−1.1	−1.1	−1.2	−1.3	−1.5	−1.5	−5.3
26	−1.26	−1.4	−1.4	−1.4	−1.5	−1.8	−1.8	−6.4
27	−1.51	−1.7	−1.7	−1.7	−1.8	−2.1	−2.1	−7.5
28	−1.76	−2.0	−2.0	−2.0	−2.1	−2.4	−2.4	−8.5
29	−2.01	−2.3	−2.3	−2.3	−2.4	−2.8	−2.8	−9.6
30	−2.30	−2.5	−2.5	−2.6	−2.8	−3.2	−3.1	−10.6
31	−2.58	−2.7	−2.7	−2.9	−3.1	−3.5		−11.6
32	−2.86	−3.0	−3.0	−3.2	−3.4	−3.9		−12.6
33	−3.04	−3.2	−3.3	−3.5	−3.7	−4.2		−13.7
34	−3.47	−3.7	−3.6	−3.8	−4.1	−4.6		−14.8
35	−3.78	−4.0	−4.0	−4.1	−4.1	−5.0		−16.0
36	−4.10	−4.3	−4.3	−4.4	−4.7	−5.3		−17.0

注：1. 本表数值是以20℃为标准温度用实测法测得。

2. 表中带有"＋""－"号的数值是以20℃为界，温度低于20℃的补正值为"＋"，高于20℃的补正值均为"－"。

3. 温度校正值（$V_温$）的计算：

$$V_温 = \frac{V_测 \times 体积补正值}{1000} \tag{4-2}$$

式中　　$V_温$——温度校正值，mL；

$V_测$——t℃时滴定消耗溶液的体积，mL；

体积补正值——t℃时的体积校正系数（见表4-9），mL/L。

应用示例：将25℃下40mL（$V_测$）浓度 $c(1/2H_2SO_4)=$1mol/L的硫酸溶液，换算为20℃（即标准温度）时的体积

(V_{20})。

查表 4-9 得 25℃下 $c(1/2H_2SO_4)=1mol/L$ 硫酸溶液的体积补正值为 $-1.5mL/L$，故 40.00mL 换算为 20℃时的体积 (V_{20}) 为：

$$V_{20}=V_{25}+\frac{V_{25}\times\text{体积补正值}}{1000}=40.00+\frac{40.00\times(-1.5)}{1000}=39.94(mL)$$

第五章　化验室的其他用品

化验室常用的其他用品主要包括金属器皿和非金属器皿、电器设备等。

第一节　金属器皿及非金属器皿

一、金属器皿

化学检验中常用的金属器皿主要有铂器皿、金器皿、银器皿、镍坩埚和铁坩埚等。

1. 铂器皿

铂又称"白金"，价格比黄金贵，尽管出现了各种代用品，但由于它具有许多优良性质，化学检验工作仍然离不开铂。铂的熔点高达 1774℃，化学性质稳定，在空气中灼烧后不发生化学变化，不吸收水分，大多数化学试剂对它无侵蚀作用，耐氢氟酸性能好，能耐熔融碱金属碳酸盐。因而常用于沉淀灼烧称重、氢氟酸溶样以及碳酸盐的熔融处理。铂坩埚（见图5-1）适用于灼烧沉淀。铂制小舟、铂丝圈用于有机分析灼烧样品。铂丝、铂片常用于电化学分析中的铂电极（见图5-2），以及铂铑电热电偶等。

图 5-1　铂坩埚

图 5-2　铂电极

铂器皿的使用应遵守下列规则。

（1）铂的领取、使用、消耗和回收都要有严格的制度。

（2）铂质软，即使含有少量铱铑的合金也软，所以拿取铂器皿时勿太用力，以免变形。不能用玻璃棒等尖锐物体从铂器皿中刮出物料，以免损伤其内壁，也不能将热的铂器皿骤然放入冷水中冷却。

（3）铂器皿在加热时，不能与任何其他金属接触，因为在高温下铂易与其他金属生成合金。所以，铂坩埚必须放在铂三脚架上或陶瓷、黏土、石英等材料的支持物上灼烧，也可放在垫有石棉板的电热板或电炉上加热，不能直接与铁板或电炉丝接触。所用的坩埚钳应包有铂头，镍或不锈钢钳只能在低温时使用。

（4）下列物质能直接侵蚀或在其他物质共存下侵蚀铂，在使用铂器皿时，应避免与这些物质接触。

① 易被还原的金属和非金属及其化合物。如银、汞、铅、铋、锑、锡和铜的盐类，在

高温下易被还原成金属，与铂形成合金；硫化物和砷及磷的化合物可被滤纸、有机物或还原性气体还原，生成脆性磷化铂及硫化铂等。

②固体碱金属氧化物和氢氧化物、氧化钡、碱金属的硝酸盐、亚硝酸盐、氰化物等，在加热或熔融时对铂有腐蚀性。碳酸钠、碳酸钾和硼酸钠可以在铂器皿中熔融，但碳酸锂不能。

③卤素及可能产生卤素的混合溶液。如王水、盐酸与氧化剂（高锰酸盐、铬酸盐、二氧化锰等）的混合物、三氯化铁溶液能与铂发生反应。

④碳在高温时，与铂作用形成碳化铂，铂器皿用火焰加热时，只能用不发光的氧化焰，不能与带烟或发亮的还原性火焰接触，以免形成碳化铂而变脆。

（5）成分和性质不明的物质不能在铂器皿中加热或处理。

（6）铂器皿应保持内外清洁、光亮。经长久灼烧后，由于结晶的生成，外表可能变灰，必须及时清洗，否则日久会深入内部使铂器皿变脆。

（7）铂器皿的清洗　铂器皿上有斑点时，可先用盐酸或硝酸处理。若无效，可再加入焦硫酸钾于铂器皿中，在较低温度下熔融5～10min，倒去熔融物，再将铂器皿在盐酸溶液中浸煮。若仍然无效，再用碳酸钠熔融处理，也可用潮湿的细砂轻轻摩擦处理。

2. 金器皿

金器皿不受碱金属氢氧化物和氢氟酸的侵蚀，价格较铂便宜，故常用于代替铂器皿，但金器皿的熔点较低（1063℃），故不能耐高温灼烧，一般在低于700℃下使用。硝酸铵对金有明显的侵蚀作用，王水也不能与金器皿接触。金器皿的使用注意事项，与铂器皿基本相同。

3. 银器皿

银器皿价廉，不受氢氧化钾和氢氧化钠的侵蚀，熔融此类物质时仅在接近空气的边缘处略有腐蚀。银的熔点为960℃，不能在火上直接加热。加热后表面生成一层氧化银，在高温下不稳定，在200℃以下稳定。银易与硫作用，生成硫化银，故不能在银坩埚（见图5-3）中分解和灼烧含硫的物质，不可使用碱性硫化试剂。熔融状态的铝、锌、锡、铅、汞等金属盐都能使银坩埚变脆。银坩埚不可用于熔融硼砂。浸取熔融物时不可使用酸，特别不能用浓酸。银坩埚的质量经灼烧会变化，故不适于沉淀的称量。

图 5-3　银坩埚

图 5-4　镍坩埚

4. 镍坩埚

镍的熔点为1450℃，在空气中灼烧易被氧化，所以镍坩埚（见图5-4）不能用于灼烧和称量沉淀。它具有良好的抗碱性物质侵蚀的性能，故在化验室中主要用于碱性熔剂的熔融处理。

氢氧化钠、碳酸钠等碱性熔剂可在镍坩埚中熔融，其熔融温度一般不超过700℃。氧化钠也可以在镍坩埚中熔融，但温度要低于 500℃，时间要短，否则侵蚀严重。含有酸性熔剂和硫化物熔剂时不能用镍坩埚。若要熔融含硫化合物时，应在过量的过氧化钠氧化环境下进　行。熔融状态的铝、锌、锡、铅等金属盐能使镍坩埚变脆。银、汞、钒的化合物和硼砂等，也不能在镍坩埚中灼烧。新的镍坩埚在使用前应在 700℃下灼烧数分钟，以除去油污，并使其表面生成氧化膜，处理后的镍坩埚应呈暗绿色或灰黑色。此后，每次使用前用水煮沸洗涤，必要时可滴加少量盐酸稍煮片刻，用蒸馏水洗涤烘干，即可使用。

图 5-5　铁坩埚

5. 铁坩埚

铁坩埚（见图 5-5）的使用与镍坩埚相似，它没有镍坩埚耐用，但价格便宜，较适用于过氧化钠的熔融，以代替镍坩埚用。铁坩埚中常含有硅及其他杂质，也可用低硅钢坩埚代替。铁坩埚或低硅钢坩埚，在使用前应进行钝化处理。先用稀盐酸，然后用细砂纸轻擦，并用热水冲洗，放入 5%硫酸和 1%硝酸混合溶液中浸泡数分钟，再用水洗净、干燥，于 300～400℃下灼烧 10min。

常用熔剂所适用的坩埚见表 5-1。

表 5-1　常用熔剂适用的坩埚

序号	熔剂种类	适用坩埚						
		铂	铁	镍	银	瓷	刚玉	石英
1	无水碳酸钠	+	+	+	−	−	+	
2	碳酸氢钠	+	+	+	−	−	+	−
3	1 份无水碳酸钠+1 无水碳酸钾	+	+	+	−	−	+	
4	6 份无水碳酸钾+0.5 份硝酸钾	+	+	+	−	−	+	
5	3 份无水碳酸钠+2 份硼酸钠熔融,研成细粉	+	−	−	−	+	+	+
6	2 份无水碳酸钠+2 份氧化镁	+	−	−	−	+	+	+
7	2 份无水碳酸钠+2 份氧化锌	+	−	−	−	+	+	+
8	4 份碳酸钾+1 份酒石酸钾	+	−	−	−	+	+	
9	过氧化钠	−	+	+	−	−	−	−
10	5 份过氧化钠+1 份无水碳酸钠	−	+	+	−	−	−	−
11	2 份无水碳酸钠+4 份过氧化钠	−	+	+	−	−	−	−
12	氢氧化钾(钠)	−	+	+	+	−	−	−
13	6 份氢氧化钠(钾)+0.5 份硝酸钠(钾)	−	+	+	+	−	−	−
14	氧化钾	−	−	−	−	+	+	+
15	1 份碳酸钠+1 份硫黄	−	−	−	+	+	+	+
16	硫酸氢钾、焦硫酸钾	+	−	−	−	+	+	+
17	1 份氟化氢钾+10 份焦硫酸钾	+	−	−	−	−	+	+
18	氧化硼	+	−	−	−	−	−	−
19	硫代硫酸钠	−	−	−	−	−	−	+
20	1.5 份无水碳酸钠+1 份硫酸	−	−	−	−	+	+	+

注："+"表示适用。

二、　塑料器皿

塑料是高分子材料的一类，在实验室中常作为金属、木材、玻璃等的代用品，常用的是聚乙烯、聚丙烯及聚四氟乙烯器皿。

1. 聚乙烯和聚丙烯器皿

聚乙烯可分为低密度、中密度、高密度三种。低密度聚乙烯软化点为 $90\sim100℃$，中密度为 $127\sim130℃$，高密度为 $125\sim130℃$。聚乙烯短时间可使用到 $100℃$，能耐一般酸碱腐蚀，不溶于一般有机溶剂，但能被氧化性酸慢慢侵蚀，与脂肪烃、芳香烃和卤代烷长时间接触会溶胀。

聚丙烯塑料比聚乙烯硬度大，熔点约为 $170℃$，最高使用温度约 $130℃$，$120℃$ 以下可连续使用，与大多数介质不起作用，但会受浓硫酸、浓硝酸、溴水及其他强氧化剂慢慢侵蚀，硫化氢和氨会被吸附。实验室常用聚丙烯和聚乙烯制的桶、试剂瓶、烧杯、漏斗、洗瓶（见图 5-6）等，用于储存蒸馏水、标准溶液及某些试剂溶液，比玻璃容器优越，尤其多用于微量元素的分析。

图 5-6　塑料洗瓶

2. 聚四氟乙烯器皿

聚四氟乙烯是热塑性塑料，色泽白，有蜡状感觉，耐热性好，最高工作温度达 $250℃$。除熔融态钠和液态氟外，能耐浓酸、浓碱、强氧化剂的腐蚀，在王水中煮沸也不起变化。聚四氟乙烯的电绝缘性能好，并能切削加工。在 $415℃$ 以上急剧分解，并放出有毒的全氟异丁烯气体。聚四氟乙烯可用于制造滴定管和分液漏斗的活塞、烧杯、蒸发皿、搅拌桨及表面皿等。

三、　刚玉器皿

天然的刚玉几乎是纯的三氧化二铝。人造刚玉是由纯的三氧化二铝经高温烧结而成的，它耐高温，熔点为 $2045℃$，硬度大，对酸碱有相当强的抗腐蚀能力。

刚玉坩埚（见图 5-7）可用于某些碱性熔剂的熔融和烧结，但温度不宜过高，且时间要尽量短，在某些情况下可代替镍、铂坩埚，但在测定铝和铝对测定有干扰的情况下不能使用。

图 5-7　刚玉坩埚

第二节　石英器皿、玛瑙器皿及瓷器皿

一、石英器皿

石英玻璃的化学成分是二氧化硅，由于原料不同分为透明、半透明及不透明的熔融石英玻璃。透明石英玻璃是用天然无色透明的水晶高温熔炼而成的。半透明石英是由天然纯净的脉石英或石英砂制成的，因其含有许多熔炼时未排净的气泡而呈半透明状。透明石英玻璃的理化性能优于半透明石英，主要用于制造玻璃仪器及光学仪器。石英玻璃的线膨胀系数很小（5.5×10^{-7}），是特硬玻璃的 1/5。因此它能耐急冷急热，将透明的石英玻璃烧至红热，放入冷水也不会炸裂。石英玻璃的软化温度为 1650℃，具有耐高温性能。石英玻璃含二氧化硅 99.5％以上，纯度很高，具有良好的透明度。其耐酸性能非常好，除氢氟酸和磷酸外，任何浓度的酸甚至在高温下都极少与石英玻璃作用。但石英玻璃不能耐氢氟酸的腐蚀，磷酸在 150℃以上也能与其作用，强碱溶液包括碱金属碳酸盐也能腐蚀石英。石英玻璃仪器外表与玻璃仪器相似，无色透明，比玻璃仪器价格昂贵、更脆、易破碎，使用时需特别小心，必须与玻璃仪器分别存放，妥加保管。

石英玻璃仪器常用于高纯物质的分析及痕量金属的分析，不会引入碱金属。常用的石英玻璃仪器有石英吸收池（见图 5-8）、石英坩埚（见图 5-9）、石英管（见图 5-10）、石英舟（见图 5-11）、石英烧杯、蒸发皿、石英蒸馏器以及石英棱镜、透镜等。

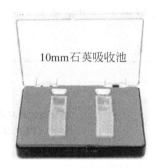

图 5-8　石英吸收池

图 5-9　石英坩埚

图 5-10　石英管

图 5-11　石英舟

二、玛瑙器皿

玛瑙是一种贵重的矿物，是石英的隐晶质集合体的一种，主要成分除二氧化硅外，还含有少量的铝、铁、钙、镁、锰等的氧化物。其硬度大，与很多化学试剂不起作用，主要用于研磨各种物质。

玛瑙研钵（见图 5-12）不能受热，不可放在烘箱中烘烤，也不能与氢氟酸接触。使用玛瑙研钵时，遇到大块物料或结晶体，要轻轻压碎后再行研磨。硬度过大、粒度过粗的物质最好不要在玛瑙研钵中研磨，以免损坏其表面。使用后，研钵要用水洗净，必要时可用稀盐酸清洗或用氯化钠研磨，也可用脱脂棉蘸无水乙醇擦净。

图 5-12 玛瑙研钵

三、 瓷器皿

化验室所用的瓷器皿，实际上是上釉的陶器，其熔点较高（1410℃），能耐高温灼烧，如瓷坩埚可加热至 1200℃，灼烧后其质量变化很小，故常用于灼烧沉淀与称量。

瓷器皿的热膨胀系数为 $3 \times 10^{-6} \sim 4 \times 10^{-6}$。厚壁瓷器皿在高温蒸发和灼烧操作中，应避免温度的突然变化和加热不均匀现象，以防破裂。瓷器皿对酸碱等化学试剂的稳定性较玻璃器皿好，然而同样不能和氢氟酸接触。瓷器皿力学性能较强，且价格便宜，故应用较广。常用瓷器皿的规格与用途见表 5-2。

表 5-2 常用瓷器皿的规格及用途

序号	名称及结构	常用规格	主要用途
1	蒸发皿	容量/mL： 无柄：35、60、100、150、200、300、500、1000 有柄：35、50、80、100、150、200、300、500、1000	蒸发与浓缩液体； 500℃以下灼烧物料
2	坩埚(有盖)	容量/mL： 高型：15、20、30、60 中型：2、5、10、15、20、30、50、100 低型：15、25、30、45、50	灼烧沉淀； 处理样品(高型可用于隔绝空气条件下处理样品)
3	燃烧管	内径/mm：5～90 长度/mm：400～600、600～1000	燃烧法测定 C、H、S 等元素
4	燃烧舟	长方形(长×宽×高)/mm： 60×30×15、90×60×17、120×60×18 船形(长度)/mm：72、77、85、95	盛装样品放于燃烧管中进行高温反应
5	研钵	直径/mm： 普通型：60、80、100、150、190 深型：100、120、150、180、205	研磨固体物料，但不能研磨强氧化剂

序号	名称及结构	常用规格	主要用途
6	点滴板	孔数：6、8（分黑白两种）	定性点滴试验，白色沉淀用黑色点滴板，其他颜色沉淀用白色点滴板
7	布氏漏斗	外径/mm：51、67、85、106、127、142、171、213、269	漏斗中铺滤纸，用以抽滤物质
8	白瓷板	长×宽×高/mm：152×152×5	垫于滴定台上，有利于辨别滴定终点颜色的变化

第三节　化验室常用的其他用品

一、 铁架台、 铁圈、 双顶丝和万能夹

铁架台、铁圈、双顶丝和万能夹的结构及配套使用方法如图 5-13 所示。

铁架台用于固定铁圈、双顶丝和万能夹。

铁圈用于放置分液漏斗等，铁圈上放石棉网，可用于放置加热容器如烧瓶、烧杯等。

双顶丝用于把万能夹固定在铁架台的垂直圆铁杆上。

万能夹用于夹住烧瓶或冷凝管等玻璃仪器。万能夹头部可旋转不同角度，便于调节被夹物的位置，其头部有耐热橡胶管、橡胶垫或石棉绳，以免夹碎玻璃仪器。

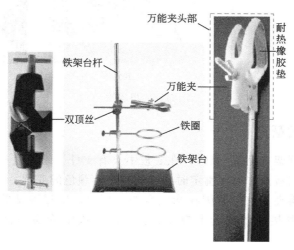

图 5-13　铁架台、铁圈、双顶丝和万能夹

二、 铁三脚架、 泥三角及石棉网

在铁三脚架（见图 5-14）上放石棉网或泥三角，可用于加热或灼烧操作。

泥三角（如图 5-15 所示）是由套有瓷管或陶土管的铁丝弯成，用于灼烧坩埚。

石棉网（如图 5-16 所示）是一块铁丝网，中间铺有石棉，有大小之分。由于石棉是热的不良导体，它能使物体受热均匀，不至于造成局部过热。使用时注意不能与水、酸、碱接触。

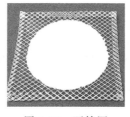

图 5-14 铁三脚架　　　　　图 5-15 泥三角　　　　　图 5-16 石棉网　　　　　图 5-17 烧杯夹

三、 烧杯夹

烧杯夹（见图 5-17）由不锈钢制成，头部绕有石棉绳，用于夹取热的烧杯。

四、 坩埚钳

坩埚钳多为铁制，表面常镀铬，如图 5-18（a）所示，主要用于夹持坩埚［见图 5-18（b）］及蒸发皿［见图 5-18（c）］等。长柄坩埚钳用于在马弗炉内取放坩埚等。使用坩埚钳时要注意不要沾上酸等腐蚀性物质。为了保持头部清洁，放置时钳头应朝上。

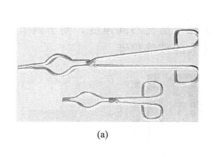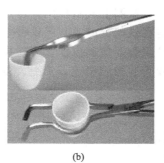

（a）　　　　　　　　　　　（b）　　　　　　　　　　　（c）

图 5-18 坩埚钳

五、 滴定台、 滴定管夹

滴定台又称滴定管架（见图 5-19），在底板中央有支杆。铁制底板上常铺有乳白色玻璃面、大理石板面或陶瓷板面，以便滴定时易于观察终点颜色的变化。

滴定管夹又称蝴蝶夹，它可紧固在滴定台的支杆上，依靠弹簧的作用可方便夹住滴定管。滴定管夹与滴定管接触处要套上橡胶管。使用时滴定管要调整至合适的高度及垂直位置。

六、 移液管架

移液管架有木质的、塑料的及有机玻璃的，有竖放圆形的［见图 5-20（a）］和横放梯形的［见图 5-20（b）］，用于放置各种规格的移液管和吸量管。

七、 漏斗架

如图 5-21 所示，漏斗架由底座、支杆、漏斗搁板和固定螺钉等部分组成，搁板的高度可任意调节。漏斗架有两孔和四孔的，有木质（见图 5-21）、有机玻璃（见图 5-22）及塑料制品（见图 5-23），可用于放置漏斗进行过滤，也可用于放置分液漏斗等。

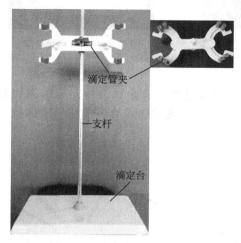

图 5-19 滴定台和滴定管夹

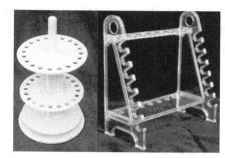

图 5-20 移液管架

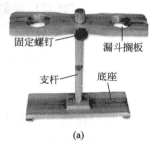

(a)

(b)

图 5-21 木质漏斗架

图 5-22 有机玻璃漏斗架

图 5-23 塑料漏斗架

八、 试管架、 比色管架

试管架（见图 5-24）有木制、金属和有机玻璃的，比色管架为有机玻璃（见图 5-25）和木制的（见图 5-26）。它们都有不同孔径及孔数规格的制品，供分别放置不同规格的试管和比色管用。有的比色管架底板上装有玻璃镜子，有利于观察比色。

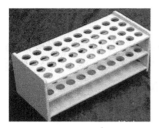

图 5-24　试管架

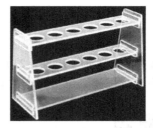

图 5-25　有机玻璃比色管架

图 5-26　木质比色管架

九、　弹簧夹、　螺旋夹

弹簧夹（见图 5-27）和螺旋夹（见图 5-28），又称止水夹，有金属镀锌、不锈钢和有机玻璃等材质的。弹簧夹一般用于夹紧橡胶管和乳胶管，螺旋夹用于需要调节流出液体或气体流量的场合。

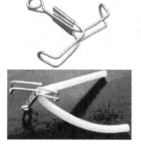

图 5-27　弹簧夹

图 5-28　螺旋夹

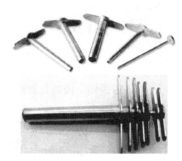

图 5-29　打孔器

十、　打孔器

打孔器（见图 5-29）为一组直径不同的金属管，分四支套和六支套两种。一端有柄，便于紧握与挤压旋转，另一端是边缘锋利的金属管，用于对橡胶塞或软木塞钻孔。钻孔时用手按住手柄，边旋转边往下钻，可涂些水或肥皂水以增加润滑度。软木塞在钻孔前，先用压塞机压一下。大批塞子的钻孔，可用手摇钻孔器。注意，打孔器不可用锤子敲打钻孔。

十一、　橡胶塞、　软木塞

橡胶塞（见图 5-30）、软木塞（见图 5-31）主要用于装有碱性及还原性溶液的试剂瓶，其规格见表 5-3。

图 5-30　橡胶塞

图 5-31　软木塞

表 5-3　常用橡胶塞、软木塞的规格　　　　　　　　　　　　　单位：mm

序号	橡胶塞			软木塞		
	大端直径	小端直径	轴向高度	大端直径	小端直径	轴向高度
1	12.5	8	17	15	12	15
2	15	11	20	16	13	15
3	17	13	24	18	14	15
4	19	14	26	19	16	15
5	20	16	26	21	17	17
6	24	18	26	23	19	19
7	26	20	28	24	20	19
8	27	23	28	26	22	25
9	32	26	28	28	24	30
10	37	30	30	30	24	30
11	41	33	30	32	26	30
12	45	37	30	34	27	30
13	50	42	32	36	28	30
14	56	46	34	38	30	30
15	62	51	36			
16	69	56	38			
17	75	62	39			
18	81	68	40			

十二、 医用乳胶管、 橡胶管

医用乳胶管（见图 5-32）是用橡胶质地材料做成的粗细不同的管子，可以弯曲和伸展。在化验室中，乳胶管一般用于碱式滴定管与其滴头的连接，冷凝管的上水和下水的连接，气体的导出，不同仪器的连接，各种器械的连接等。

图 5-32　医用乳胶管

图 5-33　橡胶管

橡胶管（见图 5-33）具有耐油、耐酸碱、耐热、耐压等特性，主要用于真空泵与抽滤瓶的连接等。

常用橡胶管和医用乳胶管的规格见表 5-4。

表 5-4　常用橡胶管和医用乳胶管的规格　　　　　　　　　　单位：mm

常用橡胶管						医用乳胶管	
外径	壁厚	外径	壁厚	外径	壁厚	外径	内径
8	1.5	21	2.5	40	4	6	4
12	2	25	3	48	5	7	5
14	2.25	29	3.5			9	6
17.5	2.25	32	3.5				

十三、 煤气灯

1. 煤气灯的用途

煤气灯焰温度能达 1000~1200℃，可供加热、灼烧、焰色试验、简单玻璃加工等。

2. 煤气灯的结构

煤气灯的样式多种，但构造原理基本相同，都是由灯座、灯管、煤气入口、空气入口和针形阀组成。如图 5-34 所示，煤气灯管下部有螺纹和圆孔，螺纹用于与灯座连接，圆孔是空气入口，用橡胶管将煤气源与煤气入口源相连。

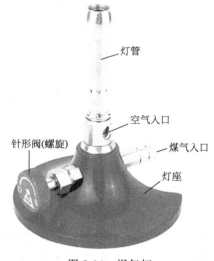

图 5-34 煤气灯

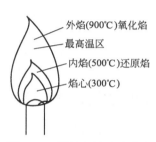

图 5-35 煤气灯焰温度分布

3. 煤气灯的使用

（1）点燃 先关闭煤气灯的空气入口和煤气入口，再点着火柴，将燃着的火柴移近灯管口，慢慢打开煤气开关，将煤气点燃。注意：一定先点火后开煤气阀门。

（2）调节火焰 调节空气和煤气进入量，使二者的比例适宜，形成分层的正常火焰，如图 5-35 所示。

煤气灯火焰的内层为最低温度处，约 300℃。煤气和空气进行混合并未燃烧，称为焰心。

中层火焰有较高温度，约 500℃。煤气不完全燃烧，分解为含碳的产物，此部分火焰具有还原性，称为还原焰。

外层火焰约 900℃，煤气完全燃烧，并由于含有过量的空气，称为氧化焰。

内焰以上为最高温度处，物体应放在此处加热。

（3）关闭煤气灯 煤气灯使用完毕，要先关闭煤气开关，使火焰自然熄灭，再将针形阀和灯管旋紧，关闭空气入口。煤气中含有大量的 CO，应注意切勿让煤气逸散到室内，以免发生中毒和引起火灾。

4. 煤气灯使用注意事项

（1）点火时，先关闭空气，边通煤气边点火。点火后再调节空气进入量，使火焰分为三层。

（2）点火时，若空气和煤气的进入量比例不合适，会产生不正常的火焰。不正常火焰一般有三种情况：第一种是火焰呈黄色，并有火星或黑烟产生，说明煤气燃烧不完全，此时应调大空气进入量，直至得到正常火焰。第二种情况为临空火焰，即火焰在灯管上空燃烧。产生的原因是煤气和空气的进入量过大，使气流冲出管外才燃烧。发生这种情况时，必须立即关闭煤气开关，重新调节、点燃，以得到正常火焰。第三种情况为侵入火焰，是由于煤气量过小，空气量过大引起的，点燃煤气灯时，若空气口开得太大，也会产生这种情况。其现象是煤气灯管口火焰消失，或者变为细长的一条绿色火焰，并能听到特殊的嘶嘶声，嗅到煤气的臭味。侵入火焰由于在灯管内燃烧，灯管往往被烧得灼热。遇这种情况时，应立即关闭煤气开关，待灯管冷却后，再关闭煤气灯的煤气和空气入口，重新点燃使用，切忌立刻用手去调节灯管，以免烫伤！

（3）煤气中通常含有一氧化碳，有毒。应注意经常检查煤气管道等设备有无漏气现象。检查时，用肥皂水涂在可疑处，看是否有肥皂泡产生。决不可用直接点火试验的办法。

（4）使用煤气灯时，周围不得有易燃、易爆等危险物品，台面最好是水磨石材质，若在木质台面上用灯，必须垫石棉布或石棉板。

（5）点燃煤气灯后实验室不能离开人；煤气管禁止与地线连接。

十四、 酒精灯和酒精喷灯

酒精灯和酒精喷灯都是以酒精为燃料的加热工具，用于加热物质。

1. 酒精灯

（1）酒精灯的结构及用途　酒精灯的结构简单，由灯体、灯芯和瓷套管、灯帽组成（见图 5-36）。酒精灯使用方便，但其加热温度为 400～500℃，只适用于温度不需太高的实验。

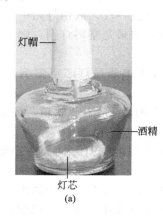
(a)

(b)
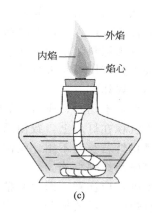
(c)

图 5-36　酒精灯

（2）酒精灯的使用及注意事项

① 灯芯处理。新购置的酒精灯应首先配置灯芯。灯芯通常是用多股棉纱线拧在一起的，插进灯芯瓷套管中。灯芯不宜太短，一般浸入酒精后还要长出 4～5cm。

对于旧的特别是长时间未用的酒精灯，在取下灯帽后，应提起灯芯瓷套管，用洗耳球轻轻地向灯内吹几下，以赶除其中聚集的酒精蒸气（因灯体内酒精蒸气过多，易引起爆燃），再放下套管检查灯芯，若灯芯不齐或已烧焦，都应用剪刀修整为平头等长。灯芯一般要每年更换一次。

② 添加酒精。添加酒精时，一定要借助于小漏斗，以免将酒精洒出。燃着的酒精灯，若需添加酒精，必须熄灭火焰。决不允许在燃着时加酒精，否则，很容易着火，造成事故。

新的酒精灯加完酒精后需将新灯芯放入酒精中浸泡，且移动灯芯套管使每端灯芯都浸透，然后调好其长度，才能点燃。因为未浸过酒精的灯芯，一经点燃就会烧焦。

新灯或旧灯壶内酒精容量接近灯体容积的 1/4 时必须添加酒精。同时，酒精不能装得太满，以不超过灯壶容积的 2/3 为宜。酒精量太少，则灯壶中酒精蒸气过多，易引起爆燃；酒精量太多，则受热膨胀，易使酒精溢出，发生事故。此外，酒精太多，点燃的灯芯容易将内部酒精点燃，不安全。因此，要求灯里酒精的体积应控制在一定范围之内，即大于酒精灯容积的 1/4，同时要小于酒精灯容积的 2/3。

③ 点燃酒精灯。打开灯帽，用燃着的火柴点燃酒精灯。点燃酒精灯时，一定要用燃着的火柴，决不允许用一盏酒精灯去点燃另一盏酒精灯，否则，易将酒精洒出，引起火灾。

④ 加热物质。加热试管中物质时，要用试管夹夹持试管，将试管底部在火焰上来回移动预热试管，也可把试管固定在铁架台上，移动酒精灯火焰预热试管，避免试管受热不均而破裂，然后固定位置加热。

与煤气灯相同，酒精灯火焰也分为焰心、内焰和外焰，如图 5-36（c）所示，其外焰的温度最高。加热时若无特殊要求，一般也用温度最高的外焰来加热。

被加热的器具，必须放在支撑物（如三脚架、铁圈等）上或用坩埚钳、试管夹夹持，决不允许手拿仪器加热。加热的器具与灯焰的距离要合适，不宜过高或过低。与灯焰的距离通常用灯的垫木或铁圈的高低来调节。

必须注意，加热仪器的外壁要干燥，以免容器炸裂。有些仪器可以用酒精灯直接加热，如试管、蒸发皿、燃烧匙等。有些仪器加热时要垫石棉网，如烧杯、锥形瓶、烧瓶等。有些仪器则不能加热，如容量器皿、量筒、集气瓶、漏斗等。

⑤ 熄灭灯焰。加热完毕或要添加酒精需熄灭灯焰时，可用灯帽将其盖灭，即通过隔绝空气，缺少氧气熄灭。如果是玻璃灯帽，盖灭后需提起灯帽再重盖一次，放出灯帽中的酒精蒸气，让空气进入，以免冷却后灯帽内造成负压使灯盖打不开；如果是塑料灯帽，则不用盖两次，因为塑料灯帽的密封性不好。

决不允许用嘴吹灭灯焰。用嘴吹时，可能使高温的空气或火焰通过灯芯空隙倒流入灯内，引起爆炸。

酒精灯不用时，应盖上灯帽，以免酒精挥发。因为酒精灯中用的是工业酒精，挥发后，会有水沉积在灯芯上，致使酒精灯无法点燃。

酒精灯若长期不用，应倒出灯内的酒精，以免挥发；同时在灯帽与灯颈间夹一小纸条，以防灯帽与灯颈粘连。

此外还应注意，因为酒精易挥发、易燃，使用酒精灯时必须注意安全。万一洒出的酒精在灯外燃烧，不要慌张，可用砂土或湿抹布扑灭。酒精是易燃易爆液体，流出一点就可能引燃其他物品，导致使用者的慌乱而发生更大的危险。所以，使用时必须严格遵守规程。

2. 酒精喷灯

（1）酒精喷灯的结构及用途　常用的酒精喷灯有座式和挂式两种，其结构如图 5-37 和图 5-38 所示。座式酒精喷灯的酒精储存在灯座即酒精壶内，挂式酒精喷灯的酒精储存罐悬挂于高处。酒精喷灯的火焰温度可达 1000℃ 左右，在没有煤气设备的实验室，常用酒精喷灯代替，主要用于需加强热的实验、玻璃加工等。

（2）酒精喷灯的使用　以下主要介绍最常用的座式酒精喷灯的使用方法。

① 装入酒精。打开酒精壶嘴盖，向壶内注入酒精，至壶总容量的 2/5～2/3，不得注满，也不能过少。过满易发生危险，过少则灯芯线会被烧焦，影响燃烧效果。盖上壶嘴盖，并拧紧，使其不漏气。新灯或长时间未使用的喷灯，点燃前需将灯体倒转 2～3 次，使灯芯浸透酒精。

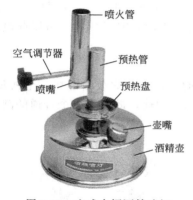

图 5-37　座式全铜酒精喷灯

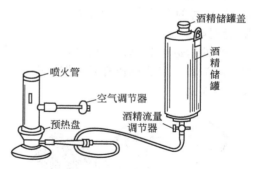

图 5-38　挂式酒精喷灯

② 疏通酒精蒸气喷嘴。灯管内的酒精蒸气喷嘴直径为 0.55mm，容易被灰粒等堵塞，使灯不能引燃。所以，每次使用酒精喷灯前要检查喷嘴，如发现堵塞，应用通针或细钢针把喷嘴刺通。

③ 点燃。将酒精喷灯放在石棉板或大的石棉网上，防止预热时喷出的酒精着火。在预热盘内注 2/3 容量的酒精，用火柴把酒精点燃，对灯管加热（此时要转动空气调节器把入气孔调到最小），待酒精汽化，从喷嘴喷出时，预热盘内燃烧的火焰便可把喷出的酒精蒸气点燃。如不能点燃，也可用火柴点燃。

④ 调节空气进入量。当喷嘴火焰点燃后，再调节空气进入量，使火焰达到所需的温度。在一般情况下，进入的空气越多，即氧气越多，火焰温度越高。

⑤ 熄灭酒精喷灯。可用事先准备的废木板平压灯管上口，火焰即可熄灭。然后裹着布（以免烫伤）旋松壶嘴盖，使酒精壶内温度较高的酒精蒸气逸出。

（3）酒精喷灯的使用注意事项

① 酒精喷灯在工作时，灯座下决不能有任何热源，环境温度一般应在 35℃ 以下，周围不能放置易燃物。

② 当酒精壶内酒精剩 20mL 左右时，应停止使用。如需继续使用，要把喷灯熄灭、冷却后再增添酒精，不能在喷灯燃着时向酒精壶内加注酒精，以免引燃壶内的酒精蒸气。

③ 喷灯在正常工作时，壶内乙醇蒸气压强最高可达 60kPa，灯身各部位耐压一般达 190kPa，可保证正常安全工作。使用酒精喷灯时，如发现壶底凸起，要立即停止使用，检查喷嘴有无堵塞，酒精有无溢出等，待查明原因、排除故障后再使用。

④ 酒精喷灯每次连续使用的时间不宜过长。如发现灯身温度升高或壶内酒精沸腾（有气泡破裂声）时，要立即停用，避免由于壶内压强增大导致壶身崩裂。

第四节　化验室常用电器设备

化验室常要用到加热、恒温、搅拌、分离、抽真空和冷冻等电器设备。

一、电加热设备

（一）电炉

电炉是化验室常用的加热设备，它主要是靠一条电阻丝（常用的是镍铬合金丝）通上电流产生热量的。电炉按功率大小分为不同的规格，如 220V 的有 500W、600W、800W、

1000W、1500W 等。功率大小主要是因电炉丝的阻值不同而定，同样成分同样长度的电炉丝，粗的发热量大，细的发热量小。例如电炉上标明 220V 1000W 的字样，说明此电炉在电压为 220V 时的电功率为 1000W。

1. 圆盘式电炉

电炉的构造很简单，一根电炉丝嵌在耐火泥炉盘的凹槽中，炉盘固定在一个铁盘座上，电炉丝两头套上多节小瓷管后连接到瓷接线柱上与电源线相连，即成为一个普通的圆盘式电炉（见图 5-39）。

图 5-39　圆盘式电炉

图 5-40　万用电炉

(a)

(b)

图 5-41　封闭式电炉

2. 万用电炉

能调节不同发热量的电炉常称为"万用电炉"，其外形如图 5-40 所示。炉盘在上方，炉盘下装有一个单刀多位开关，开关上有几个接触点，每两个接触点间装有一段附加电阻，附加电阻是用多节瓷管套起来的，避免相互接触和跟电炉外壳接触而发生短路或漏电伤人。借滑动金属片的转动来改变和炉丝串联的附加电阻的大小，以调节通过炉丝的电流强度，达到调节电炉发热量的目的。

3. 电热板

电热板实际上是一个封闭式的电炉（见图 5-41），一般外形为长方形或正方形，可调节温度，板上可同时放置比较多的加热物体，而且没有明火，适用于加热一些不能用明火加热的试验。

图 5-42　电加热套

（二）电加热套

电加热套（如图 5-42 所示）是加热圆底烧瓶进行蒸馏的专用设备，外壳做成半球形，内部由电热丝、绝缘材料和绝热材料等组成，根据烧瓶大小选用合适的电加热套，使用时常连接自耦调压器，以调节所需温度。

电炉及电加热套的使用注意事项如下：

（1）电源电压应和电炉、电加热套本身规定的电压相符。

（2）加热容器是玻璃制品或金属制品时，电炉上应垫上石棉网，以防受热不均匀导致玻璃器皿破裂和金属容器触及电炉丝引起短路和触电事故。

（3）使用电炉和电加热套的连续工作时间不应过长，以免影响其使用寿命。

（4）电炉凹槽中要经常保持清洁，及时清除灼烧焦糊物（清除时必须断电），保持炉丝导电良好。电炉和电加热套内应防止液体溅落导致漏电或影响其使用寿命。

（三）加热浴

当被加热物品要求受热均匀，且不可用其他方法加热时，可用加热浴加热。加热浴主要有水浴、砂浴、油浴、液体石蜡浴、空气浴等。

1. 水浴

当需加热温度不超过100℃时，可用水浴加热，水浴加热的设备为恒温水浴锅（见图5-43）。水浴锅通常用铜或铝制成，有多种规格。按孔的数目可分为单孔、双孔、四孔、八孔等，每个孔都有多个重叠的圆圈和一个盖子，适用于放置不同规格的器皿。按容量分，有3L、6L、13L、19L、25L等；按加热功率有400W、600W、1000W、1500W及2000W等。

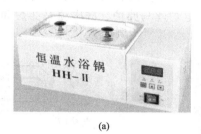 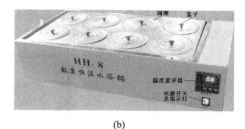

(a) (b)

图5-43　数显恒温水浴锅

注意水浴锅不能烧干，也不要把水浴锅作沙盘使用。多孔电热恒温水浴锅使用更为方便。

2. 砂浴

所需加热温度超过100℃时，可用砂浴加热。

（1）砂浴结构　图5-44为电热恒温砂浴，外壳采用冷轧板压制成型，砂槽采用优质铸钢铸造而成，并进行防腐工艺处理，加热后不变形，采用无级调控输出功率，以适应不同加热温度的需要。加热盘为全封闭式，无明火，升温快，安全可靠。

（2）砂浴使用方法

① 将电热恒温砂浴放置于平台或工作台上，并处于水平状态。

② 在电源线路中安装漏电保护开关，并安装接地线。

③ 在砂槽内放入热媒剂（如黄沙）。

④ 将受热容器埋入黄沙中，并将温度计埋在一边或安装在容器中。

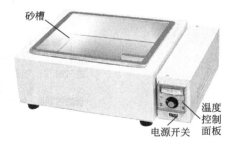

图5-44　电热恒温砂浴

⑤ 接通电源，打开电源开关，指示灯亮表示工作正常，仪表显示室温。

⑥ 顺时针旋转调温旋钮，至所需加热温度挡位，控制仪表上绿灯亮，表示通电升温。红灯亮表示断电保温，红绿灯交替变化表示进入恒温状态。仪表进入恒温状态后，约30min，砂槽温度基本均匀。如需改变设定温度，可随时调节调温旋钮。

⑦ 使用完毕后，关闭电源开关，切断电源，清除热媒剂。

⑧ 砂浴在工作时不能触摸板盖，长期不使用应放在干燥处。

当所需加热温度超过100℃时，还可使用其他加热浴（如油浴、液体石蜡浴、空气浴等）加热。其他常用加热浴见表5-5，可根据需要合理选用。

表 5-5　常用加热浴

加热浴	热浴温度	加热浴	热浴温度
水浴	95℃以下	空气浴	300℃以下
液体石蜡浴	200℃以下	砂浴	400℃以下
油浴（棉籽油）	210℃以下		

注：棉籽油初次使用，最高温度在180℃以下，多次使用后，温度可达210℃。

（四）马弗炉（高温电炉）

1. 马弗炉的分类和结构

马弗炉是由英文 muffle furnace 翻译过来的。Muffle 是包裹的意思，furnace 是炉子、熔炉的意思。马弗炉也称高温电炉，是一种高温密封加热设备，可使物品均匀受热。依据外形可分为箱式马弗炉（见图5-45）、管式马弗炉（见图5-46）、坩埚马弗炉；按控制器可分为指针表式、普通数字显示表式、PID调节控制表式和程序控制表式马弗炉；按保温材料可分为普通耐火砖和陶瓷纤维马弗炉；按加热元件分为电炉丝马弗炉、硅碳棒马弗炉和硅钼棒马弗炉。马弗炉种类虽多，但基本结构相似。

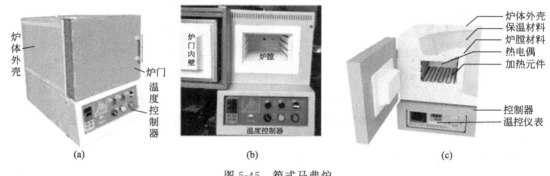

图 5-45　箱式马弗炉

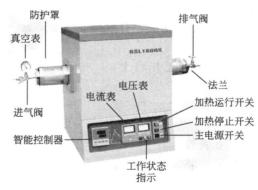

图 5-46　管式马弗炉

电炉丝马弗炉，最高使用温度为950℃，短时间可以用到1000℃。

硅碳棒式马弗炉的发热元件是炉内的硅碳棒，最高使用温度为1350℃，常用工作温度为1300℃。

硅钼棒式马弗炉通常可使用的炉体温度为1600～1750℃。硅钼棒广泛应用于冶金、玻璃、陶瓷、磁性材料、耐火材料、晶体、电子元器件、窑炉制造等领域，是产品高温烧结时必备的理想发热元件。硅钼棒在高温氧化气氛下，表面生成一层石英保护层，防止硅钼棒继续氧化。当元件温度大于1700℃时，石英保护层熔融，元件在氧化气氛下，继续使用，石英保护层重新生成。硅钼棒不宜在 400～700℃长期使用，否则元件会因低温的强烈氧化作用而粉化。

马弗炉的炉膛见图 5-45，是由耐高温而无胀缩碎裂的氧化硅结合体制成的。炉膛内外壁间有空槽，炉丝串在空槽中，炉膛四周都有炉丝。所以，通电后，整个炉膛周围被均匀加热而产生高温。

硅碳棒式马弗炉，发热元件硅碳棒分布在炉膛两侧。炉膛的外围包着耐火砖、耐火土、石棉板等，塞得紧紧的，以减少热量的损失。外壳包上带角铁的骨架和铁皮，炉门是用耐火砖制成的，中间开一个小孔，嵌一块透明的云母片，以观察炉内升温情况。当炉膛内呈暗红色时，约为 600℃；达到深桃红色时，约 800℃；浅桃红色时，约 1000℃。炉内的温度控制，目前普遍采用温度控制器。温度控制器主要由一块毫伏表和一个继电器组成，连接一支相匹配的热电偶进行温度控制，其接线如图 5-47 所示。热电偶装在瓷管中，并从马弗炉的后部中间小孔伸进炉膛内。热电偶随着炉温的不同产生不同的电势，电势的大小直接用温度数值在控制器表头上显示。当指示温度的指针（上指针）慢慢上升与事先调好的控制温度指针（下指针）相遇时，继电器立即动作切断电路，停止加热。当温度下降使上下指针分开时，继电器又使电路重新接通，电炉又继续加热。如此反复动作，即可达到自动控温目的。一般在灼烧前，将控温指针调至预定温度的位置，从到达预定温度时开始计算灼烧时间。

电阻丝式马弗炉一般配有镍铬-镍铝热电偶，硅碳棒式马弗炉配有铂-铂铑热电偶。

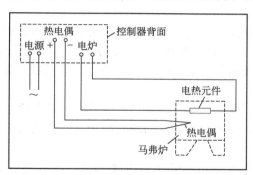

图 5-47　马弗炉温度控制器接线示意图

2. 马弗炉的用途

马弗炉的用途非常广泛，可用于重量分析中灼烧沉淀、测定灰分等，水质分析、环境分析等领域的样品处理，煤质分析中的水分、灰分、挥发分、灰熔点分析、灰成分分析、元素分析等，小型工件的热加工或处理，医药行业药品的检验、医学样品的预处理等，也可作为通用灰化炉使用等。

3. 马弗炉的安装及使用

（1）安装时，打开包装后，检查马弗炉是否完整无损，配件是否齐全。

（2）一般的马弗炉不需要特殊安装，只需平放在室内平整的地面或坚固的水泥台面上。控制器应避免震动，放置位置与马弗炉不宜太近，以免因过热而造成内部元件不能正常工作。

（3）以硅碳棒为加热元件的马弗炉，硅碳棒为易损件，在出厂前未安装在电炉上，并用木盒另行包装，防止在运输过程中发生震动、碰撞使其折断、损坏。在使用前，将装有硅碳棒木盒从包装内轻轻取出，且轻轻打开。硅碳棒安装时，在检查硅碳棒孔通畅后方可小心安装。如硅碳棒孔不通畅，可用配套铁管将其孔扩大一些。将硅碳棒插入碳棒孔后，硅碳棒两端需加装石棉垫，然后按照说明书上的连线图，将硅碳棒夹与硅碳棒连接好。

（4）将热电偶插入炉膛 20～50mm，孔与热电偶间的空隙用石棉绳填塞。

（5）根据所选用马弗炉和控制器的型号，确定马弗炉所需电源电压，配置功率合适的插头、插座及保险丝。在电源线引入处，需另装电源开关，用以控制总电源。与控制器及电炉相连的电源线、开关及熔断器的负载能力应稍大于电炉的额定功率。

（6）按接线图连接电源线、电路线、热电偶线（注意正负极不得接反）。为了操作者的安全，电炉与控制器必须装有可靠接地，且炉前平台上应铺一块厚胶皮布。

（7）电炉安装完毕后，必须清除炉内杂物，然后按接线图检查是否正确，螺钉有无松动，确认无误后，将按要求准备好的物品放入炉膛中，关闭炉门，打开电源开关，此时温度指示仪表上的绿灯即亮，继电器开始工作，电炉通电，电流表即有电流显示。将控温仪表上的设定旋钮调至所需温度。如控温仪表为数显表，则将仪表上的转换开关拨至"设定"，然后调节设定旋钮设定温度，温度设定后将转换开关拨至"显示"，升温开始，此现象表明系统工作正常。当炉温升至设定温度时温度恒定，开始计时。电炉的升温、定温分别以温度指示器的红绿灯指示，绿灯表示升温，红灯表示定温。

（8）当加热至所需时间，即灼烧完毕后，先拉下电闸，切断电源。再将炉门开一条小缝，让其降温 5～10min 后，打开炉门，用长柄坩埚钳取出被灼烧物件，放在耐高温架（如坩埚架）上，稍冷后放入干燥器中冷却至室温后，进行称量。

（9）炉膛冷却至室温后，关好炉门，防止耐火材料受潮气侵蚀。

4. 马弗炉的使用注意事项

（1）当马弗炉第一次使用或长期停用后再次使用时，必须进行烘炉。在室温到 200℃ 时烧炉时间为 4h，200～600℃ 为 4h。使用时，炉温最高不得超过额定温度，以免烧毁电热元件。禁止向炉内灌注各种液体及易溶解的金属。马弗炉控制器应限于在环境温度为 0～40℃ 使用，以延长其使用寿命。

（2）灼烧完毕后，不可立即完全打开炉门，只能开一条小缝，以免炉膛骤然受冷碎裂。

（3）马弗炉在使用时，要经常照看，防止自控失灵，造成电炉丝烧断等事故。晚间无人在时，切勿启用马弗炉。

（4）马弗炉和控制器必须在相对湿度不超过 85% ，没有导电尘埃、爆炸性气体或腐蚀性气体的场所工作。凡附有油脂之类的金属材料在加热时，产生大量挥发性气体，将影响和腐蚀电热元件表面，使之损毁和缩短寿命。因此，加热时应及时预防和做好密封容器或适当开孔加以排除。

（5）碱性物质，如碱金属、碱土金属、重金属的氧化物，以及低熔点的硅酸盐等，在高温时对硅碳棒有氧化作用。

（6）空气及碳酸气在高温时，对硅碳棒有氧化作用，主要表现在增加硅碳棒的电阻。

（7）氯和氯化氢在高温时会分解硅碳棒。

（8）硅碳棒马弗炉在正常功率使用时，温度升至 800℃ 左右，可以适当加大电炉功率（调节控制器输出旋钮），达到所需温度后，再调至标准功率，切忌长时间超功率使用。

（9）根据技术要求，定期检查马弗炉、控制器的各接线的连线是否良好，指示仪指针运动时有无卡住滞留现象，并用电位差计校对仪表因磁钢、退磁、涨丝、弹片的疲劳、平衡破坏等引起的误差增大情况。

（10）热电偶不要在高温时骤然拔出，以防外套炸裂。

（11）炉膛内要保持清洁，及时清除炉内氧化物之类东西，炉子周围不要堆放易燃易爆物品。

（12）马弗炉不用时，应切断电源，并将炉门关好，防止耐火材料受潮气侵蚀。

5. 故障检修

（1）打开电源开关，仪表上绿灯不亮，工作室内不升温，电流表不动作。

① 检查仪表显示温度是否高于设定温度。

② 仪表显示无限大，说明传感器未接牢固，或更换传感器。

（2）打开电源开关，仪表工作正常，但电流表不动作；是加热器或负载接线断路，应检查维修或更换。

（3）仪表显示温度高出设定值很多，且一直不降，或关掉电源开关也继续加热，是控制器内部执行器件或控温仪坏了，应及时更换。

（五）电热恒温干燥箱

电热恒温干燥箱简称干燥箱或烘箱，是以电阻丝为发热元件，对物体进行隔层加热的电热设备。一般配有自动恒温控制器，用于调节控制温度。大型干燥箱还配有鼓风装置，以促使工作室内冷热空气对流，温度均匀。电热恒温干燥箱适用于比室温高 5～300℃ （或 200℃）范围的恒温烘焙、干燥、热处理等。其技术参数因干燥箱的规格型号不同各有差异。常用的普通电热恒温干燥箱和电热恒温真空干燥箱的结构如图 5-48 和图 5-49 所示。

1. 普通电热恒温干燥箱

（1）构造　电热恒温干燥箱的型号很多，但基本结构相似，一般由箱体、电热系统、自动恒温控制系统三部分组成。

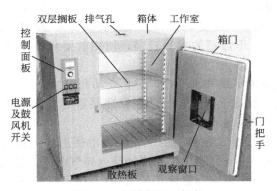

图 5-48　电热恒温干燥箱

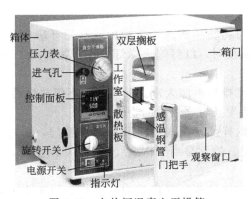

图 5-49　电热恒温真空干燥箱

① 箱体。干燥箱外壳是一个隔热的铁皮箱，喷涂平光绝缘漆，内壁为薄钢板制成的空气对流壁，内外壁之间填充绝热保温材料。由内壁所围成的箱腔称为工作室，室内有两层网状搁板，用以搁放干燥物品；箱顶有排气孔，排气孔中央备有温度计插孔；箱底有进气孔，

用于换气。它有内外两道门，即钢化玻璃内门和填充有绝热层的金属外门，打开外门便可通过玻璃观察工作室内的情况。箱侧室装有指示灯、温控器、鼓风机、电热开关及电器线路等部件。侧室门可以启卸，以便进行检修。工作室左壁与保温层之间没有风道，内装鼓风风叶，开启鼓风开关，可使鼓风机工作，促使箱内冷热空气对流，使得温度均匀。

② 电热系统。烘箱的电热部分多为外露式电热丝，装于瓷盘之中或绕于瓷管上，固定在箱底夹层中。大型烘箱电热丝分为两组，一组恒温电热丝，是主发热体，与温控器相连，受温控器控制；另一组辅助电热丝，直接与电源相连接，用于短时间升温和120℃以上恒温时辅助加热。两组加热系统连接在一个旋钮上，常见为四挡旋钮开关，除零挡时烘箱不工作外，其他四挡的升温、恒温使用参数如下：

a. 60℃以下，Ⅱ挡升温，Ⅰ挡恒温。

b. 60～120℃，Ⅲ挡升温，Ⅱ挡恒温。

c. 120～200℃，Ⅳ挡升温，Ⅲ挡恒温。

d. 200～300℃，Ⅳ挡升温，Ⅳ挡恒温。

有的干燥箱为两挡开关，即"预热"和"恒温"。旋钮在预热挡，干燥箱升温；旋钮在恒温挡，进行恒温。

③ 自动恒温控制系统。其多数采用差动棒式或电接点式水银温度计控制器，还有的用高灵敏继电器配合控温，控温精度更高。

最新的电热鼓风干燥箱，采用数字显示、电脑控温、不锈钢内胆等，波动度±0.5℃，均匀度±25%，功率2～3kW，温度200～300℃，有多种型号和规格。

(2) 使用及注意事项　干燥箱的型号较多，使用前要仔细阅读其说明书，按要求进行操作。

① 干燥箱应安装在室内干燥和水平处，防止震动和腐蚀。

② 要注意安全用电，根据干燥箱耗电功率安装足够容量的电源闸刀一只。选用足够粗的电源导线，并应有良好的接地线。

③ 带有电接点水银温度计式控温器的烘箱应将电接点水银温度计的两根导线分别接至箱顶的两个接线柱上。另将一支普通水银温度计插入排气阀中（排气阀中的温度计是用来校对电接点水银温度计和观察箱内实际温度用的），打开排气阀的孔。调节电接点水银温度计至所需温度后紧固钢帽上的螺钉，以达到恒温目的。但必须注意调节时切勿将指示铁旋至刻度尺外。

④ 一切准备就绪后方可将物品放入干燥箱内，然后开启电源，红色指示灯亮表示箱内已加热。当温度达到所控温度时，红灯熄灭绿灯亮，开始恒温。为了防止控制失灵，还必须经常照看。

⑤ 放入物品时，应注意排列不能太密。散热板上不应放试品，以免影响热气向上流动。禁止干燥易燃、易爆、易挥发及有腐蚀性的物品。

⑥ 当需要观察工作室内样品情况时，可开启外道箱门，透过玻璃门观察。但箱门以尽量少开为宜，以免影响恒温。特别是当工作温度在200℃以上时，开启箱门有可能使玻璃门骤冷而破裂。

⑦ 有鼓风的干燥箱，在加热和恒温过程中必须将鼓风机启开，否则影响工作室温度的均匀性和损坏加热元件。

⑧ 工作完毕后应切断电源，确保安全。烘箱内外保持清洁。

2. 电热恒温真空干燥箱

(1) 结构　电热恒温真空干燥箱结构如图5-49所示，它可使工作室内保持一定的真空度，并采用智能型数字温度调节仪进行温度的设定、显示与控制。该温度调节仪采用计算机技术对工作室内的温度信号进行采集、处理，可使工作室内的温度自动保持恒温。

（2）用途　真空干燥箱特别适合于对干燥热敏性、易分解、易氧化物质和复杂成分物品进行快速高效的干燥处理。

（3）使用方法

① 用橡胶管连接真空箱的抽气阀与真空泵的抽气口。

② 将物品放入工作室的物品搁板上，物品之间应有一定的距离，以便均匀受热，然后关卡箱门，旋紧门锁装置。

③ 关闭放气阀，开抽气阀，打开真空泵电源开关，开始抽气，真空表指示值达到—0.1MPa时，关闭真空阀，再关闭真空泵电源，此时真空箱内处于真空状态。

④ 在真空状态下，打开真空干燥箱电源开关，根据物品所需的加热温度，在工作温度（室温加10～200℃）范围内设定加热温度，箱内温度开始上升。当箱内温度接近设定温度时，加热指示灯忽亮忽熄，反复多次，温度控制进入恒温状态。一般120min以内可进入恒温状态。

当所需工作温度较低时，可采用二次设定方法，如所需温度为60℃时，第一次可设定为50℃，等温度过冲开始回落后，再第二次设定60℃。这样可降低甚至杜绝温度过冲现象，尽快进入恒温状态。

⑤ 根据不同物品潮湿程度，选择不同的干燥时间，如干燥时间较长，真空度下降，需再次抽气恢复真空度，应先开真空泵电源，再开启真空阀。

⑥ 干燥结束后应先关闭干燥箱电源，开启放气阀，解除箱内真空状态，再打开箱门，取出物品。

（4）注意事项

① 真空干燥箱应放在具有良好通风条件和无强烈震动的室内，在其周围不可放置易燃易爆的物品。

② 真空箱外壳必须有效接地，以确保使用安全。

③ 使用真空干燥箱前，必须先抽真空再加热升温。因为，真空干燥箱如果先加热升温再抽真空，加热的空气被真空泵抽出去的时候，热量必然会被带到真空泵上去，从而导致真空泵温升过高，使真空泵效率下降。物品放入真空箱里抽真空，主要是为了抽去试样材质中可以抽去的气体成分；如果先加热，气体遇热会膨胀。真空箱的密封性很好，膨胀气体所产生的巨大压力有可能使观察窗钢化玻璃爆裂。这是一个潜在的危险，会对人体造成安全威胁。所以必须按先抽真空再加热升温的程序进行操作，以免发生危险。真空干燥箱加热后的气体被导向真空压力表，真空压力表就会产生温升。如果温升超过了真空压力表规定的使用温度范围，就会使真空压力表产生示值误差，导致试验不准确。

④ 真空箱不需连续抽气使用时，应先关闭真空阀，再关闭真空泵电源，否则真空泵油要倒灌至箱内。

⑤ 取出被处理物品时，如处理的是易燃物品，必须待温度冷却到低于其燃点后，才能放入空气，以免发生氧化反应引起燃烧。

⑥ 真空箱无防爆装置，不得放入易爆物品干燥。

⑦ 真空箱与真空泵之间最好有过滤器，以防止潮湿气体进入真空泵。

⑧ 非必要时，请勿随意拆开边门，以免损坏电器系统。

⑨ 真空箱应经常保持清洁，箱门玻璃应用松软棉布擦拭，切忌用有反应的化学溶剂擦拭，以免发生化学反应和擦伤玻璃。

⑩ 如真空箱长期不用，应在电镀件上涂中性油脂或凡士林，以防腐蚀，并套上塑料薄膜防尘罩，放在干燥的室内，以免电器件受潮而影响使用。

二、 常用电动设备

（一）电磁搅拌器

在化验室常用的电磁搅拌器有电动搅拌器和磁力搅拌器两类。

1. 电动搅拌器

（1）结构及用途 电动搅拌器的型号很多，常见的几种见图 5-50，但基本结构相似，如图 5-51 所示，都是由电机、减速器、机架、轴承、机械密封及叶片组成的。搅拌桨材料为优质不锈钢，耐腐蚀，操作简便，运转平稳，无级调速，适用于大体积及黏度较大的液体的搅拌。

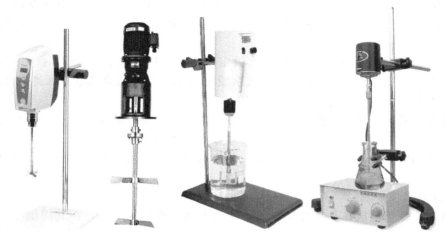

图 5-50　电动搅拌器

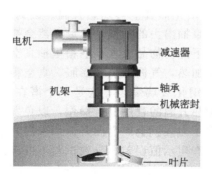

图 5-51　电动搅拌器结构示意图

（2）使用方法及注意事项

① 搅拌器的安装。将双顶丝固定于铁架台的上端（如图 5-52 所示），搅拌器支臂固定于双顶丝凹口向上的位置，调整并确定搅拌器位置，然后拧紧双顶丝两端螺栓。使用前要检查并确保搅拌器已安装牢固，且需周期性地对安装进行检查。注意：只有搅拌器停止运转并断开电源时，才可调整搅拌器位置。再将搅拌桨插入搅拌器夹头，用扳手将搅拌桨固定牢固。

② 检查并确保电源电压与搅拌器的额定电压一致，且电源插头必须接地保护。

③ 开机。如果满足上述条件，可将搅拌器接通电源，准备搅拌。调试使用搅拌器时，搅拌器输出轴将以前次的速度设置开始运转。因此，使用前应检查控制按钮的速度设置。同时确保所设定的速度适合所搅拌的介质。如果对速度设置没有把握，需将速度旋钮调至最低转速，并将速度齿轮调至低挡位置。按下开关，搅拌器将开始运转，然后逐渐增大转速。出现由于转速过高导致液体溅出、仪器转动不平稳及外界因素导致仪器开始移动时，应降低转速。

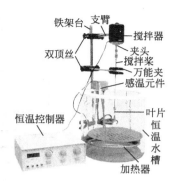

图 5-52 恒温槽液体的搅拌

④ 搅拌时，如发现搅拌不同心、搅拌不稳定，应调整万能夹角度，使搅拌桨同心。搅拌锥形瓶中溶液时，要将搅拌桨对准锥形瓶中心，然后再开机搅拌。

⑤ 为了避免搅拌头（叶片）与玻璃容器碰撞导致容器破碎，应在测试架上调试电动机转速至容器与搅拌头没有任何接触。

⑥ 当环境温度为 40℃ 时，搅拌器可能在满负荷、过压 10% 情况下自动关闭。故障后重新开机前需关闭电源片刻，待搅拌器冷却。故障之后，需降低电动机转速。

⑦ 搅拌时，若电源突然不通，要检查电源线插头脱落否，如无脱落，应由专业人员维修。

⑧ 勿在易爆的环境中使用搅拌器，也不能搅拌危险物质。

2. 磁力搅拌器

（1）**结构** 磁力搅拌器的型号很多，但其结构基本相同。常规磁力搅拌器的系统结构如图 5-53 所示，由温度控制器、放置容器的托盘、搅拌子、转速调节器等组成。

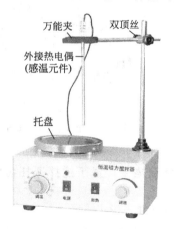

(a) 恒温磁力搅拌器

(b) 数显恒温磁力搅拌器

图 5-53 磁力搅拌器

（2）**作用原理** 常规磁力搅拌器的基本原理如图 5-54 所示，是由一个微型电动机带动一块磁铁旋转，吸引托盘上装溶液的容器中的搅拌子（也称磁子）转动，以搅拌溶液。搅拌子是用一小段铁丝密封在玻璃管或塑料管中（避免铁丝与溶液起反应）。托盘下面除磁铁外，还有电热装置，很细的电热丝夹在云母片内，起加热作用。

（3）**用途** 磁力搅拌器结构简单、操作方便安全，广泛应用于化验室中的电位滴定（见图 5-55）、pH 测定（见图 5-56）和离子选择电极测定各种离子、物质的溶解、加热、冷却及化学反应等过程中溶液的搅拌。

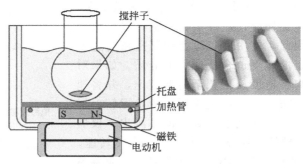

图 5-54　磁力搅拌器结构原理示意图

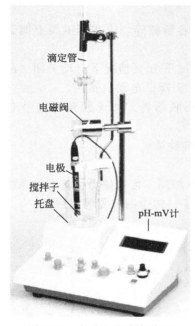

图 5-55　自动电位滴定装置

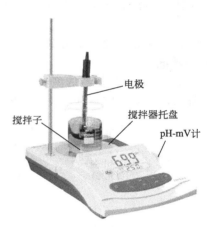

图 5-56　电位法测定 pH 装置

（4）使用及注意事项

① 使用磁力搅拌器前，先将盛有溶液的容器外壁擦干，置于搅拌器托盘中央，见图 5-55 和图 5-56，选择合适的搅拌子洗净后放入溶液。

② 需要加热时，可打开加热开关，调节合适的温度。

③ 将转速调节旋钮调至最小，接上 220V 电源，打开电源开关，电源指示灯即亮，然后调节合适的转速，即开始搅拌。移动容器，使搅拌子在容器中央转动，不能碰容器壁。

④ 应该注意，转速不要过快，以免溶液外溅，腐蚀托盘。用完应及时切断电源。

（二）真空泵

"真空"是指压力小于 101.325kPa（一个标准大气压）的气态空间。凡能从容器中抽出气体，使气体压力降低的装置，均可称为真空泵。化验室常用的真空泵有循环水真空泵、旋片式真空油泵等。

1. 真空泵在化验室的用途

（1）真空干燥　真空泵与干燥箱连接，样品在真空干燥箱中能在较低温度下除去样品中的水分及难挥发的高沸点杂质，可避免样品在高温下分解。

（2）真空蒸馏　真空蒸馏即减压蒸馏，可以降低物料的沸点，使其在较低温度下进行蒸馏，适用于在高温下易分解的有机物的蒸馏。

（3）真空过滤　对难于过滤的物料，真空过滤可以加快过滤速度。

（4）其他用途　还可用于需要抽真空的试验，如管道换气等。

2. 循环水真空泵

（1）结构　循环水真空泵又称水环式真空泵，以循环水为工作流体，利用流体射流产生负压进行引射的真空泵，能获得的极限真空为 2000～4000Pa，是多用真空泵，可为蒸发、蒸馏、结晶、干燥、升华、过滤减压、脱气等提供真空条件。循环水真空泵有不透明水箱和透明水箱两种，其外形如图 5-57（a）～图 5-57（c）所示。

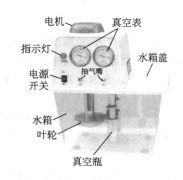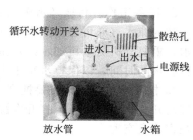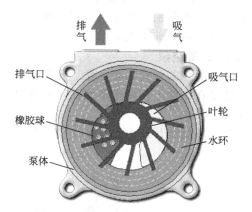

(a) 透明水箱循环水真空泵(前视图)　(b) 不透明水箱循环水真空泵(前视图)　(c) 循环水真空泵(后视图)

图 5-57　循环水真空泵的外形

（2）原理　图 5-58 是循环水真空泵的工作原理示意图，它是由叶轮、泵体、吸气盘、排气盘、水在泵体内壁形成的水环、吸气口、排气口、辅助排气阀等组成。叶轮被偏心地安装在泵体中，当叶轮按图示方向旋转时，进入循环泵泵体的水被叶轮抛向四周，由于离心力的作用，水形成了一个与泵腔形状相似的等厚度的封闭的水环。水环的上部内表面恰好与叶轮轮毂相切，水环的下部内表面刚好与叶片顶端接触（叶片在水环内有一定的插入深度）。此时，叶轮轮毂与水环之间形成了一个月牙形空间，而这一空间又被叶轮分成与叶片数目相等

图 5-58　循环水真空泵原理示意图

的若干个小腔。如果以叶轮的上部 0° 为起点，那么叶轮在旋转前 180° 时，小腔的容积逐渐由小变大，压强不断降低，且与吸排气盘上的吸气口相通，当小腔空间内的压强低于被抽容器内的压强，根据气体压强平衡的原理，被抽的气体不断地被抽进小腔，此时正处于吸气过程。当吸气完成时与吸气口隔绝，小腔的容积正逐渐减小，压力不断增大，此时正处于压缩过程，当压缩的气体提前达到排气压力时，从辅助排气阀提前排气。而与排气口相通的小腔的容积进一步地减小，压强进一步地升高，当气体的压强大于排气压强时，被压缩的气体从排气口被排出，在泵的连续运转过程中，不断地进行着吸气、压缩、排气过程，从而达到连续抽气的目的。

（3）特点

① 循环水真空泵安装了两个抽气嘴，可单独或同时抽气作业。每个抽气嘴各装一个真空表，可方便地观察真空度。抽气管路上装有逆止阀（止回阀），可防止抽真空作业意外停机时循环水回流到被抽真空的设备中。

② 循环水真空泵水泵部件采用的是不锈钢材料，不受酸碱等的腐蚀；同时不产生任何污染实验室的油污、杂质等。

③ 循环水真空泵有不透明水箱，还有新研制的透明水箱，可满足有机溶剂（如丙酮、乙醚、氯仿等）的溶解和腐蚀的损害。

④ 循环水真空泵泵头直接浸入水中，整机高度较低、体积小、质量轻、移动方便，可置于工作台上，便于操作观察，水箱上盖为活式安装，可以打开，便于加水和检修。

（4）使用方法

① 准备工作。将循环水多用真空泵平放于工作台上，首次使用时，打开水箱上盖，注入清洁的凉水（亦可经由放水软管加水），当水面即将升至水箱后面的溢水嘴下高度时停止加水，重复开机可不再加水。每星期至少更换一次水，如水质污染严重，使用率高，则需缩短更换水的时间，以保持水箱中水质清洁。

② 抽真空作业。将需要抽真空的设备的抽气套管紧密套接于本机抽气嘴上，关闭循环水转动开关，接通电源，打开电源开关，即可开始抽真空作业，通过与抽气嘴对应的真空表可观察其真空度。

③ 当循环水多用真空泵需长时间连续作业时，水箱内的水温将会升高，影响真空度。此时，可将放水软管与水源（自来水）接通，溢水嘴作排水出口，适当控制自来水流量，即可保持水箱内水温不上升，使真空度稳定。

④ 当需要为反应装置提供冷却循环水时，在上述操作③的基础上，将需要冷却的装置进水、出水管分别接到本机后部的循环水出水口、进水口上，转动循环水开关至 ON 位置，即可实现循环冷却水供应。

3. 旋片式真空泵

真空油泵的种类很多，化验室常用的是旋片式真空油泵，其有单级和双级之分。所谓双级，就是在结构上将两个单级泵串联起来，以获得较高的真空度。本节主要介绍单级油封式旋片真空泵。

（1）单级旋片式真空泵的结构　单级旋片式真空泵的外形见图 5-59。

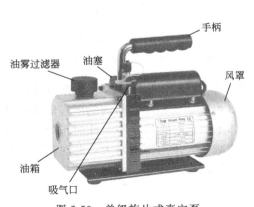

图 5-59　单级旋片式真空泵

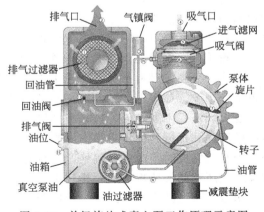

图 5-60　单级旋片式真空泵工作原理示意图

（2）单级旋片式真空泵原理　单级旋片式真空泵的工作原理如图 5-60 所示，这种泵有一个钢制的圆筒形定子，定子里有一个偏心的钢制实心圆柱作为转子，转子直径上嵌有带弹簧的旋片，当电机带动转子转动时，旋片在圆筒形的腔体中运转，使泵腔隔成两个区域，其容积周期地扩大和缩小。将待抽的气体容器接在泵的进气口后，当泵腔空间增大时，吸入待抽气体，随着转子转动，气体被压缩而后从排气口排出。转子不断转动，吸气、压缩、排气过程不断重复进行，容器内气体不断减少，气压不断降低。整个机件浸在盛有润滑油的箱中，润滑油的蒸气压很低，它起到润滑、密封和冷却作用。

（3）真空泵的使用

① 将泵油加至油标横线处（或油标中心）。

② 旋转三通阀，使泵的吸气管路与大气相通，而与被抽空容器隔绝，打开排气口。

③ 上好泵轮皮带。

④ 接通电源，启动电机。

⑤ 待泵运转正常后，缓慢旋转三通阀，使泵的吸气管路与被抽空容器相通而与大气隔绝。

⑥ 停止使用时，先旋转三通阀，使泵的吸气管路与被抽空容器隔绝而与大气相通。切断电源，停止运转。

⑦ 用胶塞堵住排气口，盖严泵盖。

⑧ 卸下泵轮皮带。

（4）使用注意事项

① 真空泵应安装在干燥、通风、清洁、无尘埃的场所，环境温度在 $10\sim40\,^{\circ}\mathrm{C}$。安装地面必须平坦、坚实，使之运转均匀、不受震动。

② 连接被抽真空容器的管路宜短，接头宜少，并选用厚壁真空橡皮管作连接管，管内应无灰尘和杂物。管道连接要严密，防止漏气。

③ 在连接管路上安装真空三通阀，以便使泵与抽真空容器隔绝与大气相通。根据实际情况，在进气管路上设置气体吸收、干燥、冷却、净化、缓冲等保护装置，防止腐蚀性气体、潮湿气体、温度过高的气体、含有尘埃或其他杂质的气体进入泵体之内，以确保泵的性能，延长泵的使用寿命。

④ 开泵前先检查泵内油的液面是否在油孔的标线处。油过多，在运转时会随气体由排气孔向外飞溅；油不足，泵体不能完全浸没，达不到密封和润滑作用，会损坏泵体。

⑤ 真空泵由电动机带动，启动前应检查电源电压与电动机要求的电压是否相符。

⑥ 真空泵启动前，还要先试验电动机皮带轮的旋转方向是否与泵轮标示方向一致，一致后再上好三角皮带。一般泵轮应为顺时针旋转，勿使电动机倒转，造成泵油喷出。

⑦ 真空泵运转时要注意电动机的温度，不可超过规定温度（一般为 $60\,^{\circ}\mathrm{C}$）。不应有摩擦和金属撞击声。如有异常，应停机请专业人员检修。

⑧ 停泵前，应使泵的进气口先通入大气后再切断电源，以防泵油返压进入抽气系统。为此，在进气口处接一个三通活塞，停机前使三通活塞处于既保持系统处于真空、又使泵体通大气的位置。

⑨ 真空泵应定期清洗进气口处的细纱网，以免固体小颗粒落入泵内，损坏泵体。泵油清洁与否对泵真空度的影响很大，使用半年或一年后，必须换油。新泵一般工作半个月即应更换新油，若使用条件不好（泵的真空度下降）应酌情缩短换油期限。

⑩ 真空泵使用完毕，要盖好气口盖，以防灰尘、杂物、潮气进入泵体内，影响泵的

性能。

(5) 适用范围

① 旋片式真空泵适用于密闭系统的抽真空使用，如真空包装、真空成形、真空吸引等。

② 入口压力范围为 $100\sim100000Pa$，超出此范围工作真空泵排气口将有油雾产生。工作环境温度和吸入气体温度应在 $5\sim40℃$。

③ 真空泵不可直接抽可凝性蒸气，如水蒸气、挥发性液体以及腐蚀性气体（如 HCl、Cl_2 和 NO_2）等。为防止这些气体进入泵内，应在进气口前连接一个或几个净化器，根据实际需要内装无水 $CaCl_2$ 或 P_2O_5 吸收水分，装石蜡油吸收有机蒸气，装活性炭或硅胶吸收其他蒸气，装固体 $NaOH$ 吸收腐蚀性气体。

（三）通风设备

通风设备的功能是排气、除尘及降温等。在化验室对样品进行处理和检验中，会产生各种有毒、有害、有刺激性气味、易燃、易爆、腐蚀性的气体、湿气及大量的热等，必须采用通风设备排出室外，以防实验中的污染物向化验室扩散，影响化验员的健康和安全，故化验室必须安装通风设备。

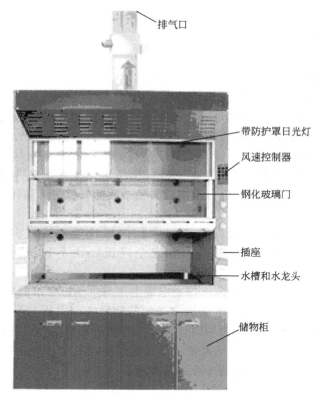

图 5-61　通风橱

化验室常用的通风设备是通风橱（见图 5-61）（或称通风柜），型号很多，但均为水、电、气、通风一体化结构。顶部是低噪声抽风机，可将实验过程中的气体顺利排出。工作室底部装有不锈钢水槽，通风橱的边框或内壁装有多功能电源插座，便于实验室过程中使用其他设备。此外，还有可安装在操作台上方（见图 5-62）和仪器上方（见图 5-63）的通风设备，可根据需要合理选用。

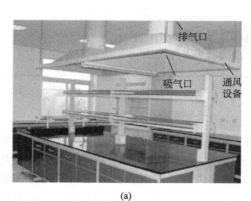

(a)

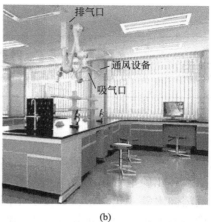

(b)

图 5-62　操作台上方的通风设备

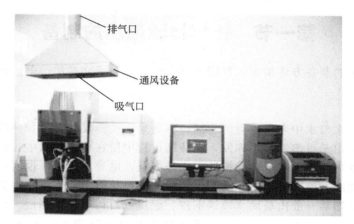

图 5-63　仪器上方的通风设备

第六章　化学检验用水

在化学检验中，固体物质的溶解、液体的稀释、溶液的配制、仪器用品的洗涤等，都必须使用蒸馏水。化验室常用的蒸馏水一般有蒸馏水、二次蒸馏水、去离子水、无二氧化碳蒸馏水、无氨蒸馏水等。化学检验的要求不同，对水质纯度即级别的要求也不同。因此，必须根据化学检验的要求，合理选择蒸馏水的制备方法，并按化学检验用水的质量要求严格进行检验，以免因水质问题而影响化学检验结果的准确度。

第一节　化学检验用水的制备

化学检验用水的制备方法很多，常用的有蒸馏法、离子交换法、电渗析法等。

一、 蒸馏法

蒸馏法是利用水与水中杂质沸点的不同，将自来水在蒸发装置上加热汽化，然后将蒸汽冷凝即得蒸馏水。由于可溶性盐不挥发，在蒸馏过程中留在剩余的水中，所以蒸馏水比较纯净。一般水的纯度可用电阻率或电导率的大小来衡量，电导率越低，说明水越纯净。该方法操作简单、成本低廉，能除去水中非挥发性杂质即无机盐类，但不能除去易溶于水的气体。

目前使用的蒸馏器一般由玻璃、镀锡铜皮、铝皮或石英等材料制成。由于蒸馏器的材质不同，带入蒸馏水中的杂质也不同。用玻璃蒸馏器制得的蒸馏水会含有 Na^+、SiO_3^{2-} 等离子；用铜蒸馏器制得的蒸馏水通常含有 Cu^{2+}；蒸馏水中通常还含有一些其他杂质，其原因是二氧化碳及某些低沸点易挥发物质，随水蒸气带入蒸馏水中；少量液态水成雾状飞出，直接进入蒸馏水中；微量的冷凝管材料成分也能带入蒸馏水中。所以蒸馏一次所得的蒸馏水仍含有微量杂质，可达三级水的标准，只能用于一般的化学检验工作。

为了获得更纯净的蒸馏水，可以进行重蒸馏。先在蒸馏水中加入适当的试剂以抑制某些杂质的挥发。如加入甘露醇能抑制硼的挥发，加入碱性高锰酸钾溶液可破坏有机物并防止二氧化碳蒸出。再用硬质玻璃或石英蒸馏器再次进行蒸馏，即得重蒸水，又称二次蒸馏水。二次蒸馏水一般可达到二级水的标准。

二次蒸馏通常采用石英亚沸蒸馏器，其特点是在液面上方加热，使液面始终处于亚沸状态，可使水蒸气带出的杂质减至最低。

必须注意，进行二次蒸馏时，要弃去最初的四分之一，收集中段馏出液；接收器上口要安装碱石棉管，以防二氧化碳进入而影响蒸馏水的电导率；某些特殊用途的水要用银、铂、聚四氟乙烯等特殊材质的蒸馏器。

二次蒸馏水不能用玻璃容器储存，应储于有机玻璃、聚乙烯塑料或石英容器中，以免玻璃中所含钠盐及其他杂质会慢慢溶于水，而使水的纯度降低。

必须指出，以生产中的废气冷凝制得的"蒸馏水"，含杂质较多，故不能直接用于化学检验。

二、 离子交换法

用离子交换树脂分离（离子交换分离技术见第九章第五节）出水中的杂质离子而制得蒸馏水的方法称为离子交换法。该方法是将作为原料的自来水或一次蒸馏水，流过预先处理好的氢型阳离子交换树脂，则水中的金属离子（Me^{n+}）与树脂上的 H^+ 进行交换，金属离子留在树脂上，同时 H^+ 进入水中，其反应为：

$$nR-SO_3H+Me^{n+} \Longleftrightarrow [R-SO_3]_nMe+nH^+$$

含有阴离子的水再流经预先处理好的氢氧型阴离子交换树脂，则阴离子与树脂上的 OH^- 交换，阴离子留在树脂上，OH^- 被交换下来，其反应如下：

$$RN(CH_3)_3OH+Cl^- \Longleftrightarrow RN(CH_3)_3Cl+OH^-$$

交换下来的 OH^- 与 H^+ 结合成水而流出。

经离子交换处理过的水，除去了绝大部分阴阳离子，因此称为去离子水。去离子水具有纯度很高、常温下的电阻率可达 $5\times10^6\,\Omega\cdot cm$ 以上、制备技术简便、产量大、成本低等优点，适用于各种规模的化验室。该方法的缺点是设备较复杂，因不能除去非离子型杂质，含有微生物和微量有机物，故为三级水。

三、 电渗析法

电渗析法是在离子交换技术基础上发展起来的一种膜分离技术。它是在外电场的作用下，利用阴阳离子交换膜对溶液中离子的选择性透过而使杂质离子自水中分离出来，从而制得蒸馏水的方法。

在电渗析过程中能除去水中电解质杂质，未除去非离子型杂质（如弱电解质等）。电渗析水纯度比蒸馏水低，电阻率为 $10^4\sim10^5\,\Omega\cdot cm$，接近三级水的质量。

电渗析法常用于海水淡化，不适用于单独制取化验室用的蒸馏水。与离子交换法联用，可制得较好的化验用蒸馏水。

电渗析法的特点是设备可以自动化，节省人力，仅消耗电能，不消耗酸碱，不产生废液等。目前生产的电渗析器操作简便，能自动运行，出水稳定，脱盐率在 90% 以上。作为离子交换法的前级使用，较单独使用离子交换法节约费用 50%～90%。

四、 超蒸馏水的制备

超蒸馏水是电阻率为 $18M\Omega\cdot cm$（25℃）的水，相当于一级水。在仪器分析中，如原子吸收光谱法和高效液相色谱法等，为了减小空白值，需有超蒸馏水。

超蒸馏水制备装置型号很多，但结构相似，且简单（如图 6-1 所示），操作方便，直接连接自来水，无须用蒸馏水作为进水。

五、 特殊要求化学检验用水的制备

1. 无氯水的制备

加入亚硫酸钠等还原剂，将自来水中的余氯还原为氯离子，以 N-二乙基对苯二胺（DPD）检查不显色，继用附有缓冲球的全玻璃蒸馏器进行蒸馏制取无氯水。

2. 无氨水的制备

向水中加入硫酸至其 pH 值小于 2，使水中各种形态的氨或胺最终都变成不挥发的盐类，用全玻璃蒸馏器进行蒸馏，即可制得无氨蒸馏水。注意：避免实验室空气中氨的重新污染，应在无氨气的实验室中进行蒸馏制备无氨蒸馏水。

图 6-1　超蒸馏水制备装置

3. 无二氧化碳水的制备

（1）煮沸法　将蒸馏水或去离子水煮沸至少10min（水多时），或使水量蒸发10%以上（水少时），加盖放冷即可制得无二氧化碳蒸馏水。

（2）曝气法　将惰性气体或纯氮通入蒸馏水或去离子水至饱和，即得无二氧化碳水。制得的无二氧化碳的水应储存于附有碱石灰管的橡皮塞盖严的瓶中。

4. 无砷水的制备

一般蒸馏水或去离子水都能达到基本无砷的要求。应注意避免使用软质玻璃（钠钙玻璃）制成的蒸馏器、树脂管和储水瓶。进行痕量砷的分析时，需使用石英蒸馏器和聚乙烯的离子交换树脂柱管和储水瓶。

5. 无铅水的制备

用氢型强酸性阳离子交换树脂柱处理原水，即可制得无铅（无重金属）的蒸馏水。储水器应预先进行无铅处理，用6mol/L硝酸溶液浸泡过夜后以无铅水洗净。

6. 无酚水的制备

向水中加入氢氧化钠至 pH 值大于 11，使水中酚生成不挥发的酚钠后，用全玻璃蒸馏器蒸馏制得（蒸馏之前，可同时加入少量高锰酸钾溶液使水呈紫红色，再进行蒸馏）。

7. 不含有机物水的制备

加入少量高锰酸钾碱性溶液于水中，使呈红紫色，再以全玻璃蒸馏器进行蒸馏即得。在蒸馏过程中，应始终保持水呈红紫色，否则应随时补加高锰酸钾。

第二节　化学检验用水的质量要求

一、化验室用水规格

根据国家标准 GB/T 6682—2008《分析实验室用水规格和试验方法》的规定，化学检验用水可分为三个级别，即一级水、二级水和三级水（见表 6-1）。

表 6-1　化验室用水的规格

名称	一级	二级	三级
pH 值范围(25℃)	—	—	5.0~7.5
电导率(25℃)/(μS/cm)	≤0.1	≤1	≤0.50
可氧化物质含量(以 O 计)/(mg/L)	—	≤0.08	≤0.40
吸光度(254nm,1cm 光程)	≤0.001	≤0.01	—
蒸发残渣(105℃±2℃)含量/(mg/L)	—	≤1.0	≤2.0
可溶性硅(以 SiO₂ 计)含量/(mg/L)	≤0.01	≤0.02	—

注：1. 由于在一级水、二级水的纯度下，难于测定其真实的 pH 值，因此，对一级水、二级水的 pH 值范围不作规定。

2. 由于在一级水的纯度下，难于测定可氧化物质和蒸发残渣，对其限量不作规定，可用其他条件和制备方法来保证一级水的质量。

3. 一级水、二级水的电导率必须"在线"（即将测量电极安装在制水设备的出水管道内）测定。否则，水一经储存，由于容器中可溶成分的溶解，或吸收空气中的二氧化碳以及其他杂质而引起电导率改变。对于最后一步是采用蒸馏方法制得的一级水，由于在蒸馏过程中水与空气直接接触，其电导率会增高，因此，可根据其他指标及制备工艺来确定其级别。

三级水常用蒸馏或离子交换的方法制得，可直接用于一般化学检验、无机化学实验及有机化学实验，还可用于制备二级水乃至一级水。

二级水可用离子交换或多次蒸馏等方法制取，主要用于无机痕量分析实验，如原子吸收光谱分析、电化学分析实验等。

一级水可用二级水经过石英设备蒸馏或离子交换混合床处理后，再经 $0.2\mu m$ 微孔滤膜过滤制取，主要用于有严格要求的化学检验中，包括对微粒有要求的实验，如高效液相色谱分析用水等。

二、化学检验用水的储存

经过各种纯化方法制得的各级别的化学检验用水，纯度越高储存条件的要求越严格，成本也越高，应根据不同化学检验方法（如化学分析和仪器分析、常量分析和痕量分析等）的要求合理地储存和选用。表 6-2 列出了国家标准中规定的各级水的制备方法、储存条件及适用范围。

表 6-2 化学检验用水的制备、储存及使用

级别	制备与储存①	适用范围
一级水	可用二级水经过石英设备蒸馏或离子交换混合床处理后,再经 $0.2\mu m$ 微孔滤膜过滤制取,不可储存,使用前制备	有严格要求的分析检验,包括对颗粒有要求的试验,如高效液相色谱分析用水
二级水	含有微量的无机、有机或胶态杂质,可用多次蒸馏或离子交换等方法制取,储存于密闭的专用聚乙烯容器中	无机痕量分析检验等试验,如原子吸收光谱分析用水
三级水	可用蒸馏或离子交换等方法制取,储存于密闭的专用聚乙烯容器中,也可用密闭的专用玻璃容器储存	一般化学分析检验

① 储存水的新容器在使用前需用盐酸溶液（20%）浸泡 2～3d，再用待储存的水反复冲洗，然后注满，浸泡 6h 以上方可使用。

三、化学检验用水中残留金属离子的限量

各种方法制备的化学检验用水残留金属离子的含量见表 6-3。

表 6-3 各种方法制备的化学检验用水残留金属离子的含量 单位：$\mu g/mL$

残留元素	制备方法					
	自来水用金属制蒸馏器二次蒸馏	蒸馏水用石英制蒸馏器二次蒸馏	蒸馏水用石英制沸腾蒸馏器蒸馏	自来水通过混床式离子交换柱	蒸馏水通过混床式离子交换柱	反渗透水通过活性炭混床式离子柱膜滤器
Ag	1	①	0.02	—	①	0.01
Al	10	0.5	—	—	0.1	0.1
B	0.01	①	—	—	①	3
Ba	—	—	0.01	<0.06	—	—
Ca	50	0.07	0.08	0.02	0.03	1
Cd	—	—	0.05	—	—	<0.1
Co	—	—	—	0.002	—	<0.1
Cr	①	①	0.02	0.02	①	0.1
Cu	50	①	0.01	—	①	0.2
Fe	0.1	①	0.05	0.02	①	0.2
K	—	—	0.09	—	—	—
Mg	8	0.05	0.09	<0.02	0.01	0.5

残留元素	制备方法					
	自来水用金属制蒸馏器二次蒸馏	蒸馏水用石英制蒸馏器二次蒸馏	蒸馏水用石英制沸腾蒸馏器蒸馏	自来水通过混床式离子交换柱	蒸馏水通过混床式离子交换柱	反渗透水通过活性炭混床式离子柱膜滤器
Mn	0.01	①	—	<0.02	①	0.05
Mo	—	—	—	<0.02	—	<0.1
Na	1	—	0.06	—	—	1
Ni	1	①	0.02	0.002	①	<0.1
Pb	50	①	0.008	0.02	①	0.1
Si	50	5	—	—	1	0.5
Sn	5	①	0.02	—	—	<0.1
Sr	—	—	0.02	<0.06	①	—
Te	—	—	0.004	—	—	—
Ti	②	①	—	—	①	<0.1
Tl	—	—	0.01	—	—	—
Zn	10	①	0.04	0.06	①	<0.1

注：①未检出；②检出未定量。

第三节　化学检验用水的质量检验

为了保证蒸馏水的质量符合化学检验工作的要求，对于所制备的每一批蒸馏水，都必须对照规格要求进行质量检验。

一、 pH 的检验

普通蒸馏水 pH 值应在 5.0～7.5（25℃），可用指示剂法或 pH 计测定 pH。用酸碱指示剂检验蒸馏水时，取水样 10mL，加甲基红指示剂（变色范围为 4.2～6.2）2 滴，不显红色即为合格水。另取水样 10mL，加溴百里酚蓝指示剂（变色范围为 6.0～7.6）5 滴，不显蓝色为合格水。也可用精密 pH 试纸测定水的 pH。

用酸度计测定蒸馏水的 pH 时，先用 pH 值为 5.0～8.0 的标准缓冲溶液校正 pH 计，再将 100mL 水注入烧杯中，插入 pH 复合电极，测其 pH，详见 GB/T 9724—2007《化学试剂 pH 值测定通则》。

二、 电导率的测定

蒸馏水是微弱的导体，水中溶解了电解质，其电导率将相应增加，可用电导率仪测定蒸馏水的电导率。测定一级水、二级水的电导率时，要配备电极常数为 $0.01～0.1cm^{-1}$ 的"在线"电导池，并使用温度自动补偿。测量三级水的电导率时，要配备电极常数为 $0.1～1cm^{-1}$ 的电导池，且使用温度自动补偿。

也可用手持式微型电导率仪测定水的电导率，图 6-2 是一种使用方便的手持式微型电导率仪。

必须注意，取水样后要立即测定，避免空气中的二氧化碳溶于水中，使水的电导率增大。

三、 吸光度的测定

大多数有机化合物在紫外光区 254nm 处有吸收，在此波长下测定吸光度，能反映出水中有机物的含量。测定时将水样分别注入 1cm 和 2cm 的吸收池中，用紫外-可见分光光度计于 254nm 波长处，以 1cm 吸收池中的水样作参比，测定 2cm 吸收池中水的吸光度。若仪器灵敏度不够，可适当增加吸收池的厚度，测得吸光度后，再换算成 1cm 时的吸光度，并与标准做比较。一级水的吸光度应≤0.001；二级水的吸光度应≤0.01；三级水可不测水样的吸光度。

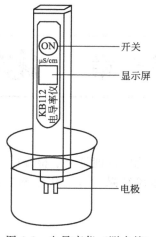

图 6-2　电导率仪（测水笔）

四、 可氧化物质的限度试验

量取 1000mL 二级水（或 200mL 三级水）置于烧杯中，加入 5.0mL 20％的硫酸（三级水加入 1.0mL 硫酸），加入 1.0mL 0.002mol/L $KMnO_4$ 标准滴定溶液，混匀。盖上表面皿，将其煮沸并保持 5min，与置于另一相同容器中不加试剂的等体积的水样做比较。此时溶液呈淡粉色，则符合可氧化物质的限度实验，如颜色完全褪尽，则不符合可氧化物质的限度实验。

五、 蒸发残渣的测定

量取 1000mL 二级水（或 500mL 三级水），分几次加入旋转蒸发器的 500mL 蒸馏瓶中，于水浴上减压蒸发至剩约 50mL 时，转移至已于（105±2）℃质量恒定的玻璃蒸发皿中，用 5～10mL 水样分 2～3 次冲洗蒸馏瓶，洗液合并入蒸发皿，于水浴上蒸干，并在（105±2）℃的电烘箱中干燥至恒重。残渣质量不得大于 1.0mg。

六、 可溶性硅的测定

量取 520mL 一级水（二级水取 270mL），注入铂皿中，在防尘条件下亚沸蒸发至约 20mL，冷却至室温。加 1.0mL 钼酸铵溶液，摇匀，放置 5min。加 1.0mL 草酸溶液，摇匀，再放置 1min。加 1.0mL 对甲氨基酚硫酸盐溶液，摇匀，转移至 25mL 比色管中，稀释至刻度。于 60℃水浴中保温 10min，目视比色，溶液的蓝色不得深于标准溶液（0.50mL 0.01mg/mL SiO_2 标准溶液用水稀释至 20mL，并经同样处理的溶液）。

第七章　化学试剂及溶液配制

化学试剂是化学检验中不可缺少的物质。试剂及其用量选择的正确与否，将直接影响化学检验结果。对于化学检验人员，熟悉试剂的性质、分类、规格及使用等常识是极其必要的。

第一节　化学试剂

一、化学试剂的分类及等级标准

化学试剂的产品标准分为：基准试剂、一般无机试剂、一般有机试剂和有机溶剂、高纯试剂和高纯物质、指示剂和特效试剂、生化试剂和临床分析试剂、仪器分析试剂和其他试剂（包括同位素试剂）等类。

对于试剂质量，我国有国家标准或部颁标准，规定了各级化学试剂的纯度及杂质含量，并规定了标准分析方法。我国生产的试剂质量分为四级（表7-1）。

表7-1　化学试剂的规格及适用范围

试剂级别	名称	英文名称	符号	标签颜色	适用范围
一级品	优级纯	guaranteed reagent	G.R	绿色	纯度很高,适用于精密分析及科学研究工作
二级品	分析纯	analytical reagent	A.R.	红色	纯度仅次于一级品,主要用于一般分析测试、科学研究及教学实验工作
三级品	化学纯	chemical pure	C.P.	蓝色	纯度较二级品差,适用于教学或精度要求不高的分析测试工作和无机、有机化学实验
四级品	实验试剂	laboratorial reagent	L.R.	棕色或黄色	纯度较低,只能用于一般的化学实验及教学工作

现以化学试剂重铬酸钾的国家标准（GB 1259—2007）为例加以说明。

(1) 优级纯、分析纯 $K_2Cr_2O_7$ 含量不少于99.8%，化学纯含量不少于99.5%；

(2) 杂质最高含量（以百分含量计），如表7-2所示。

表7-2　重铬酸钾试剂中杂质最高含量

名称	工作基准(容量)
水不溶物	0.003
氯化物	0.001
硫酸盐	0.003
钠	0.01
钙	0.001
铁	0.001

除上述四级化学试剂外，尚有其他特殊规格的试剂（如表7-3所示）。这些试剂虽尚未经有关部门明确规定和正式颁布，但多年来为广大化学试剂厂生产、销售和使用者所熟悉与

沿用。

表 7-3　特殊规格的化学试剂

规格	英文名称	代号	用途	备注
高纯试剂	extra pure	EP	配制标准溶液	包括超纯、特纯、高纯、光谱纯
基准试剂	—	—	标定标准溶液	已有国家标准
pH 基准缓冲物质	—	—	配制 pH 标准缓冲溶液	已有国家标准
气相色谱纯试剂	gas chromatography	GC	气相色谱分析专用	
液相色谱纯试剂	liquit chromatography	LC	液相色谱分析专用	
实验试剂	laboratory reagent	LR	配制普通溶液或化学合成用	瓶标签为棕色的四级试剂
指示剂	indicators	Ind	配制指示剂溶液	
生化试剂	bio-chemical reagent	BR	配制生物化学检验试液	标签为咖啡色
生物染色剂	biological stains	BS	配制微生物标本染色液	标签为玫瑰红色
光谱纯试剂	spectral pure	SP	用于光谱分析	
特殊专用试剂	—	—	用于特定监测项目(如无砷锌)	锌粒含砷不得超过 $4×10^{-5}$ %

二、 化学试剂的选用

化学试剂的纯度越高，则其生产或提纯过程越复杂，且价格越高。如基准试剂和高纯试剂的价格要比普通试剂高数倍乃至数十倍。故应根据化学检验的任务、方法、含量及对检验结果准确度的要求，合理选用相应级别的试剂。

化学试剂选用的原则，是在满足化学检验要求的前提下，尽可能选用级别较低的试剂，即不要超级别而造成浪费，也不能随意降低试剂级别而影响化学检验结果。选用试剂时应注意以下几点。

(1) 滴定分析中，用标定法配制标准溶液时，应选用分析纯试剂配制成所需近似浓度的溶液，再用基准试剂标定。在某些情况下，若对化学检验结果要求不很高时，也可用优级纯或分析纯代替基准试剂作标定。滴定分析中所用的其他试剂一般为分析纯试剂。

(2) 仪器分析中一般选用高纯试剂、优级纯试剂或专用试剂，以降低空白值和避免杂质干扰。

(3) 进行微量和痕量分析时，应选用高纯试剂或优级纯试剂。

(4) 仲裁分析中，一般选择优级纯和分析纯试剂。

(5) 在化学检验方法标准中，一般规定不应选用低于分析纯的试剂。此外，由于进口化学试剂的规格、标志与我国化学试剂现行等级标准不甚相同，使用时应参照有关化学手册加以区分。

(6) 中间控制分析，准确度要求不高，可选用分析纯或化学纯试剂。某些制备实验、冷却浴或加热浴的药品，可选用工业品试剂。

(7) 试剂的级别高，化学检验用水的纯度及容器的洁净程度要求也高，必须配合使用，方能满足检验的要求。

(8) 在以大量酸碱进行样品处理时，也应选择分析纯或优级纯酸碱试剂。

(9) 虽然化学试剂必须按照国家标准进行检验合格后才能出厂销售，但不同厂家、不同原料和工艺生产的试剂在性能上有时会有显著差异。甚至同一厂家、不同批号的同一类试剂，其性质也很难完全一致。因此，在某些要求较高的分析中，不仅要考虑试剂的等级，还应注意生产厂家、产品批号等，必要时应做专项检验和对照试验。

（10）有些试剂由于包装或分装不良，或放置时间过长，可能会变质，使用前应做检查。

（11）不同的检验方法，对试剂的要求不同。如配位滴定，最好用分析纯试剂和去离子水，否则会因试剂或水中的杂质金属离子封闭指示剂，而使滴定终点难以观察。

三、 化学试剂的取用

化学试剂一般在准备实验时分装，固体试剂一般盛放在易于取用的广口瓶中，液体试剂和配制的溶液则盛放在易于倒取的细口试剂瓶中，一些用量小而使用频繁的试剂，如指示剂、定性分析试剂等可盛放在小滴瓶中。盛有试剂的容器都要贴有标签，注明试剂名称、规格、制备日期（或有效期）、浓度等，标签外面涂上了一层薄蜡或用透明胶带等保护。

注意，在取用试剂前要核对标签，确认无误后才能取用。各种试剂瓶的瓶盖取下后，一般应倒立仰放在实验台上，不能乱放。如果瓶盖不是平顶而是扁平的，则可用食指和中指夹住瓶盖暂不放置，同时进行取用操作；或放在干燥清洁的表面皿上，绝不能横置实验台上使其受到沾污。取用试剂后要及时盖好瓶盖（注意不要盖错），并将试剂瓶放回原处，以免影响他人使用。试剂取用量要适宜，多余的试剂不可倒入原试剂瓶中，应倒入废液缸中，以免污染瓶内试剂。有回收价值的，可放回回收瓶中。不得用手直接接触化学试剂。

1. 固体试剂的取用

（1）取固体试剂要用洁净干燥的药匙，其两端分别是大小两个匙，取较多试剂时用大匙，取少量试剂或所取试剂要加到小试管中时，则用小匙。应专匙专用，用过的药匙必须及时洗净晾干存放在干燥洁净的器皿中。

（2）向试管特别是未干燥的试管中加入固体试剂时，可将试管倾斜至近水平，再用药匙取药品或把药品放在洁净光滑的纸对折成的纸槽中，伸入试管约 2/3 处（如图 7-1、图 7-2 所示），然后直立试管和药匙或纸槽，让药品全部落到试管底部。

图 7-1 用药匙往试管里加入固体试剂　　　图 7-2 用纸槽往试管里加入固体试剂

取用块状固体时，应先将试管横放，然后用镊子把药品颗粒放入试管口，再把试管慢慢地竖立起来，使药品沿管壁缓缓滑到底部（图 7-3）。若垂直悬空投入，则易击破试管底部。

图 7-3 块状固体加入法　　　　　　图 7-4 块状固体的研磨

（3）颗粒较大的固体，应放入干燥洁净的研钵中研碎后再取用。研磨时，研钵中所盛固体的量不得超过研体容量的 1/3（如图 7-4 所示）。

（4）取用一定质量的固体试剂时，可用托盘天平或电子天平等进行称量，称量方法见第二章。

2. 液体试剂的取用

（1）从滴瓶中取用液体试剂　先将滴瓶中的滴管提离液面，用拇指和食指挤捏胶帽排出滴管中空气，然后插入试剂中，放松手指吸入试液。再提取滴管垂直地放在试管口、锥形瓶口或其他承接容器的上方，将试剂逐滴滴下。注意，试管应垂直［见图 7-5（a）］，而不要倾斜［见图 7-5（b）］。切不可将滴管伸入试管中或与接收器的器壁接触，以免沾污滴管。滴管不能倒置，否则试剂会流入滴管的胶帽中，腐蚀胶帽，并污染滴定中的试剂。更不可随意乱放，用毕立即插回原滴瓶中，要专管专用，以免沾污试剂。用毕不能将充有试剂的滴管直接插入滴瓶中，要将滴管中剩余试剂挤回原滴瓶后，再把滴管插入滴瓶中。

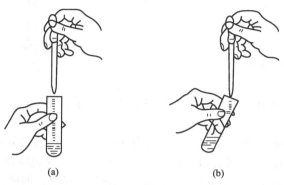

图 7-5　向试管中滴加液体试剂

（2）用倾注法从细口试剂瓶中取用液体试剂　手心握持贴有标签的一面，将试剂瓶口靠在试管口上，逐渐倾斜试剂瓶，使试剂沿洁净的试管内壁缓缓流下（如图 7-6 所示），至所需量时，将试剂瓶口在试管口边内侧靠一下，使试剂瓶口残留的试剂沿着试管内壁流入试管内，而不至沿试剂瓶外壁流下，再逐渐使试剂瓶竖直。

如盛接容器是烧杯，则应左手持洁净的玻璃棒，玻璃棒下端靠在烧杯内壁上，而试剂瓶口靠在玻璃棒上，使溶液沿玻璃棒及烧杯壁流入烧杯（如图 7-7 所示），至所需试剂量后，将瓶口沿玻璃棒向上提移 1cm 左右后，使试剂瓶直立，瓶口在玻璃棒上靠 2～3 次，再离开玻璃棒，使瓶口残留的溶液沿玻璃棒流入烧杯。应注意，悬空把试剂瓶中溶液倒入试管或烧杯等中是错误的。

图 7-6　向试管中倒取液体试剂

图 7-7　向烧杯中倒入液体试剂

（3）定量取用液体试剂　定量取用液体试剂时，可以使用适宜容量的量筒（或量杯）及移液管等。移液管等的使用方法见第四章第三节。用量筒（或量杯）量取液体试剂时，应按图 7-8 所示的要求量取。对于浸润玻璃的透明液体（如水溶液）读数时，视线与量筒（或量杯）内液体凹液面最低点处水平，读取液体凹液面最低点相切的刻度（见图 7-9）。对浸润玻璃的有色不透明液体或不浸润玻璃的液体，则要看凹液面上部或凸液面上部而读数。

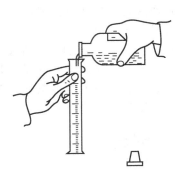

图7-8 用量筒量取液体

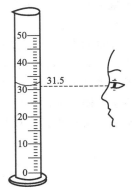

图7-9 量筒内液体体积的读数

3. 试剂取用的估量

有些化学试剂的用量通常不要求十分准确，不必称量或量取，估量即可。所以，要学会估计液体和固体的量。

对于液体试剂，一般滴管的20~25滴约为1mL，10mL的试管中试液约占1/5时，则试液约为2mL。不同的滴管，其管口直径的大小不同，滴出的每滴液体的体积也不相同。可用滴管将液体（如水）滴入干燥的量筒，测量滴至1mL的滴数，即可计算出1滴液体的体积。

对于固体试剂，常要求取少量，可用药匙的小头取一平匙即可。有时要求取米粒、绿豆粒或黄豆粒大小等，所取量与之相当即可。

四、 化学试剂的管理

化学试剂大多具有一定的毒性及危险性，且易变质等。为了保障化验人员的人身安全，保持化学试剂的质量和纯度，得到准确的检验结果，必须熟悉导致化学试剂变质的原因，妥善保管化学试剂。

（一）化学试剂变质的因素

1. 空气的影响

空气中的氧易使还原性试剂氧化而变质。强碱性试剂易吸收二氧化碳而生成碳酸盐。水分可以使某些试剂潮解、结块；纤维、灰尘能使某些试剂还原、变色等。

2. 温度的影响

试剂变质的速度与温度有关。夏季高温会加快不稳定试剂的分解。冬季严寒会促使甲醛聚合而沉淀变质等。

3. 光的影响

日光中的紫外线能加速某些试剂的化学反应而使其变质，例如银盐、溴和碘的钾、钠、铵盐及某些酚类试剂等。

4. 杂质的影响

不稳定试剂的纯净与否对其变质情况的影响不容忽视。例如纯净的溴化汞不受光的影响，而含有微量的溴化亚汞或有机物杂质的溴化汞见光易变黑。

5. 储存期的影响

不稳定试剂长期储存后会发生歧化、聚合、分解或沉淀等变化。

（二）化学试剂的储存

化验室内只宜存放少量短期内需用的试剂，大量试剂应存放在通风良好、干燥、洁净、远离火源的试剂库房的柜内，易燃易爆试剂要放在铁柜中，柜的顶部要有通风口。

一般试剂，应有序地存放在试剂柜内。如无机盐，可按元素周期系类族，或按酸、碱、盐、氧化物等分类存放。

某些试剂在存放过程中会逐渐变质，甚至形成危害物，存放时，要注意存放期限。如醚类、四氢呋喃、二氧六环、烯烃、液体石蜡等，在见光条件下，若接触空气可形成过氧化物，放置时间越久越危险。还原性的试剂，如苯三酚、$TiCl_3$、四氢硼钠、$FeSO_4$、维生素C、维生素E以及金属铁丝、铝、镁、锌粉等易被空气中氧所氧化变质。

化学试剂要根据其毒性、易燃性、腐蚀性和潮解性等特点，分类隔离存放，不能混放。

1. 危险品类

（1）**易燃类**　易燃类液体（即闪点在25℃以下的液体）极易挥发，遇明火即燃烧。

闪点在-4℃以下者有石油醚、氯乙烷、溴乙烷、乙醚、汽油、二硫化碳、缩醛、丙酮、苯、乙酸乙酯、乙酸甲酯等。闪点在25℃以下的有丁酮、甲苯、甲醇、乙醇、异丙醇、二甲苯、乙酸丁酯、乙酸戊酯、三聚甲醛、吡啶等。

这类试剂要求单独存放于阴凉通风处，理想存放温度为-4～4℃。闪点在25℃以下的试剂，存放最高室温不得超过30℃，特别要注意远离火源。

（2）**剧毒类**　专指由消化道侵入极少量即能引起中毒致死的试剂。生物试验半致死量在50mg/kg以下者称为剧毒物品，如氰化钾、氰化钠及其他剧毒氰化物，三氧化二砷及其他剧毒砷化物，二氯化汞及其他极毒汞盐，硫酸二甲酯，某些生物碱和毒苷等。

这类试剂要置于阴凉干燥处，与酸类试剂隔离。应锁在专门的毒品柜中，建立双人登记签字领用制度。建立使用、消耗、废物处理等制度。皮肤有伤口时，禁止操作这类物质。

（3）**强腐蚀类**　指对人体皮肤、黏膜、眼、呼吸道和物品等有极强腐蚀性的液体和固体（包括蒸气），如发烟硫酸、硫酸、发烟硝酸、盐酸、氢氟酸、氢溴酸、氯磺酸、二氯化砜、一氯乙酸、甲酸、乙酸酐、氯化氧磷、五氧化二磷、无水三氯化铝、溴、氢氧化钠、氢氧化钾、硫化钠、苯酚、无水肼、水合肼等。

该类试剂应存放在阴凉通风处，并与其他药品隔离放置。应选用抗腐蚀性的材料，如耐酸水泥或耐酸陶瓷制成架子来放置这类药品。料架不宜过高，也不要放在高架上，最好放在地面靠墙处，以保证存放安全。

（4）**燃爆类**　此类试剂遇水反应十分猛烈，发生燃烧爆炸的有钾、钠、锂、钙、氢化锂铝、电石等。钾和钠应浸没在煤油中保存。试剂本身就是炸药或极易爆炸的有硝酸纤维、苦味酸、三硝基甲苯、三硝基苯、叠氮或重氮化合物、雷酸盐等，要轻拿轻放。与空气接触能发生强烈的氧化作用而引起燃烧的物质，如黄磷，应保存在水中，切割时也应在水中进行。引火点低，受热、冲击、摩擦或与氧化剂接触能急剧燃烧甚至爆炸的物质，有硫化磷、赤磷、镁粉、锌粉、铝粉、萘、樟脑等。

此类试剂要求存放室内温度不超过30℃，与易燃物、氧化剂均需隔离存放。料架用砖和水泥砌成，并有槽，槽内铺有消防砂。试剂置于砂中，加盖，一旦出事不致扩大事态。

（5）**强氧化剂类**　这类试剂是指过氧化物或含氧酸及其盐，在适当条件下会发生爆炸，并可与有机物、镁、铝、锌粉、硫等易燃固体形成爆炸混合物。这类物质中有的能与水起剧烈反应，如过氧化物遇水有发生爆炸的危险。属于此类的有硝酸铵、硝酸钾、硝酸钠、高氯酸、高氯酸钾、高氯酸钠、高氯酸镁或钡、铬酸酐、重铬酸铵、重铬酸钾及其他铬酸盐、高锰酸钾及其他高锰酸盐、氯酸钾或钠、氯酸钡、过硫酸铵及其他过硫酸盐、过氧化钠、过氧化钾、过氧化钡、过氧化二苯甲酰、过乙酸等。

此类试剂存放处要求阴凉通风，最高温度不得超过30℃。要与酸类以及木屑、炭粉、硫化物、糖类等易燃物、可燃物或易被氧化物（即还原性物质）等隔离，堆垛不宜过高过大，注意散热。

（6）放射性类　化验室一般没有放射性物质。化验操作这类物质需要特殊防护设备和知识，以保护人身安全，并防止放射性物质的污染与扩散。

2. 其他类试剂

（1）低温存放类　此类试剂需要低温存放才不至于聚合变质或发生其他事故。属于此类的有甲基丙烯酸甲酯、苯乙烯、丙烯腈、乙烯基乙炔及其他可聚合的单体、过氧化氢、氢氧化铵等。此类试剂应存放于10℃以下。

（2）贵重类　单价贵的特殊试剂、超纯试剂和稀有元素及其化合物均属于此类。这类试剂大部分为小包装，应与一般试剂分开存放，加强管理，建立领用制度。常见的有钯黑、氯化钯、氯化铂、铂、铱、铂石棉、氯化金、金粉、稀土元素等。

（3）指示剂与有机试剂类试剂　指示剂可按酸碱指示剂、氧化还原指示剂、配位滴定指示剂及荧光吸附指示剂分类排列。有机试剂可按分子中碳原子数目多少排列。

（4）见光易分解类　如 $AgNO_3$、$KMnO_4$、过氧化氢、草酸等见光易分解，应盛放在棕色瓶中，并置于暗处。

（5）易侵蚀玻璃类　易侵蚀玻璃而影响纯度的试剂，如氢氟酸、氟化钠、氟化钾、氟化铵、氢氧化钾等，应保存在塑料瓶或涂有石蜡的玻璃瓶中。

（6）强吸水性类　吸水性强的试剂，如无水碳酸钠、苛性碱、过氧化钠等应严格用蜡密封。

（7）特种试剂　如白磷要浸在水中保存。

（8）一般试剂　一般试剂分类存放于阴凉通风、温度低于30℃的柜内即可。

第二节　一般溶液的配制

在化学检验中，常要将试剂配制成所需浓度的溶液，如标准溶液和一般溶液，本节主要介绍一般溶液的配制。

一般溶液也称辅助试剂溶液，这类溶液的浓度不需严格准确，配制时试剂的质量可用托盘天平称量，体积可用量筒或量杯量取。在化学检验中，其浓度和用量不参与被测组分含量的计算，通常用作"条件"溶液，如控制酸度、指示终点、消除干扰、显色、配位等。按用途又可分为显色剂溶液、掩蔽剂溶液、缓冲溶液、萃取溶液、吸收液、底液、指示剂溶液、沉淀剂溶液、空白溶液等。

一般溶液配制中，常用浓度的表示方法有物质的量浓度、质量分数、质量浓度、体积分数及比例浓度等。

一、 一定质量分数溶液的配制

1. 质量分数

混合物中 B 物质的质量 m_B 或 $m(B)$（g）与混合物质量 m（g）之比称为物质 B 的质量分数，常用％表示，符号为 w_B 或 $w(B)$。

对于溶液，是溶质的质量与溶液的质量之比，即100g溶液中含有溶质的质量。

$$w(B) = \frac{溶质的质量（g）}{溶质的质量（g）+溶剂的质量（g）} \times 100\% \tag{7-1}$$

例如，市售硝酸的质量分数为65％，则表示在100g硝酸溶液中，含有65g HNO_3 和

35g 水。

质量分数也可以表示为小数，如上述硝酸的质量分数可表示为 0.65。

2. 用固体物质配制溶液

设欲配制溶液的质量为 $m(g)$，质量分数为 w_B，所需溶质的质量 $m_B(g)$ 应为

$$m_B = m w_B \tag{7-2}$$
$$溶剂的质量 = m - m_B \tag{7-3}$$

【例题 7-1】 配制 100g 质量分数为 20% 的 KI 溶液，需称取 KI 多少克？加水多少克？应如何配制？

解：已知 $m = 100g$，$w(KI) = 20\%$，则

$$m(KI) = 100 \times 20\% = 20(g)，溶剂的质量 = 100 - 20 = 80(g)$$

配制方法：

在托盘天平上称取 KI 20g 于烧杯中（称量方法见第二章第一节），用量筒加入 80mL 蒸馏水，搅拌至完全溶解，即得质量分数为 20% 的 KI 溶液。因 KI 见光易分解，易被空气中的氧氧化，必须现用现配，且储存在棕色试剂瓶中，贴上标签，备用。一般溶液标签的内容应包括名称、化学式、浓度、纯度、介质、配制日期或有效期、配制人及其他说明。

此例中溶剂是水，其密度近似为 1g/mL，可直接量取 80mL 水。如果溶剂的密度不是 1g/mL，则需进行换算。

溶液的配制方法，也可用箭头流程法。如上述 20%KI 溶液的配制方法可表示为：

3. 用液体试剂配制溶液

用液体试剂为溶质配制一定质量分数的溶液时，是将浓溶液配制成稀溶液。由于溶质和溶剂都是液体，所以要计算出量取溶质和溶剂的体积。计算的原则是，稀释前与稀释后溶质的质量相等。

设所取浓溶液中溶质的质量为 m_{B_1}，体积为 V_1，密度为 ρ_1，质量分数为 $w_1(B)$，则

$$m_{B_1} = V_1 \rho_1 w_1(B) \tag{7-4}$$

设配制的稀溶液中溶质的质量为 m_{B_2}，体积为 V_2，密度为 ρ_2，质量分数为 $w_2(B)$，则

$$m_{B_2} = V_2 \rho_2 w_2(B) \tag{7-5}$$

根据稀释定律，则有 $\qquad m_{B_1} = m_{B_2}$

即 $\qquad V_1 \rho_1 w_1(B) = V_2 \rho_2 w_2(B)$

$$V_1 = \frac{V_2 \rho_2 w_2(B)}{\rho_1 w_1(B)} \tag{7-6}$$

【例题 7-2】 欲配制 500mL 质量分数为 20% 的硝酸溶液（$\rho_2 = 1.115g/mL$），需质量分数为 67% 的浓硝酸（$\rho_1 = 1.40g/mL$）多少体积（mL）？加水多少体积（mL）？应如何配制？

解： $\qquad V_1 = \dfrac{V_2 \rho_2 w_2(B)}{\rho_1 w_1(B)} = \dfrac{500 \times 1.115 \times 20\%}{1.40 \times 67\%} = 118.9 \approx 119(mL)$

需加入水的体积为：$V_2 - V_1 = 500 - 119 = 381(mL)$

配制方法：

$$\xrightarrow[381\text{mL(量筒)}]{\text{蒸馏水}} \text{烧杯} \xrightarrow[119\text{mL(量筒)}]{\text{浓硝酸(搅拌下)}} \text{混合} \xrightarrow{\text{均匀}} \text{转移} \xrightarrow{} \text{棕色试剂瓶} \longrightarrow \text{贴标签} \longrightarrow \boxed{\begin{array}{c}\text{硝酸}\\ HNO_3\\ 20\%\\ \text{配制日期}\end{array}}$$

注意，硝酸见光易分解，也需储存在棕色试剂瓶中保存。

【例题 7-3】 需配制 500g 质量分数为 20% 的 HNO_3（$\rho_2 = 1.115\text{g/mL}$）溶液，需要 67% 的浓硝酸（$\rho_1 = 1.40\text{g/mL}$）多少体积（mL）？加水多少体积（mL）？

解：稀硝酸中含溶质的质量为 $m_2 = 500 \times 20\% = 100(\text{g})$

浓硝酸中溶质的质量为 $m_1 = V_1 \times 1.40 \times 67\% = 100(\text{g})$

需取浓硝酸的体积为 $V_1 = \dfrac{100}{1.40 \times 67\%} = 106.6 \approx 107(\text{mL})$

需加水的体积为 $500 - 107 \times 1.40 = 350\ (\text{g}) = 350(\text{mL})$

例题 7-2 与例题 7-3 既相似又不同。例 7-2 配制 500mL 溶液的质量为 $500 \times 1.115 = 558$（g）；例题 7-3 是配制 500g 溶液的体积为 $500 \div 1.115 = 448(\text{mL})$。

在实际中要注意它们的区别，不要混淆。

二、 一定质量浓度溶液的配制

1. 质量浓度

质量浓度 ρ_B 或 $\rho(B)$ 是组分 B 的质量与混合物的体积之比。在溶液中是指单位体积溶液中所含溶质的质量，常用的单位是 g/L、mg/mL、mg/L 或 μg/mL。

2. 溶液的配制

【例题 7-4】 配制 1L 质量浓度为 0.1g/L 的 Cu^{2+} 溶液，需称取胆矾 $CuSO_4 \cdot 5H_2O$ 多少质量（g）？应如何配制？已知 $M(CuSO_4 \cdot 5H_2O) = 249.68\text{g/mol}$，$M(Cu) = 63.54\text{g/mol}$。

解：设称取胆矾 $CuSO_4 \cdot 5H_2O$ 的质量为 $m(\text{g})$，则

$$0.1 \times 1 = m \times \frac{63.54}{249.68}$$

$$m = \frac{0.1 \times 1 \times 249.68}{63.54} = 0.4(\text{g})$$

配制方法：

$$\xrightarrow[\text{(托盘天平)}]{CuSO_4 \cdot 5H_2O\ 0.4\text{g}} \text{烧杯} \xrightarrow[\text{(少量)}]{\text{蒸馏水}} \text{溶解} \xrightarrow{\text{转移}} \underset{\text{(1000mL)}}{\text{试剂瓶}} \xrightarrow[\text{(蒸馏水)}]{\text{稀释}} 1000\text{mL} \xrightarrow{\text{摇匀}} \text{贴标签}$$

如果溶质是液体试剂，也应当用天平称取。

此浓度多用于浓度较低的溶液，如指示剂溶液等。

【例题 7-5】 用质量分数为 96% 的乙酸如何配制 500mL 质量浓度为 0.5g/L 的乙酸溶液？

解：设需要称取乙酸的质量为 $m(\text{g})$，则

$$m = \frac{0.5 \times 500}{1000 \times 96\%} = 0.26(\text{g})$$

配制方法：在 500mL 烧杯中加入 100mL 蒸馏水，在托盘天平上用小滴瓶以差减法称取 0.26g 乙酸，加入上述蒸馏水，搅拌均匀，转移到 500mL 试剂瓶中，用蒸馏水稀释至 500mL，摇匀，贴上标签。

三、　一定体积分数溶液的配制

1. 体积分数

体积分数 φ_B 或 $\varphi(B)$ 是物质 B 的体积（V_B）与混合物的体积（V）之比，可用百分数表示，也可以用小数表示。对于溶液，是溶质的体积（V_B）与溶液的体积（V）之比，即 100mL 溶液中含有溶质的体积（mL），则有

$$\varphi_B = \frac{V_B}{V} \times 100\% \tag{7-7}$$

此浓度多用于液体有机试剂或气体分析中。

2. 溶液的配制

【例题 7-6】用无水乙醇如何配制成 500mL 体积分数为 70% 的乙醇溶液？

解：所需乙醇体积为

$$500 \times 70\% = 350(\text{mL})$$

配制方法：用量筒量取 350mL 无水乙醇于 500mL 试剂瓶中，用蒸馏水稀释至 500mL，混匀，贴上标签。

四、　一定物质的量浓度溶液的配制

1. 物质的量浓度

单位体积溶液中所含溶质 B 的物质的量（n_B），称为物质 B 的物质的量浓度，简称为浓度，用 c_B 或 $c(B)$ 表示，单位是 mol/L。其数学表示式为：

$$c_B = \frac{n_B}{V} \tag{7-8}$$

2. 溶液的配制

配制这类溶液时，首先根据欲配制溶液的体积、浓度及溶质的摩尔质量，计算出溶液中所含溶质的质量。若是固体溶质，可直接称量；如果是液体溶质，则要根据液体的密度计算出相应的体积。配制中计算的依据是配制前后溶质的物质的量不变。

（1）用固体物质配制溶液　配制前固体物质 B 的物质的量（$\frac{m_B}{M_B}$）等于配制后溶液中溶质 B 的物质的量（$c_B V$），即：

$$\frac{m_B}{M_B} = c_B V \tag{7-9}$$

则配制体积为 V 的溶液时，应称取固体物质的质量为：

$$m_B = c_B V M_B \tag{7-10}$$

【例题 7-7】如何配制 $V=500\text{mL}$、$c(\frac{1}{6}K_2Cr_2O_7)=0.10\text{mol/L}$ 的 $K_2Cr_2O_7$ 溶液？已知 $M(\frac{1}{6}K_2Cr_2O_7)=49.03\text{g/mol}$。

解：应称取 $K_2Cr_2O_7$ 固体的质量为

$$m(K_2Cr_2O_7) = 0.1 \times 0.5 \times 49.03 = 2.45(\text{g})$$

配制方法：用托盘天平称取 2.45g $K_2Cr_2O_7$ 于烧杯中，加入适量蒸馏水，搅拌至完全溶解，用量筒加蒸馏水稀释至 500mL。因 $K_2Cr_2O_7$ 溶液有颜色，需转移到 500mL 棕色试剂瓶中，贴上标签，保存，备用。

（2）用液体试剂配制溶液　用液体试剂配制溶液是将浓溶液稀释成稀溶液，溶液稀释前后溶质 B 的物质的量不变。即

$$c_B(浓)V(浓)=c_B(稀)V(稀) \tag{7-11}$$

配制中应取浓溶液的体积为：

$$V(浓)=\frac{c_B(稀)V(稀)}{c_B(浓)} \tag{7-12}$$

【例题 7-8】 用密度 $\rho=1.84g/mL$、质量分数为 96％ 的浓硫酸，如何配制 500mL $c(H_2SO_4)=0.5mol/L$ 的 H_2SO_4 溶液？ $M(H_2SO_4)=98.08g/mol$。

解：设应取浓 H_2SO_4 溶液的体积为 $V(H_2SO_4)$，则

$$\frac{1.84\times1000\times96\%}{98.08}V(H_2SO_4)=0.5\times500\times10^{-3}$$

即　　　　$V(H_2SO_4)=\frac{98.08\times0.5\times500\times10^{-3}}{1.84\times1000\times96\%}=0.014(L)=14(mL)$

配制方法：用量筒量取 14mL 浓 H_2SO_4，在搅拌下缓慢注入约 200mL 蒸馏水中，冷却后移入 500mL 试剂瓶中，稀释至 500mL，摇匀，贴上标签。

五、 一定比例浓度溶液的配制

比例浓度表示法，即为过去非常熟悉且常用的 "$V_1:V_2$" 或 "V_1/V_2" 的表示法，现改为 "V_1+V_2" 的表示方法。

如 HCl(1+2)，即为 1 体积的浓 HCl 与 2 体积的 H_2O 相混合。苯＋乙酸乙酯 （3+7），表示 3 体积的苯与 7 体积的乙酸乙酯相混合。

同样，两种以上的特定溶液或两种特定溶液与 H_2O 按体积 V_1、V_2、$V_3\cdots$ 相混合的情况，可以表示为 $V_1+V_2+V_3+\cdots$ 的形式。如 $H_2SO_4+H_3PO_4+H_2O$ （1.5+1.5+7），即 1.5 体积的浓 H_2SO_4、1.5 体积的浓 H_3PO_4 与 7 体积的水按比例要求混合。而不能用 $H_2SO_4:H_3PO_4:H_2O$ （1.5:1.5:7） 的表示法。

应注意，一种特定溶液与水混合时，可不必注明水，如 HCl(1+2)。若两种以上特定溶液与水相混合时，必须注明水。

物质 B 的体积分数 φ_B 与以 "V_1+V_2" 表示的浓度，尽管都是以体积比为基础，但是前者是溶质体积与溶液体积比，后者是溶质的体积与溶剂的体积之比，要注意两者的区别。

例如，$\varphi(H_2SO_4)=50\%$ 与 (1+1)H_2SO_4 溶液，前者考虑总体积，即 100mL 溶液中含有浓 H_2SO_4 50mL。后者不考虑最后总体积，只要将 50mL 浓 H_2SO_4 与 50mL H_2O 相混合，不管总体积是不是 100mL。对有些溶液来说，两种溶液相混合时，总体积与两种混合的溶液体积总和不相等，如乙醇的水溶液。

注意，"V_1+V_2" 表示形式常用于较浓的溶液，φ_B 常用于较稀的溶液。

与上述相似，两种或两种以上固体试剂，按一定质量比例相混合配制成混合固体试剂时，也可以采用 $m_1+m_2+m_3+\cdots$ 的表示形式。如 $Na_2O_2+Na_2CO_3$(2+1)，即表示 2 份质量的 Na_2O_2 与 1 份质量的 Na_2CO_3 相混合，而不可用 "$Na_2O_2:Na_2CO_3$ （2:1）" 的表示形式。

第三节　标准溶液的配制

一、 标准溶液和基准物质

标准溶液是已知准确浓度的溶液，是滴定分析中测定物质纯度及杂质含量和仪器分析中

绘制标准曲线等必不可少的溶液。标准溶液浓度一般要求准确至四位有效数字，例如 0.2432mol/L 的盐酸标准溶液，0.01546mol/L 的 EDTA 标准溶液等。国家标准 GB/T 601—2016 对标准溶液的配制作了详细严格的规定，工作中必须严格执行。

标准溶液的配制方法有两种，即直接法和标定法。能用于直接配制标准溶液或标定溶液准确浓度的物质称为基准物质，基准物质必须具备以下条件。

（1）组成与化学式严格相符。若含结晶水，其结晶水的实际含量也应与化学式严格相符，如 $Na_2B_4O_7 \cdot 10H_2O$。

（2）纯度足够高，一般要求纯度≥99.9%。分析纯、优级纯及基准试剂可满足此条件。

（3）性质稳定，见光或干燥时不分解，称量时不吸潮，放置时不变质等。浓 HCl、NaOH、$KMnO_4$、$Na_2S_2O_3$、I_2、NH_4SCN、$AgNO_3$ 等不能满足此条件。

（4）参加反应时，按反应式定量进行反应，不发生副反应。

（5）摩尔质量较大，以减少称量误差。

（6）易溶解。

基准试剂及满足上述条件的优级纯和分析纯，可作为基准物质。基准物质在储存中会吸潮，吸收二氧化碳等。因此，使用前必须在规定的条件下进行干燥（烘干或灼烧）处理。常用基准物质的干燥条件及应用见表 7-4。

表 7-4 常用基准物质的干燥条件及应用

基准物质		干燥后的组成	干燥条件/℃	标定对象
名称	化学式			
碳酸氢钠	$NaHCO_3$	Na_2CO_3	270~300	酸
十水合碳酸钠	$Na_2CO_3 \cdot 10H_2O$	Na_2CO_3	270~300	酸
硼砂	$Na_2B_4O_7 \cdot 10H_2O$	$Na_2B_4O_7$	放在含 NaCl 和蔗糖饱和溶液的干燥器中	酸
碳酸氢钾	$KHCO_3$	K_2CO_3	270~300	酸
二水合草酸	$H_2C_2O_4 \cdot 2H_2O$	$H_2C_2O_4$	室温空气干燥	碱或 $KMnO_4$
邻苯二甲酸氢钾	$KHC_8H_4O_4$	$KHC_8H_4O_4$	110~120	碱
重铬酸钾	$K_2Cr_2O_7$	$K_2Cr_2O_7$	120	还原剂
溴酸钾	$KBrO_3$	$KBrO_3$	130	还原剂
碘酸钾	KIO_3	KIO_3	130	还原剂
铜	Cu	Cu	室温干燥器中保存	还原剂
三氧化二砷	As_2O_3	As_2O_3	室温干燥器中保存	氧化剂
草酸钠	$Na_2C_2O_4$	$Na_2C_2O_4$	130	氧化剂
碳酸钙	$CaCO_3$	$CaCO_3$	110	EDTA
锌	Zn	Zn	室温干燥器中保存	EDTA
氧化锌	ZnO	ZnO	800	EDTA
氯化钠	NaCl	NaCl	500~600	$AgNO_3$
氯化钾	KCl	KCl	500~600	$AgNO_3$
硝酸银	$AgNO_3$	$AgNO_3$	280~290	氯化物

二、标准溶液的配制方法

（一）直接法

在电子天平上准确称取一定量基准物质，溶解后定量转移到已校准过的一定体积的容量瓶中，加水稀释至刻度，摇匀即可。根据称得的基准物质的质量和容量瓶的体积，即可计算标准溶液的准确浓度。电子天平及容量瓶的准备及使用方法要求分别见第二章第二节和第四章第三节。

【例题 7-9】 应如何配制 $500mL$ $c(\frac{1}{6}K_2Cr_2O_7) = 0.1000mol/L$ 的 $K_2Cr_2O_7$ 标准溶液？

已知 $M(\frac{1}{6}K_2Cr_2O_7)=49.03g/mol$。

解：计算应称取 $K_2Cr_2O_7$ 固体的质量

$$m(K_2Cr_2O_7)=0.1000\times\frac{500.00}{1000}\times49.03=2.4515(g)$$

配制方法：在电子天平上，准确称取 2.4515g 于 120℃下干燥至恒重的 $K_2Cr_2O_7$ 基准物质于烧杯中，加适量蒸馏水，搅拌至完全溶解，定量转移到已校准过的 500mL 容量瓶中，加水稀释至刻度，摇匀，并转移到干燥洁净的 500mL 棕色试剂瓶中，贴上标签，备用。

注意：例题 7-9 与例题 7-7 相似，差别是精度不同。此处配制的是标准溶液，必须用基准物质，在电子天平上称准至 0.1mg，并用容积准确且校正过的容量瓶量取溶液体积。

（二）标定法

对不能满足基准物质所有条件［条件（5）除外］的物质，则不可用直接法配制标准溶液，必须用标定法配制标准溶液。

1. 标准溶液的配制

用标定法配制标准溶液时，先用优级纯或分析纯试剂，以一般固体溶液的配制方法，配制成所需近似浓度的溶液，但配制溶液的浓度与所需溶液浓度相差不得超过±5％。

2. 标准溶液的标定

用基准物质测定上述溶液准确浓度的过程称为标定。或者用另一种标准溶液测定所配标准溶液的准确浓度，此过程称为比较标定。用基准物质标定时，所经历的步骤少，引进误差的机会小，其准确度较比较法要高。

（1）用基准物质标定标准溶液

① 按第二章第二节的方法及要求，在电子天平以差减称量法，准确称取一定量基准物质（T）于锥形瓶中。

② 用蒸馏水润洗锥形瓶内壁，加蒸馏水稀释至 $80\sim100mL$，摇动锥形瓶至基准物质完全溶解；加入适量、适宜的指示剂，摇匀。

③ 将被标定的溶液 A 装入滴定管中，滴定锥形瓶中基准物质溶液至终点，根据称取基准物质的质量 $m(T)$、滴定所消耗被标定溶液的体积 $V(A)$、滴定时反应中的计量关系，计算此标准溶液的准确浓度。

例如，设标定时的滴定反应为：

$$aA+tT\Longrightarrow cC+dD \tag{7-13}$$

根据滴定反应得 $\frac{n(A)}{n(T)}=\frac{a}{t}$ 即 $n(\frac{1}{a}A)=n(\frac{1}{t}T)$

因为 $\qquad n(\frac{1}{a}A)=c(\frac{1}{a}A)V(A),n(\frac{1}{t}T)=\frac{m(T)}{M(\frac{1}{t}T)}$

所以 $\qquad c(\frac{1}{a}A)V(A)=\frac{m(T)}{M(\frac{1}{t}T)}$

则被标定溶液 A 的浓度为 $\qquad c(\frac{1}{a}A)=\frac{m(T)}{M(\frac{1}{t}T)V(A)}$ $\tag{7-14}$

为了消除试剂误差，标定时常要做空白试验，设空白试验消耗被标定的溶液 A 的体积为 V_0，式（7-14）应写成：

$$c(\frac{1}{a}\mathrm{A}) = \frac{m(\mathrm{T})}{M(\frac{1}{t}\mathrm{T})[V(\mathrm{A}) - V_0]} \tag{7-15}$$

（2）比较标定法　用移液管准确吸取一定量已知准确浓度为 $c(\mathrm{B})$ 的标准溶液 B，用被标定的溶液 A 进行滴定，根据所取溶液 B 的体积 $V(\mathrm{B})$ 及其浓度为 $c(\mathrm{B})$ 和滴定消耗溶液 A 的体积 $V(\mathrm{A})$，即可计算被标定溶液 A 的准确浓度 $c(\mathrm{A})$。

若该滴定反应为：

$$a\mathrm{A} + b\mathrm{B} \Longleftrightarrow c\mathrm{C} + d\mathrm{D} \tag{7-16}$$

根据上述滴定反应可得　　$c(\frac{1}{a}\mathrm{A})V(\mathrm{A}) = c(\frac{1}{b}\mathrm{B})V(\mathrm{B}) \tag{7-17}$

则被标定溶液 A 的浓度为　　$c(\frac{1}{a}\mathrm{A}) = \dfrac{c(\frac{1}{b}\mathrm{B})V(\mathrm{B})}{V(\mathrm{A})} \tag{7-18}$

滴定分析中标准溶液的配制及标定方法见化学分析与电化学分析技术及应用分册的第二章至第五章，微量分析中标准系列溶液的配制见仪器分析各分册。

（3）滴定度及其与物质的量浓度的换算

① 滴定度。滴定度是指每毫升标准溶液 A 相当于被测物质 B 的质量（g），以符号 $T_{被测物/滴定剂}$ 表示。例如，用 HCl 标准溶液滴定 Na_2CO_3 时，若 1mL HCl 标准溶液可与 0.01060g Na_2CO_3 完全中和，则 HCl 标准溶液对 Na_2CO_3 的滴定度可表示为：$T_{Na_2CO_3/HCl} = 0.01060\mathrm{g/mL}$。可见，滴定度乘以滴定消耗的标准溶液的体积，即为被测物质的质量。此法计算简便，常在化验室中固定分析某一样品时用。

② 物质的量浓度与滴定度的换算。在化学检验中是先配制成物质的量浓度溶液，再将溶液的物质的量浓度换算成滴定度。若标准溶液 A 与被测物质 B 的滴定反应为式（7-16）所示，则物质的量浓度与滴定度间的换算公式为：

$$T_{\mathrm{B/A}} = c(\frac{1}{a}\mathrm{A})M(\frac{1}{b}\mathrm{B}) \times 10^{-3} \tag{7-19}$$

【例题 7-10】　已知 $c(\frac{1}{6}\mathrm{K_2Cr_2O_7}) = 0.1200\mathrm{mol/L}$，求 $T_{\mathrm{Fe^{2+}/K_2Cr_2O_7}}$。$M(\mathrm{Fe}) = 55.85\mathrm{g/mol}$。

解：滴定反应为

$$\mathrm{Cr_2O_7^{2-}} + 6\mathrm{Fe^{2+}} + 14\mathrm{H^+} \Longleftrightarrow 2\mathrm{Cr^{3+}} + 6\mathrm{Fe^{3+}} + 7\mathrm{H_2O}$$

$$T_{\mathrm{Fe^{2+}/K_2Cr_2O_7}} = c(\frac{1}{6}\mathrm{K_2Cr_2O_7})\ M(\mathrm{Fe^{2+}}) \times 10^{-3}$$

$$T_{\mathrm{Fe^{2+}/K_2Cr_2O_7}} = 0.1200 \times 55.85 \times 10^{-3} = 0.006702\mathrm{g/mL}$$

第四节　常用指示剂的配制

指示剂溶液属于一般溶液，不需要准确配制，常用质量浓度表示，单位为 g/L。

一、酸碱指示剂溶液的配制

常用酸碱指示剂及混合指示剂溶液的配制方法分别见表 7-5 和表 7-6。表中所列乙醇的体积分数，除特别注明外，均为 95%。

表 7-5 常用酸碱指示剂

名称	变色范围(pH)	颜色变化	溶液配制方法
甲基紫	0.13~0.50(第一次变色)	黄~绿	0.5g/L 水溶液
	1.0~1.5(第二次变色)	绿~蓝	
	2.0~3.0(第三次变色)	蓝~紫	
百里酚蓝	1.2~2.8(第一次变色)	红~黄	1g/L 乙醇溶液
甲酚红	0.12~1.8(第一次变色)	红~黄	1g/L 乙醇溶液
甲基黄	2.9~4.0	红~黄	1g/L 乙醇溶液
甲基橙	3.1~4.4	红~黄	1g/L 水溶液
溴酚蓝	3.0~4.6	黄~紫	0.4g/L 乙醇溶液
刚果红	3.0~5.2	蓝紫~红	1g/L 水溶液
溴甲酚绿	3.8~5.4	黄~蓝	1g/L 乙醇溶液
甲基红	4.4~6.2	红~黄	1g/L 乙醇溶液
溴酚红	5.0~6.8	黄~红	1g/L 乙醇溶液
溴甲酚紫	5.2~6.8	黄~紫	1g/L 乙醇溶液
溴百里酚蓝	6.0~7.6	黄~蓝	1g/L 乙醇[50%(体积分数)溶液]
中性红	6.8~8.0	红~亮黄	1g/L 乙醇溶液
酚红	6.4~8.2	黄~红	1g/L 乙醇溶液
甲酚红	7.0~8.8	黄~紫红	1g/L 乙醇溶液
百里酚蓝	8.0~9.6(第二次变色)	黄~蓝	1g/L 乙醇溶液
酚酞	8.2~10.0	无~红	1g/L 乙醇溶液
百里酚酞	9.4~10.6	无~蓝	1g/L 乙醇溶液

表 7-6 常用酸碱混合指示剂

名称	变色点	颜色 酸色	颜色 碱色	配制方法	备注
甲基橙-靛蓝(二磺酸)	4.1	紫	绿	1份 1g/L 甲基橙水溶液 1份 2.5g/L 靛蓝(二磺酸)水溶液	
溴百里酚绿-甲基橙	4.3	黄	蓝绿	1份 1g/L 溴百里酚绿钠盐水溶液 1份 2g/L 甲基橙水溶液	pH=3.5 黄 pH=4.05 绿黄 pH=4.3 浅绿
溴甲酚绿-甲基红	5.1	酒江	绿	3份 1g/L 溴甲酚绿乙醇溶液 1份 2g/L 甲基红乙醇溶液	
甲基红-次甲基蓝	5.4	红紫	绿	2份 1g/L 甲基红乙醇溶液 1份 1g/L 次甲基蓝乙醇溶液	pH=5.2 红紫 pH=5.4 暗蓝 pH=5.6 绿
溴甲酚绿-氯酚红	6.1	黄绿	蓝紫	1份 1g/L 溴甲酚绿钠盐水溶液 1份 1g/L 氯酚红钠盐水溶液	pH=5.8 蓝 pH=6.2 蓝紫
溴甲酚紫-溴百里酚蓝	6.7	黄	蓝紫	1份 1g/L 溴甲酚紫钠盐水溶液 1份 1g/L 溴百里酚蓝钠盐水溶液	
中性红-次甲基蓝	7.0	紫蓝	绿	1份 1g/L 中性红乙醇溶液 1份 1g/L 次甲基蓝乙醇溶液	pH=7.0 蓝紫
溴百里酚蓝-酚红	7.5	黄	紫	1份 1g/L 溴百里酚蓝钠盐水溶液 1份 1g/L 酚红钠盐水溶液	pH=7.2 暗绿 pH=7.4 淡紫 pH=7.6 深紫
甲酚红-百里酚蓝	8.3	黄	紫	1份 1g/L 甲酚红钠盐水溶液 3份 1g/L 百里酚蓝钠盐水溶液	pH=8.2 玫瑰 pH=8.4 紫
百里酚蓝-酚酞	9.0	黄	紫	1份 1g/L 百里酚蓝乙醇溶液 3份 1g/L 酚酞乙醇溶液	
酚酞-百里酚酞	9.9	无	紫	1份 1g/L 酚酞乙醇溶液 1份 1g/L 百里酚酞乙醇溶液	pH=9.6 玫瑰 pH=10 紫

二、 金属指示剂溶液的配制

常用金属指示剂溶液的配制方法见表 7-7。

表 7-7　常用金属指示剂溶液的配制方法

名称	颜色		配制方法
	化合物	游离态	
铬黑 T(EBT)	红	蓝	①称取 0.50g 铬黑 T 和 2.0g 盐酸羟胺,溶于乙醇,用乙醇稀释至 100mL,使用前制备。 ②将 1.0g 铬黑 T 与 100.0gNaCl 研细,混匀
二甲酚橙(XO)	红	黄	2g/L 水溶液(去离子水)
钙指示剂	酒红	蓝	0.50g 钙指示剂与 100.0gNaCl 研细,混匀
紫脲酸铵	黄	紫	1.0g 紫脲酸铵与 200.0gNaCl 研细,混匀
K-B 指示剂	红	蓝	0.50g 酸性铬蓝 K 加 1.250g 萘酚绿 B,再加 25.0g K_2SO_4 研细,混匀
磺基水杨酸	红	无	10g/L 水溶液
PAN	红	黄	2g/L 乙醇溶液
Cu-PAN(CuY+PAN)	Cu-PAN 红	CuY-PAN 浅绿	0.05mol/L Cu^{2+} 溶液 10mL,加 pH=5～6 的 HAC 缓冲溶液 5mL,1 滴 PAN 指示剂,加热至 60℃ 左右,用 EDTA 滴至绿色,得到约 0.025mol/L 的 CuY 溶液。使用时取 2～3mL 于试液中,再加数滴 PAN 溶液

三、 氧化还原滴定指示剂溶液的配制

常用氧化还原滴定指示剂溶液的配制方法见表 7-8。

表 7-8　常用氧化还原滴定指示剂溶液的配制方法

名称	标准电位	颜色		配制方法
	V	氧化态	还原态	
二苯胺	0.76	紫	无	1g 二苯胺在搅拌下溶于 100mL 浓硫酸中
二苯胺磺酸钠	0.85	紫	无	5g/L 水溶液
邻菲罗啉-Fe(Ⅱ)	1.06	淡蓝	红	0.5g $FeSO_4 \cdot 7H_2O$ 溶于 100mL 水中,加 2 滴硫酸,再加 0.5g 邻菲罗啉
邻苯氨基苯甲酸	1.08	紫红	无	0.2g 邻苯氨基苯甲酸,加热溶解在 100mL 0.2% Na_2CO_3 溶液中,必要时过滤
硝基邻二氮菲-Fe(Ⅱ)	1.25	淡蓝	紫红	1.7g 硝基邻二氮菲溶于 100mL 0.025mol/L Fe^{2+} 溶液中
淀粉				1g 可溶性淀粉加少许水调成糊状,在搅拌下注入 100mL 沸水中,微沸 2min,放置,取上层清液使用(若要保持稳定,可在研磨淀粉时加 1mg HgI_2)

四、 沉淀滴定指示剂溶液的配制

常用沉淀滴定指示剂溶液的配制方法见表 7-9。

表 7-9　常用沉淀滴定指示剂溶液的配制方法

名称	颜色变化		配制方法
铬酸钾	黄	砖红	5g K_2CrO_4 溶于水,稀释至 100mL
硫酸铁铵	无	血红	40g $NH_4Fe(SO_4)_2 \cdot 12H_2O$ 溶于水,加几滴硫酸,用水稀释至 100mL
荧光黄	绿色荧光	玫瑰红	0.5g 荧光黄溶于乙醇,用乙醇稀释至 100mL
二氯荧光黄	绿色荧光	玫瑰红	0.1g 二氯荧光黄溶于乙醇,用乙醇稀释至 100mL
曙红	黄	玫瑰红	0.5g 曙红钠盐溶于水,稀释至 100mL

五、 常用化学检验试纸溶液的配制

1. 淀粉-碘化钾试纸

在 100mL 新配制的淀粉溶液（10g/L）中，加 0.2g KI，将无灰滤纸放入该溶液中浸透，取出于暗处晾干，剪成条状，保存于密闭的棕色瓶中。此试纸遇氧化剂时变蓝，用于检查卤素、臭氧、次氯酸、过氧化氢等氧化剂。

2. 溴化汞试纸

称取 1.25g $HgBr_2$，溶于 25mL 乙醇中，将滤纸浸入其中，1h 后取出，于暗处晾干，保存于密闭的棕色瓶中。此试纸遇 AsH_3 时显黄色。

3. 乙酸铅试纸

将滤纸浸入 50g/L 的乙酸铅溶液中，取出在无 H_2S 的气氛中晾干，保存于密闭的棕色瓶中。此试纸用于检验 H_2S，遇 H_2S 变成黑色。

4. 刚果红试纸

称取 0.5g 刚果红溶于 1L 水中，加 5 滴乙酸，微热，将滤纸浸透后取出晾干。此滤纸遇酸变蓝。

5. 石蕊试纸

先用热乙醇处理市售的石蕊，以除去夹杂的红色素。取一份处理后的石蕊，加六份水浸煮，并不断搅拌。滤出不溶物，将滤液分成两份：一份加稀 H_2SO_4（或稀 H_3PO_4）至石蕊变红；另一份加稀 NaOH 至石蕊变蓝色。分别用这两种溶液浸透滤纸，并在避光、没有酸碱蒸气的环境中晾干，密闭保存。此试纸用于检验酸或碱，蓝色试纸遇酸变红；红色试纸遇碱变蓝。

六、 洗涤剂溶液的配制

1. 常用洗涤剂及使用范围

化验室常用去污粉、洗衣粉、洗涤剂、洗液、稀盐酸-乙醇、有机溶剂等洗涤玻璃仪器。对于水溶性污物，一般可以直接用自来水冲洗干净后，再用蒸馏水洗三次即可。对于沾有污物用水洗不掉时，要根据污物的性质，选用不同的洗涤剂。

（1）肥皂、皂液、去污粉、洗衣粉 用于毛刷直接刷洗的仪器，如烧杯、锥形瓶、试剂瓶等形状简单的仪器。毛刷可以刷洗的仪器，大部分是分析检验中用的非计量仪器。

（2）酸性或碱性洗液 多用于不便用毛刷或不能用毛刷洗刷的仪器，如滴定管、移液管、容量瓶、比色管、比色皿等和计量有关的仪器。如油污可用无铬洗液、铬酸洗液、碱性高锰酸钾洗液及丙酮、乙醇等有机溶剂。碱性物质及大多数无机盐类可用 HCl(1+1) 洗液。$KMnO_4$ 沾污留下的 MnO_2 污物可用草酸洗液洗净，而 $AgNO_3$ 留下的黑褐色 Ag_2O，可用碘化钾洗液洗净。

（3）有机溶剂 针对污物的类型不同，可选用不同的有机溶剂洗涤，如甲苯、二甲苯、氯仿、酯、汽油等。如果要除去洗净仪器上所带的水分，可用乙醇、丙酮，最后再用乙醚。

2. 常用洗液的配制方法

（1）铬酸洗液 20g $K_2Cr_2O_7$（工业纯）溶于 40mL 热水中，冷却后在搅拌下缓慢加入 360mL 浓的工业硫酸，冷却后移入试剂瓶中，盖塞保存。

新配制的铬酸洗液呈暗红色油状液，具有极强氧化力、腐蚀性、去除油污效果。使用过程应避免稀释，防止对衣物、皮肤腐蚀。$K_2Cr_2O_7$ 是致癌物，对铬酸洗液的毒性应当重视，尽量少用、少排放。当洗液呈黄绿色时，表明已经失效，应回收后统一处理，不得任意排放。

（2）碱性高锰酸钾洗液 4g $KMnO_4$ 溶于 80mL 水中，加入 40％NaOH 溶液至 100mL。高锰酸钾洗液有很强的氧化性，此洗液可清洗油污及有机物。析出的 MnO_2 可用草酸、浓盐酸、盐酸羟胺等还原剂除去。

（3）碱性乙醇洗液 2.5g KOH 溶于少量水中，再用乙醇稀释至 100mL 或 120g NaOH 溶液于 150mL 水中用 95％乙醇稀释至 1L，主要用于去除油污及某些有机物沾污。

（4）盐酸-乙醇洗液 盐酸和乙醇按 1＋1 体积比混合，是还原性强酸洗液，适用于洗去多种金属离子的沾污。比色皿常用此洗液洗涤。

（5）乙醇-硝酸洗液 对难于洗净的少量残留有机物，可先于容器中加入 2mL 乙醇，再加 10mL 浓 HNO_3，在通风柜中静置片刻，待激烈反应放出大量 NO_2 后，用水冲洗。注意用时混合，并注意安全操作。

（6）纯酸洗液 用盐酸(1＋1)、硫酸(1＋1)、硝酸(1＋1)或等体积浓硝酸＋浓硫酸均能配制，用于清洗碱性物质沾污或无机物沾污。

（7）草酸洗液 5～10g 草酸溶于 100mL 水中，再加入少量浓盐酸。草酸洗液对除去 MnO_2 沾污有效。

（8）碘-碘化钾洗液 1g 碘和 2g KI 溶于水中，加水稀释至 100mL，用于洗涤 $AgNO_3$ 沾污的器皿和白瓷水槽。

（9）有机溶剂 有机溶剂如丙酮、苯、乙醚、二氯乙烷等，可洗去油污及可溶于溶剂的有机物。使用这类溶剂时，注意其毒性及可燃性。有机溶剂价格较高，毒性较大。较大的器皿沾有大量有机物时，可先用废纸擦净，尽量采用碱性洗液或合成洗涤剂洗涤。只有无法使用毛刷洗刷的小型或特殊的器皿才用有机溶剂洗涤，如活塞内孔和滴定管夹头等。

（10）合成洗涤剂 高效、低毒，既能溶解油污，又能溶于水，对玻璃器皿的腐蚀性小，不会损坏玻璃，是洗涤玻璃器皿的最佳选择。

第五节 缓冲溶液的配制

一、普通缓冲溶液的配制

普通缓冲溶液，不需要准确配制。常用普通缓冲溶液的配制方法见表 7-10。

表 7-10 常用普通缓冲溶液的配制方法

缓冲溶液组成	pK_a	缓冲液 pH	缓冲溶液配制方法
氨基乙酸-HCl	2.35(pK_{a_1})	2.3	取氨基乙酸 150g 溶于 500mL 水中后，加浓 HCl 80mL，再用水稀释至 1L
H_3PO_4-柠檬酸盐		2.5	取 $Na_2HPO_4 \cdot 12H_2O$ 113g 溶于 200mL 水中，加柠檬酸 387g，溶解，过滤后，稀释至 1L
一氯乙酸-NaOH	2.86	2.8	取 200g 一氯乙酸溶于 200mL 水中，加 NaOH 40g，溶解后，稀释至 1L
邻苯二甲酸氢钾-HCl	2.95(pK_{a_1})	2.9	取 500g 邻苯二甲酸氢钾溶于 500mL 水中，加浓 HCl 80mL，稀释至 1L
甲酸-NaOH	3.76	3.7	取 95g 甲酸和 NaOH 40g 于 500mL 水中，溶解，稀释至 1L
NH_4Ac-HAc		4.5	取 NH_4Ac 77g 溶于 200mL 水中，加冰醋酸 59mL，稀释至 1L
NaAc-HAc	4.74	4.7	取无水 NaAc 83g 溶于水中，加冰醋酸 60mL，稀释至 1L
NH_4Ac-HAc		5.0	取 NH_4Ac 250g 溶于水中，加冰醋酸 25mL，稀释至 1L

缓冲溶液组成	pK_a	缓冲液 pH	缓冲溶液配制方法
六亚甲基四胺-HCl	5.15	5.4	取六亚甲基四胺 40g 溶于 200mL 水中,加浓 HCl 10mL,稀释至 1L
NH₄Ac-HAc		6.0	取 NH₄Ac 600g 溶于水中,加冰醋酸 20mL,稀释至 1L
NaAc-Na₂HPO₄		8.0	取无水 NaAc 50g 和 Na₂HPO₄·12H₂O 50g,溶于水中,稀释至 1L
Tris-HCl[三羟甲基氨甲烷 CNH₂≡(HOCH₃)₃]	8.21	8.2	取 25g Tris 试剂溶于水中,加浓 HCl 8mL,稀释至 1L
NH₃-NH₄Cl	9.26	9.2	取 NH₄Cl 54g 溶于水中,加浓氨水 63mL,稀释至 1L
NH₃-NH₄Cl	9.26	9.5	取 NH₄Cl 54g 溶于水中,加浓氨水 126mL,稀释至 1L
NH₃-NH₄Cl	9.29	10.0	取 NH₄Cl 54g 溶于水中,加浓氨水 350mL,稀释至 1L

二、 pH 标准缓冲溶液的配制

标准缓冲溶液需要准确配制。常用标准缓冲溶液的配制方法见表 7-11。

表 7-11　常用标准缓冲溶液的配制方法

温度 /℃	0.05mol/L 四草酸氢钾	25℃饱和酒石酸氢钾	0.05mol/L 邻苯二甲酸氢钾	0.025mol/L 磷酸二氢钾＋ 0.025mol/L 磷酸氢二钠	0.01mol/L 硼砂	25℃饱和 Ca(OH)₂
0	1.668	—	4.006	6.981	9.458	13.416
5	1.669	—	3.999	6.949	9.391	13.210
10	1.671	—	3.996	6.921	9.330	13.011
15	1.673	—	3.996	6.898	9.276	12.820
20	1.676	—	3.998	6.879	9.226	12.637
25	1.680	3.559	4.003	6.864	9.182	12.460
30	1.684	3.551	4.010	6.852	9.142	12.292
35	1.688	3.547	4.019	6.844	9.105	12.130
40	1.694	3.547	4.029	6.838	9.072	11.975
50	1.706	3.555	4.055	6.833	9.015	11.697
60	1.721	3.573	4.087	6.837	8.968	11.426

第八章 试样的采集与处理

第一节 采样的基本知识

一、 采样及原则

采样是从被检测的总体物料中取得具有代表性的样品。

1. 采样的目的

（1）技术方面　确定原材料、半成品及成品的质量；控制生产工艺过程；鉴定未知物；确定污染物的性质、程度和来源；验证物料的特性；测定物料随时间、环境的变化及鉴定物料的来源等。

（2）安全方面　确定物料是否安全或确定其危险程度；分析发生事故的原因；按危险程度对物料进行分类等。

（3）商业方面　确定销售价格；验证是否符合合同规定；保证产品销售质量；满足用户要求等。

（4）法律方面　检查物料是否符合法令要求；检查生产过程中泄露的有害物质是否超过允许极限；法庭调查；确定法律责任；进行仲裁等。

2. 采样的要求

（1）对于均匀的物料，可以在物料的任意部位进行采样；非均匀的物料应随机采样，对所得的样品分别进行测定再汇总所有样品的分析检测结果，可以得到总体物料特性的平均值和变异性的估计量。

（2）采样过程中要保持原有的理化指标，防止成分逸散和带进任何杂质引起物料的变化（如氧化、吸水等）。

（3）采集的样品必须均匀有代表性，能够反映全部被检产品的组成、质量等整体水平。

（4）样品采集要有针对性，采集有问题的典型样品。

（5）对某些样品的采集要考虑时效性，如食品采集，要为食品安全卫生提供保障。

（6）样品的处理尽量简单易行，处理装置大小适宜。

（7）采样方法必须与分析目的保持一致。

（8）要认真填写采样记录。

二、 采样常用术语

采样常用术语参考 GB/T 4650—2012《工业用化学产品　采样词汇》。

（1）总体　研究对象的全体。

（2）采样　从总体中取出具有代表性样品的操作。

（3）采样单元　具有界限的一定数量的物料。其界限可以是有形的，如一个容器，也可以是设想的，如物料流的某一具体时间或间隔时间。

（4）份样 用采样器从一个采样单元中一次取得的一定量的物料。

（5）样品 从数量较大的采样单元中取得的一个或几个采样单元，或从一个采样单元中取得的一个或几个分样。

（6）原始平均试样 合并所有采样的分样（子样）。

（7）实验室样品 为送往实验室供检验或测试而采集或制备的样品。

（8）保存样品（备考样品） 与实验室样品同时、同样采集制备的、日后有可能用作实验室样品中的样品。

（9）代表样品 一种与被采物料有相同组成的样品，而此物料被认为是完全均匀的。

（10）试样 由实验室样品制备的从中抽取试料的样品。

（11）试料 用以进行检验或观测的所取得的一定量的试样。

（12）子样 在规定的采样点采取的规定量的物料，用于提供关于总体的信息。

（13）子样的数目 在一个采集对象中应该布置的取样点的个数。

（14）总样 合并所有的子样。

（15）部位样品 在物料的特定部位或间隔取得的样品。

（16）表面样品 在物料表面取得的样品。

三、 采样的单元数、 单元位置及采样数量

1. 抽样方式

（1）随机抽样 当对被测对象知之甚少时，应采取随机抽样方式，而且抽样单元数要尽可能多一些。

（2）系统抽样 若已基本了解被测对象空间与时间的变化规律时，可采用系统抽样，抽样单元数可明显减少。

（3）指定代表性抽样 当已知被测物质的均匀性良好时，可抽取少量指定代表性样品。

2. 采样单元数

（1）对于总体物料的单元数小于 500 的，按表 8-1 来确定采样单元数。

表 8-1 采样单元数的选取

总体物料的单元数	选取的最少单元数	总体物料的单元数	选取的最少单元数
1～10	全部单元	182～216	18
11～49	11	217～254	19
50～64	12	255～296	20
65～81	13	297～343	21
82～101	14	344～394	22
102～125	15	395～450	23
126～151	16	451～512	24
152～181	17		

（2）对于总体物料的单元数大于 500 的，按式（8-1）计算采样单元数。

$$n = 3 \times \sqrt[3]{N} \tag{8-1}$$

式中 n——采样单元数；

N——物料总体单元数。

3. 采样单元位置

国标或行业的产品标准中规定，随机抽（采）取 x 包（桶）样品，总采样量为 xg。"随机"不是"随便"，有三种方式规定了随机方法：

（1）利用随机数骰子进行随机确定抽样单元的位置；

（2）利用随机数表进行随机确定抽样单元的位置；

（3）利用电子随机数抽样器进行随机确定抽样单元的位置。

4. 采样数量

一般样品量满足以下条件：满足三次重复检测的需求，满足留样的需要，满足制样处理时加工处理的需求。

（1）对于均匀样品　按既定采样方案或标准规定方法，从每个采样单元中取出一定量的样品混均匀后称为样品总量，缩分后得到分析用的试样。

（2）对于颗粒大小不均匀、成分混杂不齐、组成不均匀的物料　这类物料样品的选取量与物料的均匀度、粒度、易破碎程度有关，用式（8-2）计算，如矿石、煤炭、土壤等。

$$Q = Kd^2 \tag{8-2}$$

式中　Q——采取平均试样的最小量，kg；

　　　　d——物料中最大颗粒的直径，mm；

　　　　K——经验常数，一般在 0.02～0.15。

（3）经处理后的样品的量应满足检测及留样的需要

采得的样品经处理后一般平均分为两份，一份供检测用，另一份作留样，每份样品的量至少应为需要全项目检验一次总量的三倍。

四、　样品的储存和采样安全

1. 采样记录

采得样品后，先要详细做好记录，标签内容：样品名称及样品编号；分析项目名称；总体物料批号及数量；生产单位；采样点及编号；样品量；气象条件；采样日期；保留日期；采样人姓名。

2. 样品储存容器

盛样品的容器应该要有符合要求的盖、塞、阀门，且密封、干净、干燥，不与储存样品发生化学反应，对光敏性物质，容器不能透光。

3. 样品保存的要求

采集的样品或留样应存放于样品室，不同性质的样品应分开存放。样品的保存量、保存环境、保存时间及撤销办法等都依据国家标准和采样规定。

留样就是留取、储存及备考样品，用于检验分析人员所测数据的可靠性做对照样品，用于发生质量争议、分析结果争议时做复检用。留样时间一般不超过 6 个月或视销售周期而定。留样必须达到或超过储存期后才能撤销，不可提前撤销。撤销时应造册登记，经审批后才能撤销。

对剧毒、危险样品的保存或撤销，除遵守一般规定外，还必须严格遵守环保及毒物、危险物的有关规定，不可随意随处撤销，包括爆炸性物质、不稳定物质、氧化性物质、易燃物质、毒物、腐蚀性和刺激性物质、由物理状态（温度和压力）引起危险的物质、放射性物质等。

4. 采样安全

采样地点要有出入安全通道，符合要求的照明、通风条件；采样者要了解样品的危险性及预防措施，并受过使用安全设施的训练，包括灭火器、防护眼镜、防护服等；采取高温、高压、易爆、有毒、有害物料时，现场必须要有监护人。

第二节　固体样品的采集与处理

（参考 GB/T 6679—2003《固体化工产品采样通则》）

一、 固体样品的采集工具

1. 一般采样常用工具

一般采样常用工具包括钳子、螺丝刀、小刀、剪刀、镊子、手电筒、瓶盖开启器、笔、记录表等。

2. 专用固体采样工具

（1）自动采样器　适用于从运输皮带、链板运输机等固体物料流中定时定量连续采样，见图 8-1。

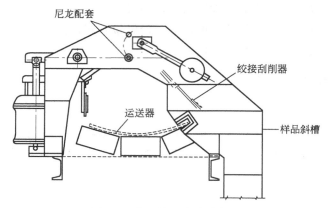

图 8-1　输送带用自动采样器

（2）采样钻　适用于从包装袋或桶内采取细粒状工业产品的固体物料，见图 8-2。

（3）双套采样管　适用于易变质粉粒状物料的人工采样，见图 8-3。

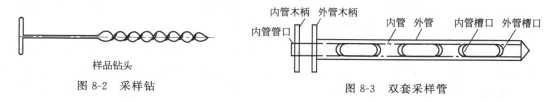

图 8-2　采样钻　　　　　　　　图 8-3　双套采样管

（4）金属探子、金属探管和采样探子　适用于采取袋装的颗粒或粉末状样品，见图 8-4。

（5）舌形铲　能一次采取规定量的子样，适用于从运输工具、物料堆、物料流中进行人工采样。可用于煤、焦炭、矿石等不均匀固体物料采样。

（6）长柄匙或半圆形金属管　适用于较小包装的半固体样品的采集。

（7）尖头镐、尖头钢锹、采样铲　用于散装或袋装的较大颗粒样品。

（8）其他　如抽气式采样器（图 8-5）、底泥采样器、黏土采样器、标准土壤采样器、全封闭煤粉采样器等属于专用采样工具。

二、 固体样品的采集方法

在采样过程中，确定采样单元后，根据具体的情况确定固体样品采取的子样数目和质量，然后按照有关规定进行采样。以商品煤为例。

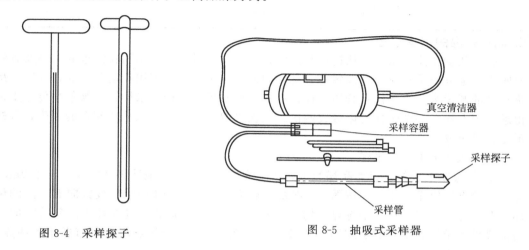

图 8-4 采样探子 　　　　　　　　　　图 8-5 抽吸式采样器

1. 子样数目

（1）对于 1000t 商品煤，按表 8-2 的规定确定子样数目。

表 8-2 1000t 商品煤子样数目

煤种	炼焦用精煤	洗煤（中煤）	原煤和筛选煤	
			干基灰分≤20%	干基灰分>20%
子样数目/个	15	20	30	60

（2）超过 1000t 煤量的子样数目，按式（8-3）计算

$$N = n\sqrt{\frac{m}{1000}}$$

（8-3）

式中　N——实际应采子样数目，个；

　　　n——表 8-2 中对应的子样数目，个；

　　　m——实际被采样煤量，t。

（3）少于 1000t 煤量时，子样数目按表 8-2 中递减，但不得少于表 8-3 中规定的数目。

表 8-3 不足 1000t 商品煤的子样数目

煤的种类			采样地点		
			煤流	汽车/火车	煤堆/船舶
原煤、筛选煤	干基灰分	>20%	表 8-2 中规定数目的 1/3	18	表 8-2 中规定数目的 1/2
		≤20%		18	
精煤				6	
其他和粒度大于 100mm 的块煤				6	

2. 子样质量

子样的最小质量应根据煤的最大粒度来确定，见表 8-4。

表 8-4　商品煤粒度与采样量对照

煤的最大粒度/mm	每个子样的最小质量/kg
<25	1
25～50	2
50～100	4
>100	5

3. 固体样品的采集方法

（1）从物料流中采样　从输送状态的物流中采样时，应根据物料流量的大小及有效输送时间均匀地分布采样时间，即每隔一定时间采取一个子样。若用自动采样器，采取一次横截物料流的断面为一个子样；若用采样铲在皮带运输机上采样，采样铲必须紧贴传送皮带，不得悬空铲取样。一个子样可以分成两次或三次采取，但必须按照从左到右的顺序，采样部位不得交错重复。

（2）从运输工具中采样

① 从火车上采样。以商品煤为例，对于炼焦用精煤、其他洗煤及粒度大于 100mm 的块煤，不论车厢容量大小，均按图 8-6 斜线五点法取样，在车厢内沿斜线方向五个点的位置循环采取子样。对于原煤、筛选煤，均按图 8-7 斜线三点法取样，在车厢内沿斜线方向三个点的位置采取子样。斜线的始末两点距离车角应为 1m，其余各点均匀分布在始末两点之间，各车皮斜线方向一致。

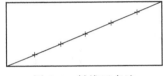

图 8-6　斜线五点法

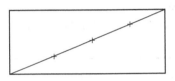

图 8-7　斜线三点法

若采样点有大于 150mm 的大块物料，则不能弃去，应将其采出，破碎后用四分法缩分，取出不少于 5kg 的物料并入该点子样中。

② 从汽车等小型车辆上采样。由于小型车容积小，可装车数远远大于要采的子样数目，所以不能从每辆车中都采取子样。一般是将要采取的子样数目平均分配于车辆数目中。例如，1000t 商品煤，每辆汽车装 4t，一共需要装 250 车，按规定取 60 个子样，则每隔 4 车取 1 个子样。

③ 从大型船舶中采样。一般不在船上直接采集固体物料，而在装卸过程的皮带输送机或其他装卸工具（如汽车）上采样。

（3）从物料堆中采样　采样时，应根据煤堆的不同形状，先将子样数目均匀地分布在煤堆的顶部和斜面上，见图 8-8，最下层的采样部位应距离地面 0.5m。每个采样点的 0.2m 表层物料应除去，然后沿着和物料堆表面垂直的方向边挖边采样。

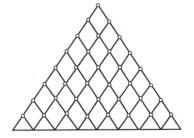

图 8-8　商品煤堆子样点分布图

（4）固体工业产品的采样　固体化工产品一般都用袋或桶包装，每一袋（桶）为一件。采样单元按表 8-1 确定，同时确定子样数目后，即可用取样钻或双套取样管对每个采样单元进行采样。化工产品的总样量一般不少于 500g，其他工业产品的总样量应够分析检测用。

（5）金属或金属制品的采样　对组成比较均匀的金属，如片状或丝状金属物料，剪取一部分即可分析。对表面和内部组成不均匀的金属，应先清理表面，然后用钢钻、刨刀等机具在不同部位、不同的深度取碎屑混合均匀，作分析试样。

三、 固体样品的处理方法

1. 固体样品的制样要求

（1）在制样过程中，应防止样品发生任何化学变化和污染。

（2）湿样品应在室温下自然干燥，使其达到适合处理的程度。

（3）制备的样品应过筛后（筛孔为5mm）装瓶备用。

2. 固体样品的处理方法

固体物料采样量大，粒度和化学组成不均匀，不能直接用于分析，必须将总样进行制备处理，一般有破碎、筛分、掺和、缩分几个步骤，一般处理程序见图8-9。

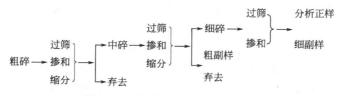

图8-9　固体样品的一般处理程序

（1）破碎　用适当的机械或人工减小样品粒度的过程称为破碎。对于大块物料，常用颚式破碎机或球磨机等进行粗碎，使样品能通过4～6号筛，再用圆盘粉碎机等进行中碎，使样品能通过20号筛。煤和焦炭等疏脆性物料可人工破碎，一般是在表面光滑的厚钢板上，用钢棍或手锤进行粗碎，然后用压磨机、瓷研钵、玛瑙研钵等进行细碎，不同性质样品要求细磨的程度不同，一般要求分析试样能通过100～200号筛。

（2）筛分　用适当的标准筛对样品进行分选的过程称为筛分。经破碎的物料中，仍有大于规定粒度的物料，必须用一定规格的标准筛进行过筛，未能过筛的进一步破碎，不可抛弃，以确保样品能代表被测物料的平均组成。

化验室使用的标准筛又称分样筛或试验筛，筛子一般用细的铜合金丝制成，规格以"目"表示，目数越小，标准筛的孔径越大；目数越大，孔径越小。各种筛号即25.4mm（1in，1英寸）长度内的孔数，其规格见表8-5。

表8-5　筛号（网目）及其规格

筛号（网目）	20	40	60	80	100	120	200
筛孔长度/mm	0.83	0.42	0.25	0.18	0.15	0.125	0.074

（3）掺和　将样品混合均匀的过程称为掺和。对粉末状物料，破碎后用掺和器进行掺和。对于块粒状物料，用堆锥法进行人工掺和，即将已破碎、过筛的试样用平板铁锹在光滑平坦的厚钢板上铲起堆成一个圆锥体，再交互地从试样堆两边对角贴底逐锹铲起堆成另一圆锥体，每次铲起的试样应分数次自然洒落在新锥顶端，使之均匀地落在新锥四周，堆锥掺和操作重复三次后可进行缩分。

（4）缩分　按规定减少样品质量的过程称为缩分。样品经破碎、筛分、掺和后质量很大，必须进行数次缩分处理，才能成为分析试样。一般用分样器（见图8-10）、各种机械缩分器，或是四分法人工缩分。四分法是将物料堆成圆锥体，用平木板或其他工具从锥顶向下将物料压成厚度均匀的扁平体，然后通过中心十字法切成四块，取对角两块，再机械掺和和缩分，直到所需的样品量为止（图 8-11）。

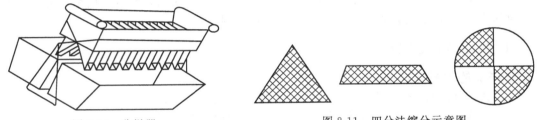

图 8-10　分样器　　　　　　　　　　图 8-11　四分法缩分示意图

缩分的次数不是随意的，每次缩分时，试样的粒度和保留的质量都要符合采样式（8-2），即 $Q=Kd^2$，否则进一步破碎和缩分。

【例题 8-1】 有一 40kg 的样品，粗碎后最大粒度为 6.0mm，应缩分几次？如缩分后再破碎至全部通过 10 号筛，应再缩分几次？（已知 $K=0.1$，10 号筛的孔径 2.0mm）

解：（1）由式 $Q=Kd^2$，当 $d=6.0$mm，$K=0.1$ 时
$$Q=0.1\times6.0^2=3.6(\text{kg})$$

设 $n=3$，即缩分三次，则 $Q=40\times(1/2)^3=5(\text{kg})$，大于 3.6kg，

设 $n=4$，即缩分四次，则 $Q=40\times(1/2)^4=2.5(\text{kg})$，小于 3.6kg，

因此，应取 $n=3$，即缩分三次。

（2）破碎至孔径 2.0mm 的筛子后，$Q=0.1\times2.0^2=0.4(\text{kg})$，

设 $n=4$，即缩分四次，则 $Q=5\times(1/2)^4=0.3125(\text{kg})$，小于 0.4kg，

设 $n=3$，即缩分三次，则 $Q=5\times(1/2)^3=0.625(\text{kg})$，大于 0.4kg，

因此，应取 $n=3$，即缩分三次。

应用示例 8-1　土壤非均匀固体样品的采集及制备

（一）采样点的数目

采样点的数目根据地形地貌、污染均衡性和采样区的面积而定，见表 8-6。在丘陵山区，一般 5～10 亩可采一个混合样品，在平原地区，一般 30～50 亩可采一个混合样品。

表 8-6　采样区面积对应的采样点数目

采样区面积/亩（666.7m²）	采样点数目/个
小于 10	5～10
10～40	10～15
大于 40	15～20

（二）采样点的布置方法

土壤在空间分布上具有一定的不均匀性，应多点采样、混合均匀，使采集的样品具有代表性。如果要研究整个土体的发生发育，必须按土壤发生层次采样；如果要进行土壤物理性质的测定，需采原状土样品；如果要研究耕层土壤的理化性质、养分状况，则应选择代表性田块，在耕作层多点采取混合样品。一般有三种采样方法：

（1）对角线采样法　面积较小、接近方形、地势平坦、肥力较均匀的田块可用对角线采样法，采样点不少于 5 个，见图 8-12。

（2）棋盘式采样法　面积中等、形状方正、地势较平坦、肥力不太均匀的大田块宜用棋盘式采样法，采样点不少于 10 个，见图 8-13。

（3）蛇形采样法　面积较大、地势不太平坦、肥力不均匀的田块宜用蛇形采样法，曲折

次数依田块的长度和样点的密度而变化，一般 3～7 次，见图 8-14。

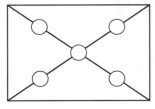

图 8-12　对角线采样法

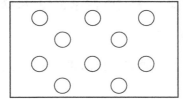

图 8-13　棋盘式采样法

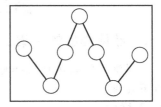

图 8-14　蛇形采样法

（三）采样深度

（1）一般土壤的采样深度　需采取 15cm 左右的耕层土壤和耕层以下 15～20cm 土样。

（2）农作物土壤的采样深度　如果作物根系分布较深，采样深度一般为 20～40cm。

（四）采样工具、方法、制备

1. 采样工具

常用的采样工具有铁铲、土钻、塑料布、土样袋、绳子、铅笔、采样标签纸、GPS 定位仪等，见图 8-15。

2. 采样方法

（1）采样筒取样　适用于表层土样的采集。将长 10cm、直径 8cm 采样器的采样筒直接压入土层内，然后用铲子将其铲出，清除筒口多余的土壤，筒内的即为样品。

（2）土钻取样　用土钻钻至所需深度后，将其提出，用挖土勺挖出土样。

（3）挖坑取样　适用于采集分层的土样。先用铁铲挖一截面 1.5m×1m、深 1.0m 的坑，平整一面坑壁，用取样小刀或小铲刮去坑壁表面 1～5cm 的土，然后在所需层次内采样 0.5～1kg，装入容器。

注意，如采集测定微量元素或测定重金属含量的样品，用非金属采样器或接触金属采样器的土壤弃去。

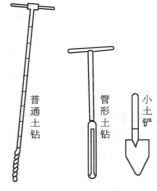

图 8-15　土壤采样工具

3. 土壤样品的制备

采回的样品，应及时摊开、风干，以防霉变。风干后碾碎，除小石块外，全部样品通过 2mm 的筛子过筛，不得随意丢弃，用四分法取出 1/2 装入广口瓶中，保存备用，余下的土样进一步碾碎过 1mm 的筛孔，供速效性养分、交换量、pH 等项目测定用。再从余下样品中，取出约 30g，在瓷研体中进一步研磨，全部过 0.25mm 筛孔，供分析有机质、全氮等项目用。将制备好的样品分别装入广口瓶或是塑料瓶中备用，瓶外贴一标签，瓶内放一相同标签。

4. 采样标签

土壤样品标签

样品标号 ＿＿＿＿＿＿＿＿＿＿＿＿＿

样品名称 ＿＿＿＿＿＿＿＿＿＿＿＿＿

土壤类型 ＿＿＿＿＿＿＿＿＿＿＿＿＿

监测项目 ＿＿＿＿＿＿＿＿＿＿＿＿＿

采样地点 ＿＿＿＿＿＿＿＿＿＿＿＿＿

采样深度 ＿＿＿＿＿＿＿＿＿＿＿＿＿

采样人 ＿＿＿＿＿＿＿＿ 采样时间 ＿＿＿＿＿

第三节 液体样品的采集与处理

一、 液体样品的采集工具

对液体物料进行采样时，应根据容器情况和物料种类选择采样工具，常见的采样工具有以下几种。

1. 采样勺

采样勺主要有表面样品采样勺、混合样品采样勺及采样杯，如图 8-16 所示。

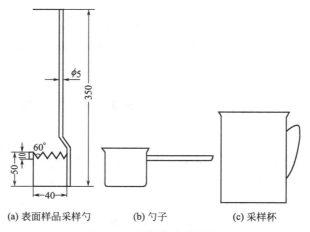

(a) 表面样品采样勺　　　(b) 勺子　　　(c) 采样杯

图 8-16　采样勺和采样杯

2. 采样管

采样管是由玻璃、金属或塑料制成的管子，能插入桶、罐、槽车中所需的液面取样，也可用于从液体的纵截面采取代表性样品，见图 8-17。

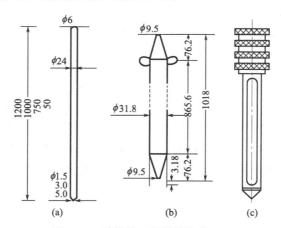

(a)　　　　　(b)　　　　　(c)

图 8-17　采样管（数据单位/mm）

3. 采样瓶、 采样罐

（1）玻璃采样瓶　由具塞玻璃瓶套上加重铅锤制成。

（2）采样笼罐　由具塞玻璃瓶或具塞金属瓶，放入加重金属笼罐中制成，如简易采样器，适应于采取严禁转移的液体样品，如图 8-18 所示。

（3）普通型采样器　不锈钢制的采样瓶，适应于储罐、槽车、船舶采样。

（4）加重型采样器　适应于相对密度较大的液体化工产品采样。

（5）底阀型采样器　适应于储罐、槽车、船舱底部采样。

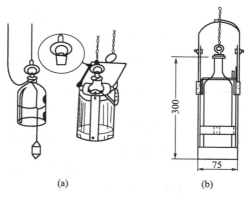

图 8-18　玻璃采样瓶和采样笼罐（单位为 mm）

4. 管线取样设备

能伸到管线内的取样器，如便携式自动取样泵，可用预定的或自动的方法进行取样，便于深水分层取样，特别适合难以接近的排污口远距离采样，高洁净无污染，分装和重现精度达到 0.5%～1%，有自吸、可干运转，高效低能耗，低维护等优点。

二、 液体样品的采集方法

液体样品的采集方法参考 GB/T 6680—2003《液体化工产品采样通则》。不同种类和工作场景的液体样品的采集方法如下。

1. 常温下流动态液体

（1）件装容器采样　小瓶装产品（25～500mL），按采样方案随机采得若干瓶产品，各瓶摇匀后分别倒出等量液体混合均匀后作为样品；大瓶装产品（1～10L）和小桶装产品（19L），被采的瓶或桶人工搅拌摇匀后，用采样管采得混合样品；大桶装产品（约 200L），用合适的采样管采得全液位样品或采部位样品混合成平均样品。

（2）储罐采样　有立式和卧式圆柱形储罐采样，可在罐的侧壁安装上中下采样口并配上阀门，也可从顶部进口采样，把采样瓶或罐从进口放入，分别取上、中、下三个部位样品，等体积混合均匀。部位样品见图 8-19。

（3）槽车和船舱采样　可从排料口采样，也可从顶部采样，采集上中下三个部位样品，按等体积混合得平均样品。

（4）从输送管道采样　可周期性地在管道出口端放置一个样品容器采样，若管道直径较大，可在管内装一个合适的采样探头，若光线内流速变化大，采用自动管线采样器采样。管道采样与流量比和时间比有关，规定见表 8-7 和表 8-8。

表 8-7　与流量成比例的采样规定

输送数量/m³	采样规定
<1000	在输送开始和结束时各一次
1000～10000	开始一次，以后每隔 1000m³ 一次
>10000	开始一次，以后每隔 2000m³ 一次

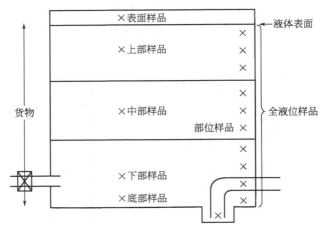

图 8-19　液体部位样品

表 8-8　与时间成比例的采样规定

输送时间/h	采样规定
<1	在输送开始和结束时各一次
1～2	在输送开始、中间、结束各一次
2～24	开始一次，以后每隔 1h 一次
>24	开始一次，以后每隔 2h 一次

2. 加热后流动态的化工产品

一些在常温下为固体，当受热后易变成流动态而不改变化学性质的产品，应在生产厂的交货容器灌装后，用采样勺或开口采样管采取液体样品，趁热装入样品瓶。

3. 黏稠液体

黏稠液体在容器中采样难以混匀，应在生产厂的交货容器灌装中采样，用采样勺、采样管等，有规律地从容器不同部位取样，混合均匀得到平均样品。

4. 多相液体

对于均匀悬浮液，按常温下流动态液体采样方法采样。对于多相液，先进行采样预测，检测表皮、沉淀层、胶凝作用、搅拌均匀（再分散）四个项目，然后再采样。采样操作全过程中连续不断地搅拌。

三、　液体样品的处理方法

1. 物料的混匀

小容器样品用手摇匀，中等容器样品用滚动、倒置或手动搅拌器混匀，大容器样品用机械搅拌器、喷射循环泵进行混匀，有的按一定比例混合部位样品，取得具有代表性的样品。

2. 样品的缩分

一般原始样品量大于实验室分析样品需要量，先缩分成 2～3 份小样，一份送实验室检验，一份保留，必要时给买方送一份。

3. 样品标签和采样报告

样品装入容器后贴上标签，同时写出采样报告，一起提供。

4. 样品的储存

样品要在规定的日期内妥善保存。

（1）对易挥发样品，容器内必须有预留空间，需密封，并定期检查是否泄漏；

（2）对光敏样品，应装入棕色玻璃瓶中，并置于避光处保存；

（3）对温度敏感的样品，应在规定温度下储存；

（4）对易发生反应的样品，应隔绝空气、二氧化碳和水；

（5）对高纯样品，应防止受潮和灰尘侵入。

应用示例 8-2　密封胶黏稠液体样品的采集和制备

某精细化工有限公司成品仓库有同批罐装液态密封胶产品，批量为 500 罐，批号是 20150628，生产日期为 2015 年 6 月 28 日，每罐体积为 1000mL，进行一次全分析所需试样量为 600mL。

1. 最少抽样件数计算

对同一生产厂的相同包装的同批产品进行采样，按随机取样方法及取样件数（表 8-9）的规定确定。

表 8-9　随机取样数

产品件数	2~8	9~27	28~64	65~125	126~216	217~343	344~512	513~729	730~1000
取样数	2	3	4	5	6	7	8	9	10

此同批液态密封胶 500 罐，总体物料单元数为 344~512，查表得，应选取的最少单元数为 8。

2. 采样单元位置

由表 8-10 可查得，起点为第 6 行第 5 列的 39，由于总样品数是 500，为三位数，则取三位数为一列，即起点为 394，一直往下数，若有超过 500 的数据，弃去，重复的删去，换下一个，直至 8 个即可。如：394、315、297、440、454、128、134、359 共 8 个标号的样品为采样点。

表 8-10　随机数表

03	47	48	73	86	36	96	47	36	61	46	98	63	71	62	33	26	16	80	45	60	11	14	10	95
97	74	24	67	62	42	81	14	57	20	42	53	32	37	32	27	07	36	07	51	24	51	79	89	73
16	76	62	27	66	56	50	26	71	07	32	90	79	78	53	13	55	38	58	59	88	97	54	14	10
12	56	85	99	26	96	96	68	27	31	05	03	72	93	15	57	12	10	14	21	88	26	49	81	76
55	59	56	35	64	38	54	82	46	22	31	62	43	09	90	06	18	44	32	53	23	83	01	30	30
16	22	77	94	39	49	54	43	54	82	17	37	93	23	78	87	35	20	96	43	34	26	34	91	64
84	42	17	53	31	57	24	55	06	88	77	04	74	47	67	21	76	33	50	25	83	92	12	06	76
63	01	63	78	59	16	95	55	67	19	98	10	50	71	75	12	86	73	58	07	44	39	52	38	79
33	21	12	34	29	78	64	56	07	82	52	42	07	44	38	15	51	00	13	42	99	66	02	79	54
57	60	86	32	44	09	47	27	96	54	49	17	46	09	62	90	52	84	77	27	08	02	73	43	28
18	18	07	92	45	44	17	16	58	09	79	83	86	19	62	06	76	50	03	10	55	23	64	05	05
26	62	38	97	75	84	16	07	44	99	83	11	46	32	24	20	14	85	88	45	10	93	72	88	71
23	42	40	64	74	82	97	77	77	81	07	45	32	14	08	32	98	94	07	72	93	85	79	10	75
52	36	28	19	95	50	92	26	11	97	00	56	76	31	38	80	22	02	53	53	86	60	42	04	53
37	85	94	35	12	83	39	50	08	30	42	34	07	96	88	54	42	06	89	98	35	85	29	48	39
70	29	17	12	13	40	33	20	38	26	13	89	51	03	74	17	76	37	13	04	07	74	21	19	30
56	62	18	37	35	96	83	50	89	75	97	12	25	93	47	70	33	24	03	54	97	77	46	44	80
99	49	57	22	77	88	42	95	45	72	16	64	36	16	00	04	43	18	66	79	94	77	24	21	90
16	08	15	04	72	33	27	14	34	09	45	59	34	68	12	72	07	34	45	99	27	72	95	14	
31	16	93	32	43	50	27	89	87	19	20	15	37	00	49	52	85	66	60	44	38	68	88	11	30

68	34	30	13	70	55	74	30	77	40	44	22	78	84	26	04	33	46	09	52	68	07	97	06	57
74	57	25	65	76	59	29	97	68	60	71	91	38	67	54	13	58	18	24	76	15	54	55	95	52
27	42	37	86	53	48	55	90	65	72	96	57	69	36	10	96	46	92	42	45	97	60	49	04	91
00	39	68	29	61	66	37	32	20	30	77	84	57	03	29	10	45	65	04	26	11	04	96	67	24
29	94	98	94	24	68	49	69	10	82	53	75	91	93	30	34	25	20	57	27	40	48	73	51	92
16	90	82	66	59	83	62	64	11	12	67	19	00	71	74	60	47	21	29	68	02	02	37	03	31
11	27	94	75	06	06	09	19	74	66	02	94	37	34	02	76	70	90	30	86	38	45	94	30	38
35	24	10	16	20	33	32	51	26	38	79	78	45	04	91	16	92	53	56	16	02	75	50	95	98
38	23	16	86	38	42	38	97	01	50	89	75	66	81	41	40	01	74	91	62	48	51	84	08	32
31	96	25	91	47	96	44	33	49	13	34	86	82	53	91	00	52	46	48	85	27	55	26	89	62
66	67	40	67	14	64	05	71	95	86	11	05	65	09	68	76	83	20	37	90	57	16	00	11	66
14	90	84	45	11	75	73	88	05	90	52	27	41	14	86	22	98	12	22	08	07	52	74	95	80
68	05	51	18	00	33	96	02	75	19	07	60	62	93	55	59	33	82	43	90	49	37	38	44	59
20	46	78	73	90	97	51	40	14	02	04	02	33	31	08	39	54	16	49	36	47	95	93	13	30
64	19	58	97	79	15	06	15	93	20	01	80	10	75	06	40	78	78	89	62	02	67	74	17	33
05	26	93	70	60	22	35	85	15	13	92	03	51	59	77	59	56	78	06	83	52	91	05	70	74
07	97	10	88	23	09	98	42	99	64	61	71	62	99	15	06	51	29	16	93	58	05	77	09	51
68	71	86	85	85	54	87	66	47	54	73	32	08	11	12	44	95	92	63	16	29	56	24	29	48
26	99	61	65	53	58	37	78	80	70	42	10	50	67	42	32	17	55	85	74	94	44	67	16	64
14	65	52	68	75	87	59	36	22	41	26	78	23	06	55	13	08	27	01	50	15	29	39	39	43
17	53	77	58	71	71	41	61	50	72	12	41	94	96	26	44	95	27	36	99	02	96	74	30	83
90	26	59	21	19	23	52	23	33	12	96	93	02	18	39	07	02	18	36	07	25	99	32	70	23
41	23	52	55	99	31	04	49	69	96	10	47	48	45	88	13	41	43	89	20	97	17	14	49	17
60	20	50	81	60	31	99	73	68	68	35	81	33	03	76	24	30	12	48	60	18	99	10	72	34
91	25	38	05	90	94	58	28	41	36	45	37	59	03	09	90	35	57	29	12	82	62	54	65	60
34	50	57	74	37	93	80	33	00	91	09	77	93	19	82	74	94	80	04	04	45	07	31	66	49
85	22	04	39	43	73	81	53	94	79	33	62	46	86	28	08	31	54	46	31	53	94	13	38	47
09	79	13	77	48	73	82	97	22	21	05	03	27	24	83	73	89	44	05	60	35	80	39	94	88
88	75	80	18	14	22	95	75	42	49	39	32	82	22	49	02	48	07	70	37	16	04	61	67	87
90	96	23	70	00	39	00	03	06	90	55	85	78	38	36	94	37	30	69	32	90	89	00	76	33
53	74	23	99	67	61	32	28	69	84	94	62	67	86	24	98	33	41	19	95	47	53	53	33	09
63	38	06	86	54	99	00	65	26	94	02	82	90	23	07	79	62	67	80	60	75	91	12	81	19
35	30	58	21	46	06	72	17	10	94	25	21	31	75	96	49	28	24	00	49	55	65	79	78	07
63	43	36	82	69	65	51	18	37	88	61	38	44	12	45	32	92	85	88	65	54	34	81	85	35
98	25	37	55	26	01	91	82	81	46	74	71	12	94	97	24	02	71	37	07	03	92	18	66	75
02	63	21	17	69	71	50	80	89	56	38	15	70	11	48	43	40	45	86	98	00	83	26	97	03
84	55	22	21	82	48	22	28	06	00	61	54	13	43	91	82	78	12	23	29	06	66	24	12	27
85	07	26	13	89	01	10	07	82	04	59	63	69	36	03	69	11	15	83	80	16	29	54	19	21
58	54	16	24	15	51	54	44	82	00	62	61	65	04	69	38	18	65	18	98	85	72	13	49	21
34	85	27	84	87	61	48	64	56	26	90	18	48	13	26	37	70	15	42	57	65	65	80	39	07
03	92	18	27	46	57	99	16	96	56	30	93	72	85	22	84	64	38	56	98	99	01	30	93	64
62	93	30	27	59	37	75	41	66	48	86	97	80	61	45	23	53	04	01	63	45	76	08	64	27
08	45	93	15	22	60	21	75	46	91	98	77	27	85	42	28	88	61	08	84	69	62	03	42	73

07	08	55	18	40	45	44	75	13	90	24	94	96	61	02	57	55	66	83	15	73	42	37	11	61
01	85	39	95	66	51	10	19	34	88	15	84	97	19	75	12	76	39	43	78	64	63	91	03	25
72	84	71	14	35	19	11	58	49	26	50	11	17	17	76	86	31	57	20	18	95	60	73	46	75
88	78	28	16	84	18	52	53	94	53	75	45	69	30	96	73	89	65	70	31	99	17	43	48	76
45	17	75	65	57	28	40	19	72	12	25	12	74	75	67	60	40	60	31	19	24	62	01	61	62
96	76	28	12	54	22	01	11	94	25	71	96	16	16	83	63	64	36	74	45	19	59	50	38	92
48	31	67	72	30	24	02	94	08	63	98	82	36	66	02	69	36	98	25	39	48	03	45	15	12
50	44	66	44	21	66	06	58	05	62	68	15	54	35	02	42	35	48	96	32	14	52	41	52	43
22	66	22	15	86	26	63	75	41	99	58	42	36	72	24	58	37	52	18	51	03	37	18	39	11
96	24	40	14	51	23	22	30	88	57	95	67	47	29	83	94	69	40	06	07	18	16	36	78	86
81	73	91	61	19	60	20	72	93	48	98	57	07	23	69	65	95	39	69	58	56	60	30	19	44
78	60	73	99	84	43	89	94	36	45	56	69	47	07	41	90	22	91	07	12	78	35	34	08	72
84	37	90	61	56	70	10	23	93	05	85	11	34	76	60	76	48	45	34	60	01	64	18	39	96
36	67	10	08	23	98	93	35	08	86	99	29	76	29	81	33	34	91	58	93	63	14	52	32	52
07	28	59	07	48	89	64	58	89	75	83	85	62	27	89	30	14	78	56	27	86	63	59	80	02
10	15	83	87	60	79	24	30	66	56	21	48	24	06	93	91	98	94	05	49	01	47	59	38	00
55	19	68	97	65	03	73	52	16	56	00	53	55	90	27	33	42	29	38	87	22	33	88	83	34
53	81	29	13	39	35	01	20	71	34	62	33	74	82	14	53	73	19	09	03	56	54	29	56	93
51	86	32	68	92	33	93	74	66	99	40	14	71	94	53	45	94	19	38	81	14	44	99	81	07
35	91	70	29	13	80	03	54	07	27	96	94	78	32	66	50	95	52	74	33	13	30	55	62	54
37	71	67	95	13	20	02	44	95	94	64	85	04	05	72	01	32	90	76	14	53	89	74	60	41
93	66	13	83	27	92	79	64	64	72	28	54	96	53	84	48	14	52	98	94	56	07	93	39	30
02	96	08	45	65	13	05	00	41	84	93	07	54	72	59	21	45	57	09	77	19	48	56	27	44
49	83	43	48	35	82	88	33	69	96	72	36	04	19	76	47	45	15	18	60	82	11	08	92	97
84	60	71	62	46	40	80	81	30	37	34	39	23	05	33	25	15	35	71	30	88	12	57	21	77
18	17	30	83	71	44	91	14	88	47	89	23	30	63	15	56	34	20	47	89	99	82	93	23	93
79	69	10	61	78	71	32	76	95	62	87	00	22	58	40	92	54	01	75	25	43	11	71	99	31
75	93	36	57	83	56	20	14	82	11	74	21	97	90	65	96	42	68	63	86	74	54	13	26	94
38	30	92	29	03	06	28	81	39	38	62	25	06	84	63	61	29	08	93	67	04	32	92	08	09
51	29	50	10	34	31	57	75	95	80	51	97	02	74	77	76	15	48	49	44	18	55	63	77	09
21	31	33	86	24	37	79	81	53	74	73	24	16	10	33	52	83	90	94	76	70	47	14	54	36
29	01	23	87	88	58	02	39	37	67	42	10	14	20	92	16	55	23	42	45	54	96	09	11	06
95	33	95	22	00	18	74	72	00	18	38	79	58	66	32	81	76	80	26	92	82	80	84	25	39
90	84	60	79	80	24	36	59	87	38	82	07	53	89	35	96	35	23	79	18	05	98	90	07	35
46	40	62	98	82	54	97	20	56	95	15	74	80	08	32	16	46	70	50	80	67	72	16	42	79
20	31	89	03	43	38	46	82	68	72	32	14	82	99	70	80	60	47	18	97	63	49	30	21	30
71	59	73	05	50	08	22	23	71	77	91	01	93	20	49	82	96	59	26	94	66	39	67	98	60

3. 采样数量

三次全分析需要试样量为 $600 \times 3 = 1800$（mL），约放大至1900mL；三次留样分析需要试样量为 $600 \times 3 = 1800$（mL），约放大至1900mL；可见，需要总取样量为3800mL，其中留样1900mL，全分析试样1900mL。因此，每罐取样量为 $3800 \div 8 = 475$（mL），约放大至500mL，每个单元采样量为500mL，总需采样量为 $500 \times 8 = 4000$（mL）（此数据为参考值，可适当放大一些）。

4. 采样容器、采样工具的操作

（1）盛试样容器　洁净的 5000mL、2500mL 的广口容器，密封的玻璃瓶或是内部不涂油漆的金属罐。

（2）采样工具　不锈钢制双套采样管、不锈钢搅拌棒。

（3）采样操作　按 8 个采样单元位置，用干燥洁净的金属搅拌棒将胶搅拌均匀后，用采样管采集每个罐不少于 500mL 样品于 5000mL 试剂瓶中，直至全部采样完毕。分装在两个 2500mL 的试剂瓶中，密封保存，贴上标签，一瓶送检，一瓶留样。若有剩余，归还到指定点。

（4）采样安全　操作人员必须经过专门培训，严格遵守各项操作规程。戴自吸过滤式防尘口罩，戴安全防护眼镜等。

5. 采样标签和采样原始记录

（1）采样标签

样品名称	液体密封胶
生产企业名称	××精细化工有限公司
样品规格（型号、等级）	化学纯
样品批量	500 罐，每罐 1000mL
样品批号	20150628
生产日期	2015 年 6 月 28 日
采样日期	2015 年 6 月 28 日
采样者姓名	××　××

（2）采样原始记录

样品名称	液体密封胶
生产企业名称	××精细化工有限公司
样品规格（型号、等级）	化学纯
样品批量	500 罐，每罐 1000mL
样品批号	20150628
生产日期	2015 年 6 月 28 日
采样单元数	8 罐
采样工具	不锈钢制双套采样管、不锈钢搅拌棒
采样地点	成品仓库
采样气候（温度等）	晴（或雨、湿度等）
采样情况记录	正常（或有破损、沉淀等现象记录）
采样日期	2015 年 6 月 28 日
采样者姓名	××　××

应用示例 8-3　湖泊、水库水质样品采集和处理

（一）采集样品原则

1. 采样点布设原则

（1）采样垂线的确定　湖泊、水库通常只设采样垂线，当水体复杂时，可参考河流的有关规定设置采样断面。在湖（库）的不同水域，如进水区、深水区、湖心区、岸边区，按水体类别和功能设置采样垂线；若无明显功能区别，可用网格法均匀设置采样垂线，垂线数根据面积、湖内环流水团及入库的河流数等因素确定；受污染严重的湖（库），在污染物主要路线上设置控制断面。

（2）采样点的确定　采样垂线上采样点的布设与河流一样，若是存在温度分层现象，则

除了在水面下 0.5m 处和水底以上 0.5m 处设采样点外，还要在每个斜温层 1/2 处设采样点。

（3）采样点位置标志物　采样垂线（断面）和采样点确定后，其所在位置岸边应用固定的天然标志物，也可设置人工标志物，或是采样时用全球定位系统（GPS）定位，使每次采集的样品都取自同一位置，保证其代表性和可比性。

2. 样品的采集

（1）采样前的准备　采集的水样分为瞬时水样、混合水样和综合水样三种类型。采样前根据监测项目的相知和采样方法要求，选择适宜材质的盛水器和采样器，并清洗干净，准备好合适的交通工具，如船只，确定采样量。

（2）采样方法和采样器　在湖泊、水库中采样，常坐监测船或采样船、手划船等交通工具到采样点采样，也可涉水或在桥上采集。采集表层水样时，可用聚乙烯塑料桶等直接采样；采集深层水样时，可用简易采水器、深层采水器、采水泵和自动采水器等。

（二）处理样品步骤

（1）用采样器采集瞬时水样。

（2）将部分采集的水样移至 8 只棕色容量瓶，其中 4 只容量瓶加入适量 H_2SO_4 至溶液 pH<2，待运回实验室后检测水质指标化［COD、Cr(Ⅵ) 等］。

（3）现场测定水温及 pH，并记录。

（4）记录采集水样的周围环境情况。

（三）采集报告

（1）按实物绘出采样监测布点示意图。

（2）将采样情况记录于表 8-11 中。

表 8-11　水质采样情况记录表

采样类型：＿＿＿＿＿＿＿＿＿＿＿＿　采样时间：＿＿＿＿＿＿＿＿＿＿　采样人员：＿＿＿＿＿＿＿＿

采样点编号	时间	水深/cm	温度/℃	pH	采样点位置	采样点描述	水质特征

注意：可结合 GB 3838—2002《地表水环境质量标准》、GB/T 14848—1993《地下水质量标准》、GB 8978—1996《污水综合排水标准》、GB 18918—2002《城镇污水处理厂污染物排放标准》等标准，监测处理水样水质。

第四节　气体样品的采集和处理

一、采样设备

对气体物料进行采样时，应根据物料的种类和容器情况来选择采样设备，基本要求是采样设备对样品气不渗透、不吸收，在采样温度下无化学活性，不起催化作用，力学性能良好，容易加工连接。采样设备包括采样器、导管、样品容器、预处理装置、调节压力或流量的装置、吸气器和抽气泵等。

1. 采样器

根据气体的种类不同，选择不同材料的采样器，常用的气体采样器见表 8-12。

表 8-12　常用的气体采样器

采样器类型	使用条件	特点
硅硼玻璃采样器	<450℃	价廉
石英采样器	900℃以下长期使用	易碎,在高温下变形
珐琅质采样器	1400℃以下使用	易受热灰侵蚀
不锈钢和铬铁采样器	950℃使用	
镍合金采样器	1150℃使用	
水冷却金属采样器	采取可燃性气体	可减少采样时化学反应的发生

2. 导管

采集气体样品时,一般可用不锈钢管、碳钢管、铜管、铝管、特制金属软管、玻璃管、聚四氯乙烯或聚乙烯等塑料管和橡胶管作导管,高纯气体采样用不锈钢管或铜管作导管。导管连接处有时需用润滑剂,一般是用聚硅氧烷润滑剂、无水羊毛脂、高真空润滑油,还有凡士林、石蜡和生橡胶按比例混溶调制而成的良好润滑剂。

3. 样品容器

(1) 玻璃容器　如图 8-20~图 8-22 所示,有两头带考克阀的采样管,还有带三通的玻璃注射器、真空采样瓶。

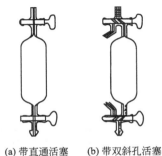

(a) 带直通活塞　(b) 带双斜孔活塞

图 8-20　玻璃采样管

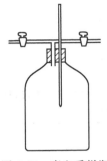

图 8-21　真空采样瓶

图 8-22　带金属三通的玻璃注射器

(2) 金属钢瓶　如图 8-23 所示,有不锈钢瓶、碳钢瓶和铝合金瓶等,有单阀型、双阀型、非预留容积管型和预留容积管型。钢瓶必须定期做强度试验和气密性试验,专瓶专用。

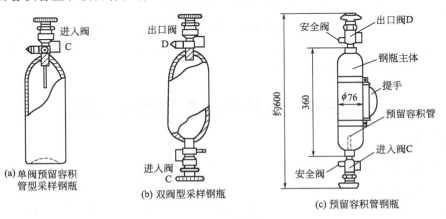

图 8-23　金属钢瓶

(3) 卡式气罐　如图 8-24 所示,由金属材料制成,瓶口配有气密阀门,容积约为500mL,可用于高压气体和液化气体的采样和样品储存,携带方便,经济实惠。

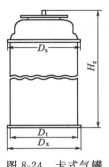

图 8-24　卡式气罐

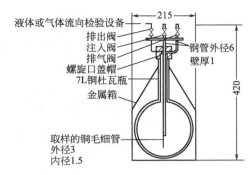

图 8-25　金属杜瓦瓶

（4）**液氯钢瓶**　符合规定压力的水压试验和气密性试验后才可使用，容积为 $0.5 \sim 10L$，可用于有毒化工液化气体产品的采样。

（5）**金属杜瓦瓶**　见图 8-25，其隔热性好，可用于从储罐中采取低温液化气体（液氯、液氨等）样品。

（6）**吸附剂采样管**　如图 8-26 所示，有活性炭采样管和硅胶采样管，活性炭采样管常用于吸收并浓缩有机气体和蒸气。

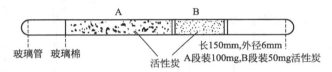

图 8-26　吸附剂采样管

（7）**球胆**　用纯天然橡胶加工而成的，具有质地均匀、可塑性强、密封性好等特点，适用于实验室收集各种气体。但球胆采样有严重缺陷，易吸附烃类等气体，易渗透氢气等小分子气体，故采样前必须先用样品气吹洗三次以上，采样后立即分析检验。

（8）**气体采样袋**　有聚乙烯、聚酯、聚丙烯、聚四氟乙烯、聚全氟乙丙烯和复合膜等材质的气体采样袋，适用于充装各种气体，如硫化物、卤化物及有机气体。规格有 $0.5 \sim 40L$，可在 $1 \sim 3$ 个月确保低浓度（10^{-6} 量级）样品组分恒定不变。

4. 压力和流量调节装置

（1）**压力调节装置**　高压采样，一般安装两级形式的减压调节器。减压器有薄膜式、弹簧薄膜式、活塞式、杠杆式和波纹管式等。

（2）**流量调节装置**　气体流量的调节采用气体流量控制器，有容积式流量计、浮子式流量计、差压式流量计、超声流量计、电磁流量计等，见图 8-27。

5. 吸气器和抽气泵

吸气器和抽气泵主要有常压采样用的双联球、玻璃吸气瓶（见图 8-28）、水流抽引器（见图 8-29）、真空抽气泵等抽取气体设备。

6. 大气采样器

大气采样器种类很多，按采集对象可分为气体采样器和颗粒物采样器两种；按使用场所可分为环境采样器、室内采样器和污染源采样器等。

（1）**气体采样器**　一般由收集器、流量计和抽气动力系统三部分构成。

（2）**颗粒物采样器**　常用过滤法采样，有通用颗粒物采样器和粒度分级采样器两种。通用颗粒物采样器（见图 8-30），按抽气量大小分类，大流量采样器一般抽气量为 $1.1 \sim 1.7 m^3 / min$，采集的颗粒物粒度可达到 $40 \sim 60 \mu m$，采样时受风速、风向影响很大；小流量

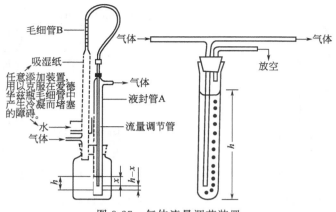

图 8-27　气体流量调节装置

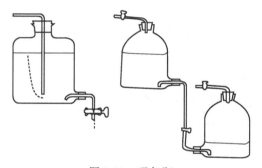

图 8-28　吸气瓶

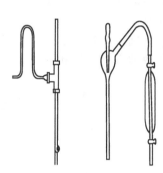

图 8-29　水流抽引器

采样器，一般抽气量＜20L/min。粒度分级采样器主要有两种，一种是多层孔板结构的冲击式分级采样器，颗粒物随气流进入采样器，通过不同孔径的孔板，各种不同粒径的颗粒物被分离开来，留在各层滤膜上，一般收集粒度小于 $15\mu m$ 的颗粒物，有 10 级以下各种级数的分级形式，也可在大流量采样器上安装粒度分离器，即大流量冲击式分级采样器；另一种是双分道采样器（见图 8-31），利用颗粒物在气流中的惯性，把粒度小于 $15\mu m$ 的颗粒物用喷嘴分成大于 $3.5\mu m$ 和小于 $3.5\mu m$ 两部分，分别进入两个通道，收集在滤膜上。

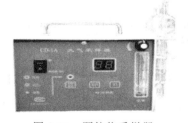

图 8-30　颗粒物采样器

图 8-31　双分道大气采样器

二、　气体样品的采集方法

气体采样根据其常温下物理状态分为常压气体、正压气体、负压气体和液化气体四类，气体样品的类型有部位样品、连续样品、间断样品和混合样品四类。采样过程中，先确定采样单元，再确定子样数目和子样质量，然后采样。

1. 常压气体的采集

将洁净干燥的采样器连到采样管路，打开采样阀，用至少 10 倍以上气体清洗管路和容器（高纯气体应 15 倍以上），然后采集所需量的气体，关闭出口、进口阀门，移去采样器，样品备用，完成采样过程。常用封闭液采样法、流水抽气泵减压采样法及双链球采样法。

2. 正压气体的采集

正压气体是指压力远远高于大气压的气体，采样时，需安装减压阀将气体压力降至略高于大气压后，再采样。在工业生产中，经常通过采样管把正压气体和气体分析仪器直接连接，进行分析，不需要独立采样。

3. 负压气体的采集

负压气体是指压力远远低于大气压的气体，采用低压气体自动采样装置和智能气体采样仪器采样。抽真空容器采样法，先抽空容器，使容器内压力降至 1.33kPa 左右，再将采样器的一端连采样导管，另一端连吸气器或抽气泵，抽入足量气体清洗导管和采样器，然后先关采样器出口，再关进口，移出采样器即可。智能气体采样器可在规定的时间内采取固定流速的气体样品。

4. 液化气体的采样

（1）石油化工低碳烃类液化气体采样　根据采样量，选择合适的采样钢瓶或卡式气罐，对于非预留容积管型的采样钢瓶应在采样前称其皮重，通过控制阀和进出阀，采取约为其容积 80％的样品；对于预留容积管型采样钢瓶，将钢瓶垂直竖立，使预留容积管在上面，便于排出多余的液体样品，当排出液体变成气体时，立即关闭阀门，采样完毕。

（2）有毒化工液化气体采样　以液氯为例，使用带有一长一短双内管连通双阀门瓶头的液氯钢瓶采样，预留容积 12％～15％，有装车管线和卸车管线两种采样方法。

（3）低温液化气体采样　使用隔热良好的金属杜瓦瓶通过延伸轴阀门从储罐中采样。根据对样品要求不同，有两种采集方法，一是直接注入法，允许样品与大气接触的，注入速度快，样品中易挥发组分损失很少；另一种是盖帽注入法，不允许样品与大气接触的，注入速度慢，样品中易挥发组分损失大，见图 8-32。

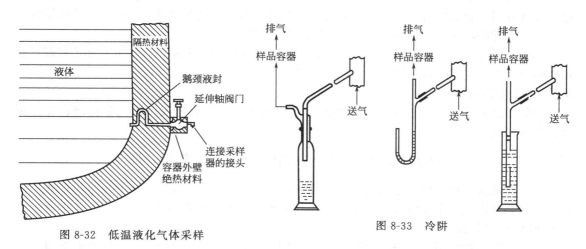

图 8-32　低温液化气体采样　　　　　图 8-33　冷阱

三、　气体样品的处理及保存

1. 气体样品采样误差及消除方法

采样前要分析可能产生误差的原因，采取措施尽量减少误差，如表 8-13 所示。

表 8-13　气体采样误差及消除方法

序号	误差产生的原因	减少或消除误差的方法
1	因分层引起组成的变化	避免在气体静止点采样
2	漏气	在采样前应严格试漏
3	流速变化	对流速进行补偿和调整
4	系统不稳定,如温度改变,气体发生化学变化,燃烧、凝结、溶解等	以合适的冷凝或加垫部件方法控制系统温度
5	采样导管过程引起采样时间滞后,取得样品没有代表性	尽量使用短的、孔径小的导管,连续采样时,加大流速;间断采样时,采样前,彻底吹洗导管
6	封闭液造成误差	先用样品气将封闭液饱和,以封闭液充满容器,再用样品气置换封闭液

2. 气体样品的处理

气体样品的处理过程包括以下几个步骤。

（1）过滤　装一个过滤器,通过干燥剂或吸收剂,将灰尘、湿气或其他有害物质分离,颗粒的分离装置有以下几种：由金属织物、多孔板、烧结块、熔渣物、层片物质制成的栅网、筛子及粗滤器,能机械地截留较大的颗粒；由多孔板制成的过滤器；还有冲击器、鼓泡器、旋风器等各种专用装置。

（2）脱水　脱水方法随样品而定,有四类：一是化学干燥剂,常用的有氯化钙、硫酸、五氧化二磷、过氯酸镁、无水碳酸钾和无水硫酸钙。二是吸附剂,常用的有硅胶、活性氧化铝及分子筛,吸附能力取决于使用前的干燥度、气体进入的状态、使用的压力和温度。三是冷阱（见图 8-33）,是一些几何形态各异的容器,当样品气缓慢通过低温（0～5℃）冷阱时脱去水分,注意有些组分溶解于冷凝液中。四是渗透,用半透膜让水分从高分压表面移至低分压表面。

（3）改变温度　温度高的气体需加以冷却,防止发生化学变化,如使用导管倾斜至冷阱。有时为不使样品凝结,也可加热,如煤气管旁用水蒸气加热防萘凝结堵塞管道等。

3. 导管（采样器）的处理

（1）表面的处理　可用化学方法（酸洗、碱洗、钝化等）或机械方法（超声波）进行净化。金属容器、金属导管内壁进行抛光处理,玻璃容器内用硅烷化试剂处理,减少吸附性。

（2）导管的清洗　一般以 10 倍以上体积的气体清洗。

（3）间断的清洗　减压器、阀和导管都有一定的死体积,为避免残留气体和痕量湿气在死体积中停留并扩散,应采取反复增减压力的清洗操作。

4. 气体样品的储存

气体样品的储存要求包括：避免高温、光照和碰撞；防止挥发、氧化和分解；保持低温、密封和避光。

应用示例 8-4　室内环境空气样品的采集与处理

某学校新盖一栋 6 层学生宿舍楼,每层 80 间,共 480 间,每间 $18m^2$ 大小,已竣工一周,现对宿舍内空气中甲醛进行检测,检验其甲醛含量是否符合标准。

1. 采样单元数确定

民用建筑工程验收时,抽检有代表性的房间内的空气中的甲醛,抽检数量不得少于 5％,现按 5％计：

采样单元数 $n＝480$ 间×5％＝24 间（逢小数就进位,取整数）

2. 采样单元位置

根据查随机数表,确定 24 个采样单元位置。如从随机数表中第五行第六列开始,385、

169、094…，超过 480 的、重复的删除，直至 24 个合格位置。

3. 采样数量及布点位置

室内环境空气采样作业指导书规定：民用建筑工程验收时，室内环境污染物检测点应按房间面积设置，房间使用面积小于 $50m^2$ 时，设 1 个检测点；面积为 $50\sim100m^2$ 时，设 2 个检测点；面积大于 $100m^2$ 时，设 $3\sim5$ 个检测点。具体布点时，当房间只布 1 个点，尽量在房间中心位置；$2\sim3$ 个点布在最长对角线上；4 个点布在正三边形和中心点上；5 点同理。当面积大时，以 $50m^2$ 分割成小块布点。

根据上述规定，采样点数目为 24 个，布点位置在每个房间的中心位置。

采样量：甲醛以 $0.5L/min$ 采样，采样时间 20min，采样体积为 10L。

4. 采样操作

（1）采样工具 采样工具包括空气采样器、吸收管。空气采样器采样时，按照收集器、流量计、采样动力的先后顺序串联，保证空气样品首先进入收集器而不被污染和吸附，使所采集的空气样品具有真实性。

（2）采样操作 在采样点打开吸收管，与空气采样器入气口垂直连接，以 $0.5L/min$ 速度抽取 10L 空气，采样后，将吸收管的两端套上塑料帽，并记录采样时的温度和大气压。样品在室温下保存，24h 内分析检测。

（3）采样安全 采样时要注意安全，遵守安全规章，参照 GB 3723—1999《工业用化学产品采样安全通则》。

5. 采样标签及采样原始记录

采样标签及采样原始记录，同应用示例 8-2 的格式。

应用示例 8-5 $PM_{2.5}$ 的采集与处理

（一）$PM_{2.5}$

1. $PM_{2.5}$

$PM_{2.5}$ 是对空气中直径 $\leqslant2.5\mu m$ 的固体颗粒或液滴的总称。PM 是英文 particulate matter（颗粒物）的首字母缩写。

2. $PM_{2.5}$ 的来源

$PM_{2.5}$ 的两大主要来源：自然来源和人为排放。自然来源包括风扬尘土、火山灰、森林火灾、漂浮的海盐、花粉、真菌孢子、细菌。人为排放主要来自燃烧过程，如化石燃料（煤、汽油、柴油）的燃烧、生物质（秸秆、木柴）的燃烧、垃圾焚烧，还有二氧化碳、氮氧化物、氨气、挥发性有机物等气体污染物在空气中转化成 $PM_{2.5}$。

3. $PM_{2.5}$ 的成分

$PM_{2.5}$ 的主要成分有碳、有机碳化合物、硫酸盐、硝酸盐、铵盐等；$PM_{2.5}$ 常见的成分有各种金属元素，如钠、镁、铝、钙、铁等地壳中含量丰富的元素，也有铅、锌、砷、镉、铜等源自人类污染的重金属元素。

4. $PM_{2.5}$ 的危害

$PM_{2.5}$ 主要对呼吸系统和心血管系统造成伤害，如空气中 $PM_{2.5}$ 的浓度长期高于 $10mg/m^3$，死亡风险开始上升。浓度每增加 $10mg/m^3$，总的死亡风险上升 4%。

$PM_{2.5}$ 是灰霾天能见度降低的主要原因，灰霾天是颗粒物污染导致的，雾天是自然的脱气现象，两者区别在于空气湿度，通常在相对湿度大于 90% 时为雾，而在相对湿度小于 80% 时为霾，相对湿度在 80%～90% 之间则为雾霾混合体。

（二）$PM_{2.5}$ 的采集和测定

1. PM₂.₅的采集设备

大流量 PM₂.₅采样器（见图 8-34），气流带着颗粒从采样器的盖子和漏斗之间的缝隙进入，在抽气泵的作用下，以一定的流速通过切割器，较大的颗粒由于惯性大，被截留在涂油的部件上，颗粒小的 PM₂.₅绝大部分随着空气通过。特殊的结构和特定的空气流速决定了切割器对颗粒物的分离效果。

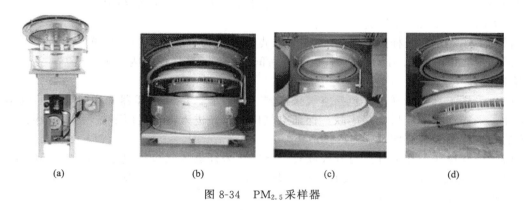

(a)　　　　　　　(b)　　　　　　　(c)　　　　　　　(d)

图 8-34　PM₂.₅采样器

2. 采样方法

采样时，采样器入口距地面的高度不得低于 1.5m。不宜在风速大于 8m/s 的天气条件下进行，采样点避开污染物及障碍物，如果测定交通枢纽处的 PM₂.₅，采样点应布置在距人行道边缘外侧 1m 处。采用间断采样方式测定日平均浓度时，其次数不少于 4 次，累计采样时间不少于 18h。

3. PM₂.₅的测定

目前，各国环保部门测定 PM₂.₅的方法有三种，即重量法、β 射线吸收法和微量振荡天平法。

（1）重量法　测定 PM₂.₅的浓度需分两步，一是把 PM₂.₅与较大颗粒物分离，二是测定分离出来的 PM₂.₅的质量。

采样时，将已经称重的滤膜用镊子放入洁净采样夹内的滤网上，滤膜毛面朝进气方向，将滤膜牢固压紧至不漏气。若测任何一次浓度，则每次需更换滤膜；若测日平均浓度，样品可采集在一张滤膜上。采样结束用镊子取出，将有尘面两次对折放入样品盒或纸袋，并做好记录，然后用分析天平称重，计算，这就是重量法。滤膜采集后，若不能立即称重，应在 4℃条件下冷藏保存。

（2）β 射线吸收法　将 PM₂.₅收集到滤纸上，然后照射一束 β 射线，射线穿过滤纸和颗粒物时由于被散射而衰减，衰减的程度和 PM₂.₅的质量成正比，从而计算出 PM₂.₅的质量。

（3）微量振荡天平法　使用一头粗一头细的空心玻璃管，粗头固定，细头装有滤芯。空气从粗头进、细头出，PM₂.₅被截留在滤芯上。在电场的作用下，细头以一定的频率振荡，该频率与细头质量的平方根成反比，从而计算出 PM₂.₅的质量。

第五节　试样常用的分解方法

试样分解是定量分析中很重要的步骤，通常先将待测试样进行预处理，将固体试样处理成溶液，将组成复杂的试样处理成简单、便于分离和测定的形式。常用的试样分解方法有酸、碱分解法，消化分解法，熔融分解法和灰化分解法等。在分解试样时，应遵循以下原则。

（1）试样要完全分解（使试样各组分都进入溶液，无残渣）或有效分解（使试样中待测组分进入溶液）。

（2）分解方法与分离方法相衔接。

（3）分解过程中待测组分不应有挥发、溅失等损失。

（4）分解过程中不应引入被测组分和干扰物质。

（5）分解过程对周围环境无污染。

（6）分解方法应快速、简便、成本低。

一、 酸、 碱分解法

1. 酸分解法

酸分解法也称酸溶法，利用酸的酸性、氧化还原性和配位性使试样中的被测组分转入溶液。常用的酸有盐酸、硝酸、硫酸、磷酸、高氯酸、氢氟酸及它们的混合酸。

（1）盐酸 $\rho=1.19g/mL$，含量 38%，$c(HCl)=12mol/L$。可分解许多金属、合金、金属氧化物、氢氧化物和碳酸盐类矿物，如 CuO、MnO_2、$Al(OH)_3$、$BaCO_3$ 等，还能分解部分硫化物，如 FeS、CdS 等。操作时宜用玻璃、陶瓷、塑料和石英器皿，不宜用金、铂、银等器皿。

（2）硝酸 $\rho=1.42g/mL$，含量 70%，$c(HNO_3)=16mol/L$。浓硝酸可分解除铂、金、铁、铝、铬外的几乎所有金属试样，还有许多非金属及氧化物。稀硝酸氧化能力随着稀释而下降，可分解 Cu、CuO、Zn、ZnO、Fe、Fe_2O_3 等金属及氧化物，可分解非金属，如硫、磷、碳等。注意不能分解硅、钛、锆、铌、钽、钨、钼、锡、锑样品，会产生沉淀现象。

（3）硫酸 $\rho=1.84g/mL$，含量 98%，$c(H_2SO_4)=18mol/L$。稀硫酸用来溶解氧化物、氢氧化物、碳酸盐、硫化物、砷化物、萤石、铀、钛等矿物，还可溶解铁、钴、镍、锌等金属及合金，但不能溶解含钙试样。热的浓硫酸可分解金属及合金，还几乎能氧化所有的有机物。注意配制稀硫酸时，必须是浓硫酸缓慢加入水中，不断搅拌散热，否则会使溶液飞溅。若沾到皮肤上立即用大量水冲洗。

（4）磷酸 $\rho=1.69g/mL$，含量 85%，$c(H_3PO_4)=15mol/L$。90% 矿石都溶于磷酸，能溶解铬铁矿、钛铁矿、铌铁矿、金红石等矿石，以及高碳、高铬、高钨的合金及合金钢等。注意分解时加热温度过高，时间过长，磷酸会脱水形成难溶的焦磷酸盐沉淀，同时，试样溶解后，如果冷却过久再稀释，会析出凝胶，导致操作失败。为了解决这个问题，应将试样研磨得更细一些，降低加热温度，减少加热时间，不断摇动，刚冒白烟就停止加热，溶液未完全冷却时就稀释，同时也可将磷酸与硫酸同时使用，既提高反应温度，又防止焦磷酸盐沉淀析出。

（5）高氯酸 $\rho=1.67g/mL$，含量 70%，$c(HClO_4)=12mol/L$。常用来分解铬矿石、不锈钢、钨铁及氟矿石等，热的高浓度的高氯酸几乎与所有金属反应，也可分解硫化物、有机碳、氟化物、氧化物、碳酸盐，以及铀、钍、稀土磷酸盐等矿物，且分解速度快。注意热、浓高氯酸遇有机物会发生爆炸，当试样含有机物时，先用浓硝酸处理，再加高氯酸，蒸发高氯酸的浓烟容易在通风道中凝聚，必须定期用水冲洗通风橱和烟道，以免引起燃烧和爆炸。

（6）氢氟酸　$\rho = 1.13\text{g/mL}$，含量40%，$c(HF) = 22\text{mol/L}$。在加压和温热下，可分解硅酸盐、磷矿石、银矿石、石英、铌矿石、铝矿石及这些金属合金，反应后，金属表面生成一层难溶的金属氟化物，阻止进一步反应。注意氢氟酸有毒性和强腐蚀性，操作人员应注意防护和通风等安全措施，氢氟酸能腐蚀玻璃、陶瓷器皿，应在铂器皿或聚四氟乙烯塑料器皿中进行。

（7）混合溶剂　王水，HCl 和 HNO_3（3+1）混合酸，能溶解贵重金属，如金、铂以及难溶的 HgS 等。逆王水，HCl 和 HNO_3（1+3）混合酸，能溶解金属，如银、汞、钼等，以及铁、锰、镉的硫化物等。硫王水，浓盐酸、浓硝酸、浓硫酸的混合物，能溶解含硅量较大的矿石和铝合金。还有 $HF + H_2SO_4 + HClO_4$、$HF + HNO_3$、$H_2SO_4 + H_2O_2 + H_2O$、$HNO_3 + H_2SO_4 + HClO_4$（少量）、$HCl + SnCl_2$ 等混合酸。

2. 碱分解法

碱分解法也称碱溶法，利用碱的特性，使酸性物质和酸性被测组分转入溶液中，主要有氢氧化钠、氢氧化钾、碳酸盐和氨等。

（1）氢氧化钠（NaOH）　俗称火碱、烧碱、苛性钠、片碱。20%～30%稀 NaOH 溶液可溶解两性金属，如铝、锌氧化物及氢氧化物，浓的 NaOH 溶液可溶解某些酸性和两性氧化物，如钨酸盐、磷酸锆和金属氮化物等。注意储存在密闭容器中，不能用玻璃塞盖瓶口，对皮肤、织物、纸张等有强腐蚀性，注意安全。

（2）碳酸盐　可分为正盐 M_2CO_3 和酸式盐 $MHCO_3$。浓的碳酸盐可溶解硫酸盐类物质，如可溶性硫酸盐 $CuSO_4$、$CaSO_4$ 和不可溶性硫酸盐 $BaSO_4$、$PbSO_4$ 等。

（3）氨（NH_3）　利用其强配位作用，分解铜、锌、镉等化合物。

二、 消化分解法处理试样

消化分解法也称消解或酸消化法，是将待分解试样与酸、氧化剂、催化剂等一起置于回流装置或密闭装置中，在加热状态下，将试样中的待测组分转化为可测形式的分解方法。

常用的仪器设备有电热板、马弗炉、高温消化炉、凯氏烧瓶等。

常用的消解方法如下。

（1）硝酸-高氯酸　具有强氧化性和脱水能力，能使有机物很快被氧化分解成简单的可溶性化合物，二氧化硅则脱水沉淀，适合食品中铁、镁、锰的测定，土壤中硒的测定，有机肥料中铜、锌、铁、锰的测定等。

（2）硝酸-硫酸　两者结合使用，可提高消解温度和消解效果，适合水质中铜、总铬、食品中锗的测定中试样的消解。

（3）硫酸-过氧化氢　强氧化性，可使有机物经脱水炭化、氧化分解，变成 CO_2 和 H_2O，使有机氮和磷转化为铵盐和磷酸盐，适合分解肥料中总氮、总磷、总钾的测定消解。

（4）硫酸-重铬酸钾　强氧化性与强腐蚀性，适合生物试样中卤素元素的测定，如动物内脏中氯的测定。注意与易燃、可燃、硫、磷、酸类物质分开存放，搬运时轻装轻卸，防止包装及容器损坏。

目前消化分解的方法很多，针对分解的样品可分为三类：有机物含量高的样品、有机物含量低的样品、简单易消解的样品。不同的试样，选择不同的酸体系，见表8-14。为了提高分解效果，可以选择三元以上酸或氧化剂，如硝酸-硫酸-高氯酸、硝酸-硫酸-高锰酸钾、硝酸-硫酸-五氧化二矾等。

表 8-14　不同消解体系的合适消解温度

消解体系	HCl	HNO₃	H₂SO₄	HNO₃-HClO₄	HCl-HNO₃	HNO₃-H₂SO₄	HNO₃-H₂O₂
消解温度/℃	80 以下	80～120	340	140～200	95～110	120～200	95～130

三、 熔融分解法处理试样

熔融分解法是利用酸性或碱性溶剂与试样混合，在高温下进行复分解反应，将试样组分全部转化为易溶于水或酸的化合物，再用水或酸浸取，使其定量进入溶液。一般用来分解那些难以溶解的试样，根据熔剂不同，分为碱熔融法和酸熔融法。

1. 碱熔融法

（1）碳酸钠（Na_2CO_3）　碱性熔剂，熔点 853℃，常用温度 1000℃或更高。常用于分解矿石试样，如锆石、铬铁矿、铝土矿、硅酸盐、氧化物、氟化物、碳酸盐、磷酸盐和硫酸盐等，熔融后，试样中的金属元素转化为溶于酸的碳酸盐或氧化物，非金属元素转化为可溶性的钠盐。宜用铂坩埚，若用含硫混合熔剂，有腐蚀性，宜用铁或镍坩埚。此外，碳酸钠和其他熔剂混合使用，熔融效果更好。

（2）碳酸钾（K_2CO_3）　碱性熔剂，熔点 891℃，常用于氟硅酸钾容量法测定铝矾土、铝酸盐水泥试样中的二氧化硅。所用容器同碳酸钠熔剂。

（3）过氧化钠（Na_2O_2）　熔点 460℃，具有强氧化性、强腐蚀性的碱性熔剂，能分解许多难熔物质，如难熔金属、合金及矿石，比如锡石、铬铁矿、钛铁矿、钨矿、锆石、绿柱石、独居石、硫化物（辉钼矿）等，其中大部分元素被氧化成高价态。注意过氧化钠不易提纯，有时为了缓解剧烈程度，可将其与碳酸钠混合使用。过氧化钠不宜与有机物混合，以免发生爆炸，对铂坩埚腐蚀严重，宜用铁、镍和刚玉坩埚。

（4）氢氧化钠（NaOH）　用氢氧化钠熔融时，宜用铁、银、镍、金和刚玉坩埚。因其易吸水，熔融前要将其在银或镍坩埚中脱水后再加热试样，以免喷溅。

（5）氢氧化钾（KOH）　熔点 404℃，是低熔点强碱性熔剂，常用来分解铝土矿、硅酸盐等试样，宜用铁、银、镍坩埚。

（6）硼砂（$Na_2B_4O_7$）　熔融时不发生氧化反应，是一种强烈熔剂，主要用于难分解的矿物，如刚玉、冰晶石、锆英石、炉渣等，使用时先脱水，再与碳酸钠 1:1 研磨混匀使用，一般用铂坩埚器皿。

（7）偏硼酸锂（$LiBO_2$）　一般市售 $LiBO_2 \cdot 8H_2O$，含结晶水，使用前先低温加热脱水，最好用石墨坩埚，以免熔融物黏附在坩埚壁上难脱锅和浸取。其熔样速度快，可分解多种矿物，如硅酸盐矿物（玻璃及陶瓷材料）、尖晶石、铬铁矿、钛铁矿等。

（8）混合熔剂烧结法　也叫混合熔剂半熔法，即在低于熔点的温度和半熔融状态下，试样与固体试剂发生反应。常用的半熔混合剂有：2 份 MgO+3 份 Na_2CO_3，1 份 MgO+2 份 Na_2CO_3，1 份 ZnO+2 份 Na_2CO_3，其中 MgO、ZnO 的作用是熔点高，可预防 Na_2CO_3 在灼烧时融合，试剂保存松散状态，使矿石氧化更快、更完全，反应产生的气体也易逸出。此法多用于较易熔试样的处理，熔剂用量少，带入的干扰离子少，熔样时间短，操作速度快，烧结快，易脱锅，便于提取，也减少对坩埚的损坏，可在瓷坩埚中进行，适用于分解矿石或煤中全硫含量的测定。

2. 酸熔融法

（1）焦硫酸钾（$K_2S_2O_7$）　熔点 419℃，$K_2S_2O_7$ 中的 SO_3 可与碱性或中性氧化物作用，生成可溶性硫酸盐，常用于分解铝、铁、钛、铬、锆、铌的氧化物、矿硅酸盐、煤灰、炉渣和耐火材料等，不能用于硅酸盐系统分析，因分解不完全，残留少量黑残渣，但可单项分析，如测铁、锰、钛等。熔融过程中，注意小火加热，防飞溅，待不冒气泡后，再升温到450℃左右，直至坩埚内熔融物呈透明状态，分解趋于完成。尽量减少 SO_3 的挥发和硫酸盐分解为难溶性的氧化物，尽量避免高温下长时间熔融。可用瓷坩埚和石英坩埚，也可用铂皿，但稍有腐蚀。

（2）硫氢酸钾（$KHSO_4$）　加热时分解可得到 $K_2S_2O_7$，因此，可代替 $K_2S_2O_7$ 作为酸性熔剂使用。

（3）硼酸（$H_2B_2O_4$）　脱水生成 B_2O_3，对碱性矿物的熔解性好，如铝土矿、铬铁矿、钛铁矿和硅铝酸盐。

（4）氟化氢钾（KHF_2）　在铂坩埚中低温熔融可分解硅酸盐、钍和稀土化合物等。

（5）铵盐　在加热过程中可以分解出相应的无水酸，在较高温下能与试样反应生成水溶性盐，可分解硫化物、硅酸盐、碳酸盐、氧化物。

四、灰化分解法处理试样

灰化分解法，即燃烧法或高温分解法，是在一定温度下加热待测物质，分解和除去样品中的有机物质，留下的残渣再用适当的溶剂溶解，以留下有机物中的无机元素，常用于分解有机试样或生物试样，主要有高温灰化法、低温灰化法、氧瓶燃烧法和燃烧法。

1. 高温灰化法

（1）方法原理　一般将灰化温度高于100℃的方法称为高温灰化法。先将样品在100～105℃低温炭化，除去水分和挥发性物质，再在450～600℃高温灼烧，冒烟至所有有机物彻底燃烧，只留下不挥发的无机残留物（主要是金属氧化物、硫酸盐、硅酸盐、磷酸盐等）。

（2）仪器设备　主要有电热板和马弗炉等。

（3）分解试样　常用于测定水果、蔬菜及生物试样中的多种金属元素，如锑、铬、铁、钠、锶、锌等。

（4）方法特点　该方法基本不加或加入很少试剂，空白值低，可避免污染试样，灰化体积小，可处理较多的样品，可富集被测组分，分解比较彻底，操作简单；但不足之处是所需时间长，温度高容易造成易挥发元素损失，坩埚有吸留作用，使结果偏低。为了减少挥发和黏壁损失，常加适量的助灰化剂，如 MgO、$Mg(NO_3)_2$、HNO_3、H_2SO_4 等。

2. 低温灰化法

（1）方法原理　是指在相对较低的温度下使样品完全灰化分解的方法。将样品放入低温灰化炉中，先将炉内抽成真空（10Pa 左右），然后不断通入氧气，控制流速在 0.3～0.8L/min，再用微波或高频激发光源照射，产生活化氧，这样，在低于150℃温度下就可将试样缓慢完全灰化。

（2）仪器设备　低温灰化仪。

（3）分解试样　用于生物样品中砷、汞、硒、氟等易挥发元素的测定。

（4）方法特点　克服了高温灰化法中挥发、滞留、吸附损失等问题，所需时间短，但是也可能分解不完全。

3. 氧瓶燃烧法

（1）方法原理　将试样包裹在定量滤纸内，夹在铂片中，用电火花点燃滤纸，迅速送入充满氧气和少量吸收剂的密闭试剂瓶内，充分燃烧，完全吸收燃烧产物，然后用合适的分析方法测定各组分。

（2）仪器设备　氧瓶燃烧仪。

(3) 分解试样 用于测定有机物中卤素、硫、磷、硼等元素。

(4) 方法特点 适合于测定少量试样，操作简便、快捷，在密闭系统中进行，减少了损失和污染，但是存在燃烧不完全现象，出现黑色颗粒物，此时需重做。

4. 燃烧法

(1) 方法原理 燃烧法也称氧弹法，将样品装入样品杯，置于盛有吸收液的铂内衬氧弹中，旋紧氧弹盖，充入氧气，用电火花点火，使样品灰化，吸收完全后测定。

(2) 仪器设备 氧弹仪。

(3) 分解试样 测定含汞、砷、硫、氟、硒、硼等元素的生物样品。

(4) 方法特点 特定的仪器设备。

应用示例 8-6 酸溶法分解钢铁试样

某钢铁厂有一批钢铁试样，现需对其中的磷含量进行分析测定，以确定其是否符合相应的国家标准，请对该样品进行分解预处理。

1. 仪器与试剂

烧杯 200mL，表面皿，容量瓶 100mL，电热板，电子天平（万分之一）。

高氯酸（$\rho=1.67g/mL$），盐酸（$\rho=1.19g/mL$），硝酸（$\rho=1.43g/mL$），硝酸-盐酸（1+2）混合酸，硫酸（1+5），氢溴酸（$\rho=1.49g/mL$），氢溴酸-盐酸混合酸，亚硝酸钠溶液（100g/L），钢铁试样。

2. 操作步骤

准确称取 0.2000g 试样，置于 200mL 烧杯中，加 100mL 硝酸-盐酸混合酸，加热溶解，加 8mL 高氯酸蒸发至刚冒高氯酸烟，稍冷，加 10mL 氢溴酸-盐酸混合酸，加热至刚冒高氯酸烟，再加 5mL 氢溴酸-盐酸混合酸，继续蒸发至冒高氯酸烟，至烧杯内透明，并回流 3～4min，继续蒸发至湿盐状，冷却，加 10mL 硫酸溶解盐类，滴加亚硝酸钠溶液并过量 1～2滴，煮沸去除氮氧化物，冷却至室温，转移至 100mL 容量瓶中，用水稀释至刻度，混匀。

3. 误差分析

(1) 溶解试样时，盖上表面皿防止气体逸出或煮沸时飞溅带出，减小损失。

(2) 彻底清洗仪器，减小器皿的吸附作用，降低空白值。

4. 操作注意事项

(1) 操作应在通风橱中进行。

(2) 当样品中含有机物时，应先用硝酸氧化有机物，再加高氯酸，以免发生爆炸。

(3) 加热蒸发时，控制好温度，可适当延长冒烟时间。

(4) 蒸发试样时，试样瓶中要呈透明状，不能干焦。

应用示例 8-7 碱溶法分解铝合金试样

某公司有一批铝合金制品，现对其锰含量进行分析检测，以确定其是否符合相应的国家标准，请对该样品进行分解预处理。

1. 仪器与试剂

塑料烧杯 250mL，容量瓶 250mL，电热恒温水浴锅，电子天平（万分之一）。

氢氧化钠（分析纯，固体），H_2O_2（$\rho=300g/L$），铝合金试样。

2. 操作步骤

准确称取 0.1000g 试样，置于 250mL 塑料烧杯中，加入 NaOH 2g 及蒸馏水 10mL，加热溶解试样，置于沸水水浴中继续加热，直至试样全溶，加 10 滴 300g/L 的 H_2O_2 溶液，继续加热煮沸 1min，除去过量的 H_2O_2，用冷水冷却后，将溶液移入 250mL 容量瓶中，加水稀释至刻度，摇匀待用。

3. 操作注意事项

由于 NaOH 易吸潮，称样时注意防潮。

应用示例 8-8　土壤试样的消化分解

某企业违规向周边排放工业废水，农田受污染严重，现需要确定农田土壤中的铬含量是否超标，对土壤样品进行分解预处理。

1. 仪器与试剂

锥形瓶 100mL，电热板，小漏斗，容量瓶 50mL，电子天平（万分之一）。

硫酸（$\rho=1.84g/mL$），磷酸（$\rho=1.70g/mL$），硝酸（$\rho=1.43g/mL$），土壤试样。

2. 操作步骤

准确称取 0.5000g 试样于 100mL 锥形瓶中，加少量水湿润，加入硫酸、磷酸各 1.5mL，硝酸 1mL，摇匀，加上一小漏斗，置于电热板上加热消解，至冒大量白烟，试样变白，取下锥形瓶冷却，少量水冲洗小漏斗及瓶内壁，将消化液及残渣转移至 50mL 容量瓶中，定容，摇匀，放置至溶液澄清，备用。

3. 操作注意事项

（1）消解土壤样品时，严格控制消解时间，不能蒸干。

（2）消解过程中防止产生焦磷酸盐影响测定结果。

应用示例 8-9　硅酸盐试样的熔融分解

某水泥生产有限公司生产了一批水泥，现检验其二氧化硅等组分含量，请对该试样进行分解预处理。

1. 仪器与试剂

铂坩埚，坩埚钳，高温炉，恒温水浴锅，烧杯 250mL，电子天平（万分之一）。

无水碳酸钠（固体，用时磨碎），盐酸（1＋1），硅酸盐试样。

2. 操作步骤

准确称取 0.5000g 试样于盛有 4g 无水碳酸钠的铂坩埚中，摇匀后，上面再覆盖一层无水碳酸钠（约 2g），置于高温炉中，从低温开始逐渐升温至 950℃，高温熔融 40～60min，取出冷却，放入 250mL 烧杯中，加盐酸（1＋1）30～50mL，加热至熔融物全部溶解于溶液中。

3. 操作注意事项

（1）尽可能均匀加热坩埚，或采用不同材质的坩埚。

（2）注意升温速度和熔融时间。

应用示例 8-10　婴幼儿配方奶粉的灰化分解

某企业生产一批配方婴幼儿奶粉，现需测定其铁元素含量，请对该试样进行分解预处理。

1. 仪器与试剂

瓷坩埚，坩埚钳，电炉，高温炉，容量瓶 50mL，电子天平（万分之一）。

硝酸（1＋1），盐酸（1＋4），去离子水，婴幼儿配方奶粉试样。

2. 操作步骤

准确称取 5.0000g 试样置于瓷坩埚中，在电炉上微火炭化至无烟，将坩埚移至高温炉中升温至 490℃，使试样灰化成白色灰烬，若有黑色炭粒，冷却后，滴加少量硝酸（1+1）湿润，在电炉上小火蒸干后，继续 490℃高温炉中灰化成白色灰烬，取出冷却，加盐酸（1+4）5mL，在电炉上加热至灰烬全部溶解，冷却后转移至 50mL 容量瓶中，定容，摇匀待用。

3. 操作注意事项

（1）采样瓷坩埚灰化时，不宜用新的，以免新的吸附金属元素，造成误差。

（2）注意高温操作过程，避免高温灼烧。

第九章　化学检验中的分离与富集技术

第一节　概述

一、分离与富集的目的

在化学检验中，如果试样比较单纯，一般可以直接进行测定。但在实际分析工作中，大多数试样都是由多种物质组合而成的混合物，且成分复杂，其他组分的存在往往干扰并影响测定的准确度，甚至无法进行测定。当没有恰当的方法消除干扰时，就需要事先将被测组分与干扰组分分离。

分离是利用混合物中各组分物理性质或化学性质的差异，通过适当的装置或方法，使各组分分配至不同的空间区域或在不同的时间依次分配至同一空间区域的过程。

分离的形式主要有两种：一种是组分离；另一种是单一物质的分离。组分离也称族分离，它是将性质相近的一类组分从复杂的混合物体系中分离出来。例如，石油炼制过程中将轻油和重油等一类物质进行的分离属于族分离。单一物质的分离是将某种物质以纯物质的形式从混合物中分离出来，如从乳酸发酵液中获得纯度较高的乳酸，以及生物制药中从混合物中获得特定的目标物等都属于这一类。

依据欲分离组分在原始溶液中浓度的不同将分离分为三类：浓度小于 0.1 摩尔分数组分的分离称为富集，浓度处于 0.1～0.9 摩尔分数范围内组分的分离称为浓缩，浓度大于 0.9 摩尔分数组分的分离称为纯化。富集是从大量基体物质中将欲测量的组分集中到一较小体积溶液中，从而提高检测灵敏度。浓缩指将溶液中的一部分溶剂蒸发掉，使溶液中存在的所有溶质的浓度都同等程度地提高的过程。纯化是指将一种已较纯的物质，进一步采用一种或几种分离方法将有害的、低含量的，甚至是痕量的杂质除去的过程，所以化学的发展离不开分离科学。

定量分离和富集的目的一是将待测组分从试液中定量分离出来或将干扰组分从试液中分离除去；二是通过分离使待测的痕量组分达到浓缩和富集的目的，以满足测定方法灵敏度的要求。它不仅可以延伸待测痕量组分的检测下限，而且对于提高化学分析和近代仪器分析结果的精密度、准确度、扩展仪器分析的应用领域，均有重要作用，有着延伸分析方法检出限的重要作用，一般可使分析方法的检出限降低 1～3 个数量级。

二、分离与富集的方法

分离之所以能够进行，是由于混合物待分离的组分之间，其在物理、化学、生物学等方面的性质，至少有一方面存在着差异。表 9-1 对物质的物理、化学以及生物学性质可能出现的差异进行了分类。

表 9-1　可用于分离的性质

性质		分离依据
物理性质	力学性质	密度、摩擦因数、表面张力、尺寸、质量
	热力学性质	熔点、沸点、蒸气压、溶解度、分配系数、吸附平衡
	电、磁性质	电导率、介电常数、电荷、磁化率
	动力学性质	扩散系数、分子飞行速度
化学性质	热力学性质	反应平衡常数、化学吸附平衡常数、离解常数、电离电位
	反应速度性质	反应速度常数
生物学性质		生物学亲和力、生物学吸附平衡、生物学反应速度常数

　　一些分离方法的依据并不是单一的，有的只以一种性质为主，以另一种性质为辅，或几种性质相互结合形成。常见分离方法及其依据见表 9-2。

表 9-2　分离方法的依据

分离依据	分离方法或试剂
重力和压力	离心、过滤
电磁原理	电泳、电渗析、电解、磁选
挥发性	蒸馏与挥发、升华、冷冻干燥、有机物灰化
溶解度	沉淀、共沉淀、选择溶解、结晶
分子的动力学性质	扩散分离、渗透与反渗透分离
分子大小与几何形状	分子筛、凝胶渗透色谱、气体扩散、膜渗析、超滤
表面活性吸附	吸附色谱、气固色谱、活性炭吸附、纤维素及改性纤维素吸附
分配平衡	溶剂萃取、固液萃取、分配色谱、纸色谱、薄层色谱
离子交换平衡	无机和有机离子交换剂、液态离子交换剂

三、　分离与富集方法的评价

1. 纯度

　　纯度系指分离产物中含杂质的多少。对于一般的无机定量分析，99.9％纯度或含有 0.1％杂质即可满足要求。但对高纯物质，其分离纯度要求则较高，如高纯硅对纯度的要求为 99.999％甚至更高。但对生物产品，如通常对蛋白质等物质以比活度来定义其纯度，即单位蛋白质中的最高活性定义为纯度。该定义是基于比活度的绝对值可用绝对纯的活性蛋白质来测定。

2. 回收率（R_T）

　　在定量分析中对分离和富集的一般要求是分离和富集要完全，干扰组分应减少到不干扰测定；此外，在操作过程中不能引入新的干扰，且操作要简单、快速；被测组分在分离过程中的损失量要小到可以忽略不计。

　　通常用回收率来衡量分离效果。欲测组分的回收率是指欲测组分经分离或富集后所得的含量与它在试样中的原始含量的比值（％）。

$$R_T = \frac{Q_T}{Q_T^0} \times 100\%$$ (9-1)

式中　Q_T——富集后分离组分的量；

　　　Q_T^0——富集前欲分离组分的量。

　　回收率越高，分离效果越好，说明待测组分在分离过程中损失量越小。在分离和富集过程中，由于挥发、分解、分离不完全、器皿和有关设备的吸附作用以及其他人为的因素，引起欲分离组分的损失，试样 R_T 通常小于 100％。对常量组分的测定，要求回收率大于 99.9％；微量组分测定的回收率可为 95％，甚至更低。

　　放射性示踪技术是研究欲分离组分的回收率和损失的最好方法。在分离富集之前，将欲分离组分的放射性同位素作为示踪剂加到样品中，随后进行放射性示踪测量，这样可对欲分离组分在分离富集过程中的行为进行跟踪。在化学检验中，当找不到合适的放射性同位素时，可采用标准参考物质，如标准样品、检测它的标准物质、人工合成样品、分析过的样品或采用标准加入法并测量回收率。

3. 富集倍数（F）

富集倍数定义为欲分离组分的回收率与基体的回收率之比：

$$F = \frac{R_T}{R_M} = \frac{Q_T/Q_T^0}{Q_M/Q_M^0} \tag{9-2}$$

式中　R_T——组分的回收率；

R_M——基体的回收率；

Q_T^0——富集前待测物的量；

Q_T——富集后待测物的量；

Q_M^0——富集前基体的量；

Q_M——富集后基体的量。

富集倍数的大小依赖于样品中待测痕量元素的浓度和所用的测定技术。有时要求富集倍数大于 10^5，若采用高效、选择性好的富集技术，这一指标即可实现。

随着现代仪器测定技术的发展，分析仪器已具有很高的选择性和很低的检测限。因此，在多数的分析过程中，富集倍数只需达到 $10^2 \sim 10^3$。当欲分离的组分在分离富集过程中没有明显损失时，适当地采用多级分离方法可有效地提高富集倍数。

4. 沾污和损失的控制

在分离富集过程中，可能从外界沾污源引入待测痕量元素或其他有害的不相关物质。由实验室气氛、试剂、容器和其他有关设备以及检验人员本身的沾污，这些都将产生正误差；而容器的吸附、易挥发元素的蒸发损失以及在稀溶液中痕量元素的化学形态的变化，都有可能导致损失。

因此，只有当欲分离的组分（待测痕量元素）的沾污相损失可被适当地控制并降低到最低限度时，分离富集才有实际应用价值。而且痕量元素的浓度越低，沾污或损失越严重，以致使富集变得毫无意义，甚至在 $\mu g/g$ 级也是如此。

5. 其他

以分析为目的的分离富集，除要求分离程度的完整性和定量分离外，还要求简单、快速和分离结果有良好的再现性。

四、 发展趋势

1. 色谱分离

色谱分离是当今研究最活跃、发展最快的分离技术。现代色谱分析将浓缩、分离、连续测定结合起来，成为复杂体系中组分、价态、化学性质相近的元素或化合物分离、测定的一种相当重要的分析技术。色谱在制备分离及提纯方面也是一种有力的手段。各种色谱方法，已广泛地应用于工业、农业、医药、环境保护、食品、生物化学及生命科学研究中，成为这些领域中不可缺少的分离、测定手段。

2. 分离富集技术与测量方法的有机结合

分离富集技术与测量方法联用是当今化学检验发展趋势之一。目前最有成效的使分析流程中的进样、分离富集、检测有机结合的仪器是气相色谱仪、高效液相色谱仪、离子色谱仪以及碳-硫分析仪和测汞仪等。它们都是由进样器、分离富集器、检测器和数据记录与处理等部件组成的分析仪器，都是集分离、检测于一机的高效能、自动控制、灵敏的多机联用分析检测仪器。

3. 分离富集技术的机械化和自动化

分离富集技术要求尽可能简单、快速，同时要易于实行机械化和自动化，溶剂萃取、蒸馏、离子交换，甚至沉淀过滤，目前都已能实行自动化。比较引人注目的是流动注入（FIA）技术，它是实现样品自动引入、稀释、在线富集的重要发展方向。在线自动处理不仅提高分析速度，更重要的是提高了方法的分析性能。这种技术也适用于与溶剂萃取、膜分离技术联用。此外，FIA 与氢化物原子吸收联用，FIA 与高效液相色谱联用等等也是当前人们乐于采用的方法。

第二节　结晶和重结晶技术

一、结晶

1. 结晶

当溶液蒸发到一定程度冷却后有晶体析出，物质从溶液中以晶体形式析出的过程称为结晶。结晶是提纯固态物质的一种重要方法。通常晶体也被称为结晶。

析出晶体颗粒的大小与外界环境条件有关，若溶液浓度较高，溶质的溶解度较小，快速冷却并加以搅拌（或用玻璃棒摩擦容器器壁），都有利于析出细小晶体；若让溶液慢慢冷却或静置，有利于生成大晶体，特别是加入小颗粒晶体（晶种）时更是如此。晶体颗粒的大小要适中、均匀，才有利于得到高纯度的晶体。

2. 结晶方法

对于溶解度随温度变化不大，即溶解度曲线比较平坦的物质，如 NaCl、KCl 等，可以通过蒸发减少溶剂，使溶液达到过饱和而析出结晶。这种方法通常需要在晶体析出后继续蒸发至母液呈稀稠状后再冷却，才能获得较多的晶体。

对于溶解度随温度降低而显著减小，即溶解度曲线很陡的物质，如 KNO_3、$NaNO_3$、NH_4NO_3 等多数无机物，可以通过冷却降温，使溶液达到过饱和而析出结晶。这种方法主要用于实验中，常将这类物质的溶液加热至饱和后再冷却。如果溶液中同时含有几种物质，则可以利用同一温度下，不同物质溶解度的明显差异，通过分步结晶将其分离，NaCl 和 KNO_3 的分离即为一例。

二、重结晶

为了得到纯度较高的晶体，可采用重结晶操作。

1. 重结晶

结晶后得到的晶体纯度达不到要求时，利用产品和杂质在溶剂中的溶解度不同，加入少量的溶剂溶解晶体，选择合适的温度，通过溶解、过滤将杂质除去，然后再蒸发、结晶的操作过程称为重结晶。根据需要有时需要多次结晶，重结晶是结晶提纯的重要方法。

2. 溶剂的选择

重结晶操作中溶剂的选择非常重要，只有被提纯的物质在所选的溶剂中具有高的溶解度和温度系数，才能使损失减少到最低。同时所选用的溶剂对于杂质而言，或者是不溶解的，可通过热过滤而除去，或者是很容易溶解的，溶液冷却时，杂质保留在母液中。可用单一溶剂，也可以用混合溶剂。

（1）单一溶剂的选择　单一溶剂的选择应遵循相似相溶原理。单一溶剂必须具备下列条件：

① 不与被提纯的物质发生化学反应。

② 使待提纯化合物的溶解度在温度变化时，有明显的差异。

③ 杂质的溶解度非常大或非常小，可使杂质留在母液中或沉降下来，不随被提纯物析出。

④ 溶剂应易挥发，但其沸点不宜过低或过高。溶剂沸点过低，使溶解度改变不大，不易操作；沸点过高，则晶体表面的溶剂不易除去。

⑤ 价格低廉，毒性小，易回收，操作安全。

选择单一溶剂的方法是，取约 0.1g 待重结晶的样品于试管中，逐滴加入约 1mL 的待定溶剂，边滴加边振荡，注意观察是否溶解。若完全溶解或加热至沸腾完全溶解，冷却后析出大量结晶，说明这种溶剂可作为该样品的重结晶溶剂。若冷却后无结晶析出，该溶剂不能作重结晶的溶剂。若加热至沸，样品不能完全溶解于 1mL 溶剂中，可逐滴补加一些溶剂，每次约加 0.5mL，添加总量不得超过 4mL，并加热至沸腾，如样品能够在 1～4mL 溶剂中溶解，冷至室温后能析出大量结晶，则此溶剂可作为该样品的重结晶溶剂。若物质能溶于 4mL 以内热溶液中，但冷却后仍无结晶析出，可用玻璃棒摩擦试管内壁或用冷水冷却，以促使结晶析出，若结晶仍不能析出，则说明此溶剂不能用于该样品的重结晶。常用的重结晶溶剂及性质见表 9-3。

表 9-3　常用的重结晶溶剂及性质

溶剂	沸点/℃	凝固点/℃	密度/(g/cm³)	水溶性	易燃性
水	100	0	1.0	＋	0
甲醇	64.7	<0	0.79	＋	＋
95%乙醇	78.1	<0	0.81	＋	＋＋
丙酮	56.1	<0	0.79	＋	＋＋＋
乙醚	34.6	<0	0.71	－	＋＋＋
石油醚	30～60 60～90	<0	0.68～0.72	－	＋＋＋＋
苯	80.1	5	0.88	－	＋＋＋＋
三氯甲烷	40.8	<0	1.34	－	0
三氯甲烷	61.2	<0	1.49	－	0
四氯化碳	76.8	<0	1.59	－	0

注：水溶性"＋"表示混溶；"－"表示不混溶。易燃性"0"表示不燃；"＋"表示易燃，"＋"号越多，表示易燃程度越大。

（2）混合溶剂的选择　混合溶剂是由两种能互溶的溶剂（如水-乙醇、乙醇-乙醚等）按一定比例配制而成的。重结晶组分易溶于其中一种溶剂（良溶剂）而难溶于另一种溶剂（不良溶剂）。

混合溶剂的选择方法是，将待纯化的产物溶于接近沸点的良溶剂中，滤去不溶物并用活性炭对有色溶液进行脱色，然后趁热滴加不良溶剂，直至溶液出现浑浊时，再滴加良溶剂或稍加热，使沉淀恰好溶解，放置冷却，使结晶从溶液中全部析出。若析出油状物，往往是由于溶剂选择不当或溶剂的配比不合适而引起的。应通过实验，找出最佳的溶剂配比。也可预先按一定配比，将两种溶剂混合后进行重结晶。表 9-4 为重结晶常用的混合溶剂。

表 9-4　重结晶常用混合溶剂

水-乙醇	甲醇-水	石油醚-苯	氯仿-醇	乙醚-丙酮	吡啶-水
水-丙醇	甲醇-乙醚	石油醚-丙酮	氯仿-醚	乙醚-石油醚	乙酸-水

3. 重结晶操作

（1）加热溶解　将选定好的稍少于理论计算量的溶剂放入烧杯或锥形瓶中。易挥发、毒性大的溶剂可使用圆底烧瓶，采用回馏方式，避免溶剂的挥发。加入称量好的样品，加热煮沸，根据溶剂的沸点和易燃性，选择合适的热浴。继续滴加溶剂，观察样品的溶解情况，溶剂的加入量应刚好使样品全部溶解，记录溶剂用量，再过量 15％～20％。溶剂过量太少，由于热过滤时溶剂的挥发、温度的下降，易形成过饱和溶液，使晶体在滤纸上析出而影响产品收率；溶剂过量太多，会造成溶液中溶质的损失。

（2）脱色　如样品溶解后的溶液带色，可采用活性炭脱色。溶液稍冷后，在不断搅拌下加入约为粗产品量的 1％～5％的活性炭，使活性炭均匀地分布在溶液中。活性炭加入量不可太多，以免产品被活性炭吸附而影响收率。加热至微沸，并保持 5～10min，趁热过滤除去活性炭。活性炭在水溶液和极性有机溶剂中脱色效果较好，但在非极性溶剂中脱色效果较差。

（3）热过滤　样品溶解后，若样品澄清、透明，则不需热过滤，若仍有少量的固体杂质，需用热过滤除去。热过滤的操作要快，以免液体或过滤仪器冷却，使晶体过早地析出。若在滤器上出现晶体，可用少量热溶液洗涤或重新加热溶解后，再进行热过滤。重结晶时可用常压热过滤或减压热过滤。常压热过滤简便，靠重力过滤，因而速度较慢，最好使用保温漏斗，并采用折叠滤纸。减压过滤速度快，缺点是会使低沸点溶剂蒸发，导致溶液浓度变大，晶体析出过早。不论使用哪种热过滤方式，都要将滤器在烘箱中烘热，并注意在过滤过程中保温。

（4）冷却结晶　过滤后的溶液静置，自然冷却，使晶体析出。注意冷却过程中不要震摇滤液，不能快速冷却，否则得到的结晶颗粒很细，晶体表面容易吸附更多的杂质，难以洗涤。对于不易析出结晶的过饱和溶液，可用玻璃棒摩擦器壁诱发结晶，也可加入该化合物的结晶作为晶种以促使晶体的析出。

（5）抽滤　通过减压过滤，将固体和液体分离，选择合适的洗涤剂洗去杂质和溶剂。将容器中的母液和晶体转移到布氏漏斗中，残留在容器中的晶体应使用母液淋洗到漏斗内，不应使用溶剂清洗，以免导致晶体溶解而损失。用洁净的玻璃塞将晶体压实，尽量抽干母液。为了除掉结晶表面的母液，还可用玻璃棒松动晶体，用冷的溶剂润湿结晶，再将溶剂抽干，反复 2～3 次，然后将晶体转移到表面皿上。

（6）干燥　为了将溶剂去除干净，保证产品的纯度，需要将晶体进行干燥。根据晶体的性质，采用不同的干燥方法。溶剂沸点较低时，可在室温下自然晾干；若溶剂的沸点较高，对于热稳定的化合物，可用常压烘箱烘干或红外线快速干燥；对于热稳定性较差的产品，应采用真空恒温干燥。

第三节　蒸馏及分馏技术

蒸馏是根据液体混合物中各组分沸点不同而进行分离提纯的方法，是将液态物质加热到沸腾变为蒸气，又将蒸气冷凝为液体这两个过程的联合操作。蒸馏可分为常压蒸馏、水蒸气蒸馏和减压蒸馏。

一、常压蒸馏

1. 常压蒸馏原理

常压蒸馏也称普通蒸馏，简称蒸馏，是在常压下加热液体至沸腾使之汽化，再经蒸气冷凝成液体，将冷凝液收集下来的操作过程。

当液体混合物受热时，蒸馏瓶内的混合液不断汽化，当液体的饱和蒸气压与施加给液体表面的外压相等时，液体沸腾，此时的温度称为该液体的沸点。液体混合物之所以能用蒸馏的方法加以分离，是因为组成混合液的各组分具有不同的挥发度。当被蒸馏的液体混合物的沸点差别较大时，在溶液上方，蒸气的组成与液相的组成不同。蒸气中低沸点组分的相对含量较大，而其在液相中的含量则较小，当蒸气冷凝时，就可得到低沸点组分含量高的馏出液。沸点较高者随后蒸出，不挥发的物质留在蒸馏器中。

由于很多有机物在150℃以上已显著分解，而沸点低于40℃的液体用常压蒸馏操作又难免造成损失，故常压蒸馏主要用于沸点为40～150℃的液体的分离。蒸馏只是进行一次蒸发和冷凝的操作，被分离的混合物中各组分的沸点通常相差30℃以上时才能达到有效的分离。因此，蒸馏可用于测定液体化合物的沸点，判断有机化合物的纯度，提纯或除去非挥发性物质，回收溶剂或蒸出部分溶剂以浓缩溶液，主要是用于分离液体混合物。

2. 常压蒸馏装置

常压蒸馏装置主要由温度计、蒸馏烧瓶、冷凝管、接收器四部分组成，如图9-1所示。

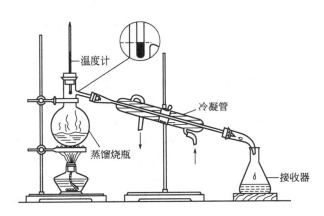

图9-1 常压蒸馏装置

（1）温度计 温度计用于测量蒸馏烧瓶内蒸气的温度，一般选择量程高于蒸馏液体中沸点最高组分的沸点10～20℃的温度计。不宜高出过多，因为温度计的测量范围越大，准确度越差。在安装蒸馏装置时，温度计水银球与毛细管的结合点恰好在蒸馏烧瓶支管的中心轴线上。可增加一辅助温度计校正温度计的误差，辅助温度计的水银球要在温度计水银柱可能外露段的中部。

（2）蒸馏烧瓶 蒸馏烧瓶用来盛放和加热被蒸馏的液体，一般应选用具有支管的圆底烧瓶。液体在烧瓶中受热汽化，蒸气经支管进入冷凝管，支管与冷凝管用单孔软木塞相连，支管伸出软木塞外2～3mm。常用的圆底烧瓶有长颈和短颈两种，长颈式蒸馏烧瓶适于蒸馏沸点较低的液体化合物；短颈式蒸馏烧瓶适于蒸馏沸点较高（120℃以上）的液体化合物。

（3）冷凝管 冷凝管用来把蒸气冷凝成液体，冷却水不断从冷凝管下部管口进入，热水从上部管口流出，带走热蒸气的热量，从而起到冷却作用。

当液体蒸馏物的沸点在150℃以下时，应选用直形冷凝管，用冷水冷却最为适宜。直形冷凝管的长短和粗细一方面取决于液态蒸馏物沸点的高低，即沸点越低，蒸气越不易冷凝，应选择较长较粗的冷凝管；相反，沸点越高，蒸气越容易冷凝，应选择较短较细的冷凝管。另一方面取决于液体蒸馏物的多少，蒸馏物的量越多，蒸馏烧瓶的容量就应越大，烧瓶的受热面积也相应地增加，单位时间内从蒸馏烧瓶中排出的蒸气量也就越多，选择的冷凝管也应长一些、粗一些。

当液体蒸馏物的沸点在150℃以上时，必须采用空气冷凝管，其粗细和大小也由蒸馏物的沸点及蒸馏烧瓶的容积而定。如果实验室没有空气冷凝管，可用直径为0.7～1cm、长度在40cm以上的玻璃管代替。

在蒸馏大量的低沸点液体时，为加快蒸馏速度，可选用蛇形冷凝管进行冷却。使用时，需垂直装置，切不可斜装，以防止冷凝液停留在蛇形冷凝管内，阻塞通路，使蒸馏烧瓶内压力增大而发生事故。

（4）接收器 接收器用于收集冷凝后的液体，一般由接液管和接收瓶（锥形瓶）两部分组成。接液管和接收瓶之间不可用塞子塞住，而应与外界大气相通。如果蒸馏易挥发的有毒物质，则全过程应在通风橱内进行。

3. 常压蒸馏操作

（1）安装蒸馏装置 一般先从热源开始（酒精灯或电炉），然后遵循"自下而上，由左到右"的顺序，依次在铁架台上安好铁圈，放好石棉网和水浴，再把装有温度计的蒸馏烧瓶用铁夹垂直夹好。把冷凝管固定在铁架台上时，应先调整好它的位置和倾斜角度，使之与蒸馏烧瓶支管同轴，然后使冷凝管沿此轴和蒸馏烧瓶支管相接，最后安装接收器，接液管与接收器之间不能密封。

安装过程中应注意整个蒸馏装置中的各部分（除接液管与接收器之间外）都应装配严密，即气密性好，防止有蒸气漏出而造成产品损失或其他危险；固定玻璃仪器的铁夹不应夹得太紧或太松，以夹住后稍用力尚能转动为宜。且铁夹内一定要垫以橡胶等软性物质，绝不允许铁器与玻璃仪器直接接触，以防夹坏仪器；避免接收器与火源靠得太近，以防着火等危险。

（2）加料 将蒸馏液通过玻璃漏斗或直接沿着正对支管的瓶颈壁小心地倒入蒸馏烧瓶中。要注意不能使液体从支管流出，液体加入量应为烧瓶容量的1/2～2/3。蒸馏低沸点液体时，加热前应加入沸石，以防止暴沸。若加热前忘记加沸石，在接近沸腾温度时不能补加，必须使液体稍冷后补加沸石再重新加热。

将配有温度计的塞子塞入蒸馏烧瓶瓶口后，再一次仔细检查装置是否稳妥正确，各仪器连接是否紧密，有无漏气现象。

（3）加热 加热蒸馏前，应先接通冷却水，从冷凝管的下口进水，上口出水，不要接反。然后开始加热，最初用小火，以免蒸馏烧瓶因局部过热而破裂，慢慢增大火力使烧瓶内的液体逐渐沸腾。记录第一滴馏出液滴入接收器时的温度。此时应控制加热，使蒸馏速度不应太快或太慢。使馏出液滴出的速度为1～2滴/s为宜。在蒸馏过程中，应始终保持温度计水银球上有一稳定的液滴，这是气液两相平衡的象征。此时温度计的读数就是液体的沸点。

（4）观察沸点和收集馏出液 蒸馏前，至少准备两个接收器，一个用于收集前馏分，即达到需要物质的沸点之前的馏出液。前馏分蒸完，温度趋于稳定后蒸出的就是较纯的物质，更换另一个洁净而干燥的接收器接收馏出液。记下这部分液体开始馏出时和最后一滴馏出时的温度，即为该馏分的沸程。

在所需要的馏分蒸出后，若维持原来的加热温度，就不会再有馏出液蒸出，温度计读数会急剧下降，这时应停止蒸馏。即使杂质含量较少，也不要蒸干，以免蒸馏烧瓶破裂而发生意外事故。

（5）停止加热、拆卸仪器　蒸馏完毕，停止加热，待温度下降至 40℃左右时，关闭冷却水，拆卸仪器，其顺序与装配时相反，即依次取下接收器、接液管、冷凝管和蒸馏烧瓶等。将馏出液倒入指定容器中，以备测定。将圆底烧瓶中的残液倒入回收瓶内，将卸下的仪器洗净、干燥以备下次使用。

（6）常压蒸馏的注意事项

① 当蒸馏易挥发和易燃的物质，不能用明火加热，否则容易引起火灾事故，故应采用热水浴。

② 若用油浴加热，切不可将水弄进油中，为避免水掉进油浴中出现危险，在许多场合，可以选用甘醇浴。

③ 对于乙醚等易生成过氧化物的化合物，蒸馏前必须经过检验。若含过氧化物，务必除去后方可蒸馏，且不得蒸干，以防爆炸。

④ 蒸馏过程中欲向烧瓶中加液体，必须停火后进行，但不得中断冷凝水。

⑤ 若同一实验台上有两组以上同学同时进行此项操作且相互距离较近时，每两套装置间必须是蒸馏部分靠近蒸馏部分或接收器靠近接收器，避免着火的危险。

二、 减压蒸馏

1. 减压蒸馏的原理

液体的沸点是指它的蒸气压等于外界大气压时的温度，所以液体沸腾的温度随着外界的压力降低而降低。当蒸馏系统内的压力降低后，其沸点便降低，使得液体在较低的温度下汽化而逸出，继而冷凝成液体。这种在较低的压力（低于大气压）下进行蒸馏的操作称为减压蒸馏，也称真空蒸馏，适用于分离提纯高沸点（＞150℃）有机化合物或在常压下蒸馏易发生分解、氧化或聚合等反应的有机化合物。

2. 减压蒸馏装置

减压蒸馏装置是由蒸馏部分、减压部分、系统保护部分和测压装置四个部分组成，如图 9-2、图 9-3 所示。

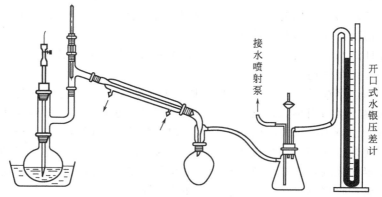

图 9-2　水泵减压蒸馏装置

（1）蒸馏部分　由蒸馏烧瓶、冷凝管、接收器三部分构成。

蒸馏烧瓶采用配有克氏蒸馏头的圆底烧瓶（不可用平底烧瓶或薄壁玻璃仪器）。克氏蒸馏头上带有支管的一侧上口插温度计，另一口插一根厚壁玻璃管，其末端拉成毛细管，毛细管的下端插入到离瓶底 1～2mm 处，距离底部越近越好，其作用是在减压蒸馏时使液体平稳蒸馏，避免因过热造成暴沸溅跳现象。若被蒸馏的液体易发生氧化，通入毛细管中的气体

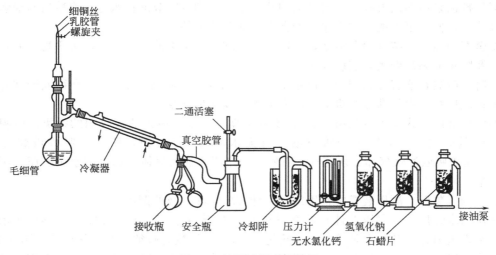

图 9-3　油泵减压蒸馏装置

应为氮气。冷凝管一般选用直形冷凝管，如果蒸馏液体较少且沸点高或为低熔点固体可不用冷凝管。接收器可以是圆底烧瓶、梨形瓶、茄形瓶等耐压器皿，不得用锥形瓶。接收管带有支管，支管与抽气系统相连接，接收管可以是双头或多头接收管，以便移动多头接收管接收不同的馏分，如图 9-4 所示。热浴的选择按蒸馏标准选用，一般都以控制其浴温比液体沸点高出 20～30℃为好。

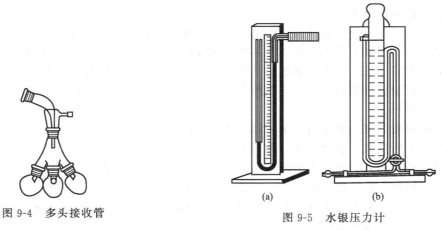

图 9-4　多头接收管

图 9-5　水银压力计

（2）减压部分　实验室通常用水泵或油泵进行减压。

① 水泵。水泵用玻璃或金属制成，水泵所能抽到的最低压力，理论上为当时水的蒸气压。其蒸气压与水温有关，温度高时，蒸气压大。水的蒸气压一般可达 $9.3 \times 10^2 \sim 29 \times 10^2 Pa$。水泵减压蒸馏装置较为简便，适用于不需要较高真空度的减压蒸馏。若要达到更低的压力，则要用油泵。

② 油泵。油泵适用于较高真空度的减压蒸馏。油泵的效能决定于油泵机械结构以及泵油的好坏（泵油的蒸气压必须很低），一般使用油泵时，系统的压力常控制在 $5 \times 133.3 \sim 10 \times 133.3 Pa$。如果要获得较低的压力，可选用短颈和支管粗的克氏蒸馏瓶。

（3）系统保护部分　在接收器和油泵之间安装保护系统来保护油泵，由安全瓶、冷阱及两个或多个吸收塔组成。其作用是阻止有机物、水及酸等蒸气进入油泵内。因为挥发性的有机物蒸气被油泵内的油吸收，会增加油的蒸气压，影响真空效能；水蒸气冷凝后与油形成浓稠的乳浊状，使油泵不能正常工作；酸会腐蚀油泵的机件。

安全瓶的瓶口上装有两孔活塞，可用于调节减压系统中的压力，使压力平稳，并用于解除真空及防止油泵油倒吸，起缓冲作用。

冷阱一般放在盛有冷冻剂的广口瓶中，冷冻剂常选用冰-水、冰-盐混合物或干冰等。其目的是把减压系统中低沸点有机溶剂冷凝下来，以保护油泵。

油泵前有两个或多个吸收塔（瓶），也称干燥塔。吸收瓶内的吸收剂的种类，应视被蒸馏液的性质而定。通常第一个吸收塔装有无水 $CaCl_2$ 或硅胶，第二个吸收塔装有固体 NaOH，用来吸收酸性气体、水蒸气；石蜡片用来吸收烃类气体。如果用水泵减压，则不需要吸收塔。

（4）测压装置　测压装置中常用的压力计有玻璃和金属的两种。

常用的水银压力计（压差计）是将汞装入 U 形玻管中制成的，如图 9-5（a）所示，是开口式水银压力计。其特点是管长必须超过 760mm，读数时必须配有大气压计。图 9-5（b）是封闭式水银压力计，它比开口水银压力计轻巧，读数方便，两臂液面高度之差即为蒸馏系统中的真空度，但不及开口水银压力计所量压力准确，常常需用开口的压力计来校正。

金属制压力表，其所量压力的准确程度完全由机械设备的精密度决定。一般压力表所量压力不太准确，然而它轻巧，不易损坏，使用安全。

3. 减压蒸馏操作

（1）安装仪器　装配时要注意仪器应安排得十分紧凑，既要使系统通畅，又要不漏气，所有橡皮管最好用厚壁的真空用的橡皮管，玻璃仪器磨口处均匀地涂上一层真空油脂，以保证装置的密封和润滑。

（2）气密性检查　其方法是将毛细管上的螺旋夹旋紧，打开安全瓶上的二通旋塞，开启真空泵抽气，逐渐关闭二通旋塞，系统压力能达到所需的真空度并保持恒定，说明系统不漏气。若压力有变化，则说明系统的连接处有漏气，可解除真空后，检查连接处是否紧密。必要时，重新涂真空油脂密封。再重新空试，直至压力稳定并且达到所要求的真空度，方可进行以下的操作。

（3）加液　减压蒸馏时，加入待蒸馏液体的量不得超过蒸馏瓶的 1/2。开启真空泵，关闭安全瓶上的活塞，通过螺旋夹调节毛细管，使导入的空气呈连续平稳的小气泡。若蒸馏系统超过了所需的真空度，可旋转二通活塞，调节所需的真空度。

（4）加热　选择合适的热浴，待压力稳定后，开启冷凝水。加热时，可在热浴中插入一支温度计，使热浴的温度比烧瓶内沸腾的溶液高 20～30℃。加热速度不要太快，因为在减压蒸馏时，一般液体在较低的温度下即可蒸出。

（5）接收馏分　当馏头蒸出以后，达到蒸馏物质的沸点时，可转动多头接收管的位置，接收馏分，并控制流出液的速度为 1～2 滴/s，使所需沸程范围的液体流入指定的接收瓶中。压力稳定及化合物较纯时，沸程应控制在 1～2℃ 范围内。

（6）记录数据　在蒸馏过程中，应注意蒸馏的温度和压力，应以不使产品分解为准。并记录压力、沸点等有关数据。

（7）结束蒸馏　蒸馏完毕时，首先撤去热源，待溶液稍冷后，慢慢打开毛细管上的螺旋夹，并缓慢地打开安全瓶上的活塞，使系统内外的压力达到平衡后，关闭油（水）泵。相反，若未使系统压力达到平衡就关闭水或油泵，会出现水或油倒吸而进入安全瓶或冷阱的现象。

4. 减压蒸馏的注意事项

　　① 蒸馏液中含低沸点物质时，为了维护油泵，通常先进行常压蒸馏再进行减压蒸馏。

　　② 在减压蒸馏系统中应选用耐压的玻璃仪器（如蒸馏烧瓶、圆底烧瓶、梨形瓶、抽滤瓶等），切忌使用薄壁的甚至有裂纹的玻璃仪器，尤其不要用平底瓶（如锥形瓶），否则易引起内向爆炸，冲入的空气会打碎一系列玻璃仪器。

　　③ 在整个蒸馏过程中，封闭式的水银压力计的活塞应经常关闭，观察压力时打开，记录完毕随时关上，以免仪器破裂时使体系内的压力突变，水银冲破玻璃管洒出。

　　④ 抽气或解除真空时，一定要缓慢进行，否则压力计汞柱急速变化，有冲破压力计的危险。

　　⑤ 蒸馏过程中若有堵塞或其他异常情况，必须先停止加热，冷却后，缓慢解除真空后才能进行处理。

三、 水蒸气蒸馏

1. 水蒸气蒸馏原理

　　水蒸气蒸馏是利用某些不溶或难溶于热水并有一定挥发性的有机化合物可随水蒸气一起蒸馏出来，而使它们从混合物中分离。水蒸气蒸馏广泛应用于在常压蒸馏时达到沸点后易分解物质的提纯，从天然原料中分离出液体和固体物质，以及从含不挥发固体的混合物中将少量挥发性杂质除去。

　　用水蒸气蒸馏法进行分离提纯的有机物应具备下列条件：

　　（1）不溶或几乎不溶于水；

　　（2）在沸腾温度下不与水蒸气发生化学反应；

　　（3）在 100℃ 左右必须具有一定的蒸气压，一般不得小于 1300Pa。

2. 水蒸气蒸馏装置

　　水蒸气蒸馏装置由水蒸气发生器、蒸馏烧瓶、冷凝管和接收器等组成，各接口必须严密不漏气，如图 9-6 所示。

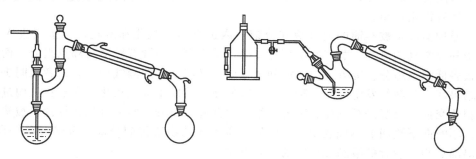

图 9-6　水蒸气蒸馏装置

　　（1）水蒸气发生器　一般使用专用的金属（铜或铁）制的水蒸气发生器，也可用 500mL 的蒸馏烧瓶代替（配一根长 1m、直径约为 7mm 的玻璃管作安全管，下端应插到接近烧瓶底部）。水蒸气发生器导出管与一个 T 形管相连，T 形管的支管套上一短橡皮管。橡皮管用螺旋夹夹住，以便及时除去冷凝下来的水滴，T 形管的另一端与蒸馏部分的导管相连（这段水蒸气导管应尽可能短些，以减少水蒸气的冷凝）。水蒸气发生器也可用三颈瓶代替。

　　（2）蒸馏烧瓶　采用圆底烧瓶，配上克氏蒸馏头，可避免由于蒸馏时液体的跳动引起液体从导出管冲出，以致沾污馏出液。

　　（3）冷凝管　一般选用直形冷凝管。

（4）接收器　选择合适容量的圆底烧瓶或梨形瓶作接收器。

3. 水蒸气蒸馏操作

将被蒸馏的物质加入烧瓶中，尽量不超过其容积的 1/3，仔细检查各接口处是否漏气，并将 T 形管上螺旋夹打开。开启冷凝水，然后水蒸气发生器开始加热，当 T 形管的支管有蒸气冲出时，再逐渐旋紧 T 形管上的螺旋夹，水蒸气开始通向烧瓶。

如果水蒸气在烧瓶中冷凝过多，烧瓶内混合物体积增加，以至超过烧瓶容积的 2/3 时，或者水蒸气蒸馏速度不快时，可对烧瓶进行适当加热，要注意烧瓶内崩跳现象，如果崩跳剧烈，则不应加热，以免发生意外。蒸馏速度为 2～3 滴/s。当馏出液澄清透明，不含有油珠状的有机物时，即可停止蒸馏。

4. 水蒸气蒸馏的注意事项

① 水蒸气发生器中的水不能太满，否则沸腾时水将冲至烧瓶，并且最好在水蒸气发生器中加进沸石起助沸作用。

② 蒸馏过程中，必须随时检查水蒸气发生器中的水位是否正常，安全管水位是否正常，有无倒吸现象，一旦发现不正常，应立即将 T 形管上螺旋夹打开，找出原因排除故障，然后逐渐旋紧 T 形管上的螺旋夹，继续进行实验。

③ 如果系统内发生堵塞，水蒸气发生器中的水会沿安全管迅速上升甚至会从管的上口喷出，这时应立即中断蒸馏，待故障排除后继续蒸馏。

④ 当冷凝管夹套中要重新通入冷却水时，要小心而缓慢，以免冷凝管因骤冷而破裂。

⑤ 中断或停止蒸馏一定要先旋开 T 形管上的螺旋夹，然后停止加热，最后再关冷凝水。否则烧瓶内混合物将倒吸到水蒸气发生器中。

四、分馏

1. 分馏原理

当液体混合物中各组分的沸点相差不太大，用普通蒸馏法难以精确分离时，可以借助于分馏柱的作用使它们分开，这种方法称为分馏。分馏主要用于分离两种或两种以上沸点相近的互溶液体有机化合物。

分馏原理实际是被蒸馏的混合液在分馏柱内进行多次汽化和冷凝。当蒸气进入分馏柱时，因受外界空气的冷却，蒸气发生部分冷凝，使冷凝液中含有较多高沸点组分，而蒸气中则含有较多低沸点组分。冷凝液向下流动过程中，又与上升的蒸气相遇，二者之间进行热量交换，结果使上升蒸气发生部分冷凝。而下降的冷凝液发生部分汽化。由于在柱内进行多次气、液相热交换，反复进行汽化、冷凝，结果使低沸点组分不断上升到达柱顶部被蒸出，高沸点组分不断向下流回加热烧瓶中。从而使沸点不同的物质得到分离。分馏又称分段蒸馏，它是分离沸点相差较近的液态混合物的重要方法。

2. 分馏装置

分馏装置由圆底烧瓶、分馏柱、温度计、冷凝管、接液管和接收瓶等组成，如图 9-7 所示。

分馏柱可以是填料式或塔板式，实验室常用的分馏柱见图 9-8。图 9-8（a）是韦氏分馏柱，柱内有三根向下倾斜的玻璃刺状物，称为"垂刺形"。图 9-8（b）为填料式分馏柱，柱内可选择填装＋各种惰性材料制成的填料，最常见的是各种形状和大小的瓷环填料。

常见分馏柱的长度一般为 40～100cm，选用分离柱应考虑待分离组分的性质、分离的难易程度、对分离物质纯度的要求等因素。在能满足分离效果的前提下，应选择形体小、效率高的分离柱。

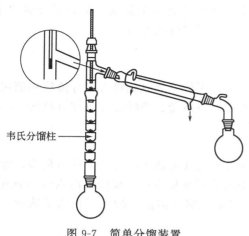

韦氏分馏柱

图 9-7　简单分馏装置

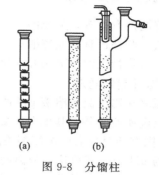

(a)　　　(b)

图 9-8　分馏柱

3. 分馏操作

（1）安装分馏装置　仪器安装顺序与蒸馏装置相似，即从热源开始，先下后上，从左到右。用铁夹将分馏柱夹紧，插上温度计、蒸馏头（分馏头），将冷凝管与蒸馏头连接好，安装接液管和接收瓶。

（2）加热　将待分馏的混合物放入圆底烧瓶中，加入数粒沸石。选择合适的热源，开始加热。当液体一沸腾就及时调节热源，使蒸气慢慢升入分馏柱，约 10～15min 后蒸气到达柱顶，这时可观察到温度计的水银球上出现了液滴。调小热源，让蒸气仅到柱顶而不进入支管就全部冷凝，回流到烧瓶中，维持 5min 左右，使填料完全湿润，开始正常工作。

（3）分馏　调大热源，控制液体的馏出速度为每 2～3 滴/s，这样可得到较好的分馏效果。待温度计读数骤然下降，说明低沸点组分已蒸完，可继续升温，按沸点收集第二、第三种组分的馏出液，当欲收集的组分全部收集完后，停止加热。待体系稍冷后关闭冷凝水，自后向前拆卸分馏装置。

（4）用密度计测定馏出液的相对密度，记录馏出液的馏出温度、体积以及馏出液和残留液的体积。

4. 分馏的注意事项

① 分馏柱中的蒸气未上升到温度计水银球处时，温度上升很慢，此时不可加热过猛。以防蒸气一旦上升到水银球位置时，温度会迅速上升，失去控制。

② 要有足够量的液体回流，保证合适的回流比。

③ 尽量减少分馏柱的热量失散和波动。通常分馏柱外必须进行适当的保温，以便能始终维持温度平衡。为了保持柱内的温度梯度，可在分馏柱外用石棉绳或玻璃布等保温材料缠扎分馏柱。

④ 共沸混合物或恒沸物不能用蒸馏或分馏的方法进行分离。

第四节　沉淀分离技术

沉淀分离法是在试料溶液中加入沉淀剂，使某一成分以一定组成的固定相析出，经过滤而与液相分离的方法。在分析化学中常常通过沉淀反应把欲测组分分离出来；或者把共存的组分沉淀下来，以消除它们对于欲测组分的干扰。虽然沉淀分离需经过滤、洗涤等过程，操作较烦琐费时；某些组分的沉淀分离选择性较差，分离不够完全。但是由于分离操作的改进，加快了过滤、洗涤速度；另外，通过使用选择性较好的有机沉淀剂，提高了分离效率，因而到目前为止，沉淀分离法在分析化学中还是一种常用的分离方法。

一、无机沉淀剂分离法

无机沉淀剂有很多，形成的沉淀类型也很多，最常用的是氢氧化物沉淀分离法和硫化物沉淀分离法，此外还有形成硫酸盐、碳酸盐、草酸盐、磷酸盐、铬酸盐等沉淀分离法。本节着重讨论氢氧化物沉淀分离法和硫化物沉淀分离法。

1. 氢氧化物沉淀分离法

（1）氢氧化物沉淀与溶液 pH 值的关系　可以形成氢氧化物沉淀的离子种类很多，除碱金属与碱土金属离子外，其他金属离子的氢氧化物的溶解度都很小。根据沉淀原理，溶度积 K_{sp} 越小，则沉淀时所需的沉淀剂浓度越低。因此只要控制好溶液中的氢氧根离子浓度，即控制适宜的 pH 值，就可达到分离的目的。

根据各种氢氧化物的溶度积，可以大致计算出各种金属离子开始析出沉淀时的 pH 值。例如 $Fe(OH)_3$ 的 $K_{sp}=3.5\times10^{-38}$，若 $[Fe^{3+}]=0.01mol/L$，则 $Fe(OH)_3$ 开始沉淀时的 pH 值为：

$$[Fe^{3+}][OH^-]^3\geqslant3.5\times10^{-38}$$

即

$$[OH^-]\geqslant\sqrt[3]{\frac{3.5\times10^{-38}}{0.01}}\ mol/L=1.5\times10^{-12}\ mol/L$$

所以

$$pOH\leqslant11.8;\ pH\geqslant2.2$$

当沉淀作用进行到溶液中残留的 $[Fe^{3+}]=10^{-6}mol/L$ 时，即已沉淀的 Fe^{3+} 达 99.99% 时，沉淀作用可以认为已进行完全，这时溶液的 pH 值为：

$$[OH^-]=\sqrt[3]{\frac{3.5\times10^{-38}}{10^{-6}}}\ mol/L=3.3\times10^{-11}\ mol/L$$

$$pOH=10.5\quad pH=3.5$$

同理，可以得到各种氢氧化物开始沉淀和沉淀完全时的 pH 值，见表 9-5。

表 9-5　各种金属离子氢氧化物开始沉淀和沉淀完全时的 pH 值

氢氧化物	溶度积 K_{sp}	开始沉淀时的 pH 值	沉淀完全时的 pH 值
$Sn(OH)_4$	1×10^{-57}	0.5	1.3
$TiO(OH)_2$	1×10^{-29}	0.5	2.0
$Sn(OH)_2$	3×10^{-27}	1.7	3.7
$Fe(OH)_3$	3.5×10^{-38}	2.2	3.5
$Al(OH)_3$	2×10^{-32}	4.1	5.4
$Cr(OH)_3$	5.4×10^{-31}	4.6	5.9
$Zn(OH)_2$	1.2×10^{-17}	6.5	8.5
$Fe(OH)_2$	1×10^{-15}	7.5	9.5
$Ni(OH)_2$	6.5×10^{-18}	6.4	8.4
$Mn(OH)_2$	4.5×10^{-13}	8.8	10.8
$Mg(OH)_2$	1.8×10^{-11}	9.6	11.6

（2）常用的沉淀剂

① 氢氧化钠。NaOH 是强碱，用它作沉淀剂，可使两性元素和非两性元素分离，两性元素以含氧酸阴离子形态保留在溶液中，非两性元素则生成氢氧化物沉淀。常见元素用 NaOH 进行沉淀分离的情况见表 9-6。

表 9-6　用 NaOH 进行沉淀分离的情况

定量沉淀的离子	部分沉淀的离子	留于溶液中的离子
Mg^{2+}、Cu^{2+}、Ag^+、Au^+、Cd^{2+}、Hg^{2+}、Ti^{4+}、Zr^{4+}、Hf^{4+}、Th^{4+}、Bi^{3+}、Fe^{3+}、Co^{2+}、Ni^{2+}、Mn^{2+}、稀土等	Ca^{2+}、Sr^{2+}、Ba^{2+}、$Nb(V)$、$Ta(V)$	AlO_2^-、CrO_2^-、ZnO_2^{2-}、PbO_2^{2-}、SnO_2^{2-}、GeO_3^{2-}、GaO_2^-、BeO_2^{2-}、SiO_3^{2-}、WO_4^{2-}、MoO_4^{2-}、VO_3^- 等

② 氨水-铵盐。氨水-铵盐法是利用氨水和铵盐控制溶液的 pH 值在 8~10，使一、二价与高价金属离子分离的方法。由于溶液 pH 值并不太高，可防止 $Mg(OH)_2$ 析出沉淀和 $Al(OH)_3$ 等酸性氢氧化物溶解。氨与 Ag^+、Co^{2+}、Ni^{2+}、Zn^{2+}、Cd^{2+} 和 Cu^{2+} 等离子形成配合物，使它们留在溶液中而与其他离子分离。由于氢氧化物是胶状沉淀，加入铵盐电解质，有利于胶体凝聚，同时氢氧化物沉淀吸附的 NH_4^+，可以减少沉淀对其他离子的吸附。另外，氢氧化物沉淀会吸附一些杂质，应将沉淀用酸溶解后，用氨水-铵盐再沉淀一次。用氨水-铵盐法分离金属离子的情况见表 9-7。

若采用氨水（加入大量 NH_4Cl）小体积沉淀分离法，可以改善分离效果。小体积沉淀分离法常用于 Cu^{2+}、Co^{2+}、Ni^{2+} 与 Fe^{3+}、Al^{3+}、Ti^{4+} 等的定量分离。

表 9-7　氨水-铵盐沉淀分离金属离子

定量沉淀的离子	部分沉淀的离子	留于溶液中的离子
Hg^{2+}、Be^{2+}、Fe^{3+}、Al^{3+}、Cr^{3+}、Bi^{3+}、Sb^{3+}、Sn^{4+}、Ti^{4+}、Zr^{4+}、Hf^{4+}、Th^{4+}、Ga^{3+}、In^{3+}、Tl^{3+}、Mn^{4+}、$Nb(V)$、$U(VI)$、稀土等。	Mn^{2+}、Fe^{2+}、Pb^{2+}	$Ag(NH_3)_2^+$、$Cu(NH_3)_4^{2+}$、$Cd(NH_3)_4^{2+}$、$Co(NH_3)_6^{3+}$、$Ni(NH_3)_4^{2+}$、$Zn(NH_3)_4^{2+}$、Ca^{2+}、Sr^{2+}、Ba^{2+}、Mg^{2+} 等

③ 金属氧化物和碳酸盐悬浊液。以 ZnO 为例，ZnO 为难溶弱碱，用水调成悬浊液，加于微酸性的试液中，可将 pH 值控制在 5.5~6.5。此时，Fe^{3+}、Al^{3+}、Cr^{3+}、Bi^{3+}、Ti^{4+}、Zr^{4+} 和 Th^{4+} 等析出氢氧化物沉淀，而 Zn^{2+}、Mn^{2+}、Co^{2+}、Ni^{2+}、碱金属和碱土金属离子留在溶液中。

ZnO 在水溶液中存在下列平衡：

$$ZnO + H_2O \rightleftharpoons Zn(OH)_2 \rightleftharpoons Zn^{2+} + 2OH^-$$

由于

$$[Zn^{2+}][OH^-]^2 = K_{sp} = 1.2 \times 10^{-17}$$

因此

$$[OH^-] = \sqrt{\frac{1.2 \times 10^{-17}}{[Zn^{2+}]}}$$

当 ZnO 悬浊液加到酸性溶液中时，$[Zn^{2+}]$ 可达到 $0.1 mol/L$ 左右，此时

$$[OH^-] = \sqrt{\frac{1.2 \times 10^{-17}}{0.1}} mol/L = 1.1 \times 10^{-8} mol/L$$

即

$$pOH \approx 8; \quad pH \approx 6$$

ZnO 悬浊液适用于 Fe^{3+}、Al^{3+}、Cr^{3+} 与 Mn^{2+}、Co^{2+}、Ni^{2+} 等的分离。例如合金钢中钴的测定，可用 ZnO 悬浊液法分离除掉干扰元素，然后用比色法测定钴。表 9-8 列出几种悬浊液可控制的 pH 值。

表 9-8　用氧化物、碳酸盐悬浊液控制 pH 值

悬浊液	pH 值	悬浊液	pH 值
ZnO	6	$PbCO_3$	6.2
HgO	7.4	$CdCO_3$	6.5
MgO	10.5	$BaCO_3$	7.3
$CaCO_3$	7.4		

利用悬浊液控制 pH 值时，会引入大量相应的阳离子。因此，只有在这些阳离子不干扰

测定时才可使用。

④ 有机碱。吡啶、六亚甲基四胺、苯胺、苯肼和尿素等有机碱，都能控制溶液的 pH 值，使金属离子生成氢氧化物沉淀，如吡啶与溶液中的酸作用，生成相应的盐：

$$C_5H_5N + HCl =\!=\!= C_5H_5N \cdot HCl$$

吡啶和吡啶盐组成 pH＝5.5～6.5 的缓冲溶液，可使 Fe^{3+}、Al^{3+}、Ti^{3+}、Zr^{4+} 和 Cr^{3+} 等形成氢氧化物沉淀，Mn^{2+}、Co^{2+}、Ni^{2+}、Cu^{2+}、Zn^{2+} 和 Cd^{2+} 形成可溶性吡啶配合物而留在溶液中。

2. 硫化物沉淀分离法

硫化物沉淀分离法与氢氧化物沉淀分离法相似，不少金属（有 40 余种金属离子）可以生成溶度积相差很大的硫化物沉淀，可以借控制硫离子的浓度使金属离子彼此分离。H_2S 是硫化物沉淀分离法常用的沉淀剂，溶液中 $[S^{2-}]$ 与 $[H^+]$ 的关系是：

$$[S^{2-}] \approx \frac{c(H_2S)K_{a_1}K_{a_2}}{[H^+]^2}$$

可见 $[S^{2-}]$ 与溶液的酸度有关，控制适当的酸度，即控制 $[S^{2-}]$，可达到沉淀分离硫化物的目的。在常温常压下 H_2S 饱和溶液的浓度大约是 $0.1mol/L$。

在利用硫化物时，大多用缓冲溶液控制酸度。例如，向氯代乙酸缓冲溶液（pH≈2）中通入 H_2S，则使 Zn^{2+} 沉淀为 ZnS 而与 Mn^{2+}、Co^{2+}、Ni^{2+} 分离；向六亚甲基四胺（pH＝5～6）中通入 H_2S，则 ZnS、CoS、FeS、NiS 等会定量沉淀而与 Mn^{2+} 分离。

硫化物沉淀分离法的选择性不高，它主要用于分离除去某些重金属离子。硫化物沉淀大都是胶状沉淀，共沉淀现象严重，而且还有继沉淀现象，使其受到限制。如果改用硫代乙酰胺作沉淀剂，利用它在酸性或碱性溶液中加热煮沸发生水解而产生 H_2S 或 S^{2-} 进行沉淀，则可改善沉淀性能，易于过滤、洗涤，分离效果好。

二、 有机沉淀剂分离法

1. 有机沉淀剂的特点

（1）选择性高　有机沉淀剂在一定条件下，一般只与少数离子发生沉淀反应。

（2）沉淀的溶解度小　由于有机沉淀的疏水性强，所以溶解度较小，有利于沉淀完全。

（3）沉淀吸附杂质少　因为沉淀表面不带电荷，所以吸附杂质离子少，易获得纯净的沉淀。

（4）沉淀的摩尔质量大　被测组分在称量形式中占的百分比小，有利于提高分析结果的准确度。

（5）多数有机沉淀物组成恒定，经烘干后即可称重，简化了重量分析的操作。

2. 有机沉淀剂的分类

有机沉淀剂和金属离子通常生成微溶性的螯合物或离子缔合物。因此，有机沉淀剂也可分为生成螯合物的沉淀剂和生成离子缔合物的沉淀剂两类。

（1）生成螯合物的沉淀剂　作为沉淀剂的螯合剂，绝大部分是 HL 型或 H_2L 型（H_3L 型的较少）。能形成螯合物沉淀的有机沉淀剂，它们至少应有下列两种官能团：一种是酸性官能团，如—COOH、—OH、＝NOH、—SH、—SO_3H 等，这些官能团中的 H^+ 可被金属离子置换；另一种是碱性官能团，如—NH_2、—NH—、＝N—、＝C＝O 及＝C＝S 等，这些官能团具有未被共用的电子对，可以与金属离子形成配位键而成为配位化合物。金属离子与有机螯合物沉淀剂反应，通过酸性基团和碱性基团的共同作用，生成微溶性的螯合物。

①　8-羟基喹啉及其衍生物。8-羟基喹啉，白色针状晶体，微溶于水，一般使用它的乙醇溶液或丙酮溶液，是生成螯合物的沉淀剂，在弱酸性或碱性溶液中（pH＝3～9），8-羟基喹啉与许多金属离子发生沉淀反应。8-羟基喹啉与金属离子 M^{2+} 为例形成螯合物沉淀，其结构式如下：

与 Al^{3+} 配位时，酸性基团—OH 的氢被 Al^{3+} 置换，同时 Al^{3+} 又与碱性基团═N—以配位键相结合，形成五元环结构的微溶性螯合物，生成的 8-羟基喹啉铝不带电荷，所以不易吸附其他离子，沉淀比较纯净，而且溶解度很小（$K_{sp}=1.0\times10^{-29}$）。

②　丁二酮肟。白色粉末，微溶于水，通常使用它的乙醇溶液或氢氧化钠溶液。丁二酮肟是选择性较高的生成螯合物的沉淀剂，在金属离子中，只有 Ni^{2+}、Pd^{2+}、Pt^{2+}、Fe^{2+} 能与它生成沉淀。在氨性溶液中，丁二酮肟与 Ni^{2+} 生成鲜红色的螯合物沉淀，沉淀组成恒定，可烘干后直接称量，常用于重量法测定镍。Fe^{3+}、Al^{3+}、Cr^{3+} 等在氨性溶液中能生成水合氧化物沉淀干扰测定，可加入柠檬酸或酒石酸进行掩蔽。

（2）生成离子缔合物沉淀剂　有些摩尔质量较大的有机试剂，在水溶液中以阳离子和阴离子形式存在，它们与带相反电荷的离子反应后，可能生成微溶性的离子缔合物（或称为正盐沉淀）

①　苦杏仁酸（又名苯羟基乙酸）及其衍生物。常用来沉淀 Zr^{4+}、Hf^{4+}。苦杏仁酸与 Zr^{4+} 的反应如下：

$$4C_6H_5CHOHCOO^- + Zr^{4+} =\!=\!= (C_6H_5CHOHCOO)_4Zr\downarrow$$

②　四苯硼酸钠 $NaB(C_6H_5)_4$。白色粉末状结晶，易溶于水，是生成离子缔合物的沉淀剂。试剂能与 K^+、NH_4^+、Rb^+、Cs^+、Tl^+、Ag^+ 等生成离子缔合物沉淀。试剂易溶于水，是测 K^+ 的良好沉淀剂。由于一般试样中 Rb^+、Cs^+、Tl^+、Ag^+ 的含量极微，故此试剂常用于 K^+ 的测定。沉淀组成恒定，可烘干后直接称重。与 K^+ 有下列沉淀反应：

$$B(C_6H_5)_4^- + K^+ =\!=\!= KB(C_6H_5)_4\downarrow$$

（3）形成三元配合物的沉淀剂

①　吡啶。在 SCN^- 存在下，吡啶可与 Cd^{2+}、Co^{2+}、Mn^{2+}、Cu^{2+}、Ni^{2+}、Zn^{2+} 等生成三元配合物沉淀：

$$2C_6H_5N + Cu^{2+} =\!=\!= Cu(C_6H_5N)_2^{2+}$$

$$Cu(C_6H_5N)_2^{2+} + 2SCN^- =\!=\!= Cu(C_6H_5N)_2(SCN)_2\downarrow$$

②　1,10-邻二氮杂菲。可在 Cl^- 存在下与 Pd^{2+} 形成三元配合物沉淀：

$$Pd^{2+} + C_{12}H_8N_2 =\!=\!= Pd(C_{12}H_8N_2)^{2+}$$

$$Pd(C_{12}H_8N_2)^{2+} + 2Cl^- =\!=\!= Pd(C_{12}H_8N_2)Cl_2\downarrow$$

三、共沉淀分离法

共沉淀（co-precipitation）现象是由于沉淀的表面吸附作用、混晶或固溶体的形成、吸留和包藏等原因引起的。在重量分析中，由于共沉淀现象而使所获得的沉淀混有杂质，给测定结果带来误差，因而总是要设法消除共沉淀作用，以提高测定的准确度。但是在分离方法中，却可以利用共沉淀作用将痕量组分分离或富集起来。

例如水中痕量的 Pb^{2+}，由于浓度太低，不能用一般的方法直接测定。如果使用浓缩的方法，虽然可以将 Pb^{2+} 浓度提高，但是水中其他组分的含量也相应提高，势必将影响 Pb^{2+} 的测定。如果在水中加 Na_2CO_3，使水中的 Ca^{2+} 生成 $CaCO_3$ 沉淀下来，利用共沉淀作用将使 Pb^{2+} 也全部沉淀下来。所得沉淀溶于尽可能少的酸中，Pb^{2+} 的浓度将大为提高，从而使痕量的 Pb^{2+} 富集，并与其他元素分离。这里所用的 $CaCO_3$ 称为共沉淀剂、载体或聚集剂。为了富集水中的 Pb^{2+} 也可以用 HgS 作共沉淀剂。

共沉淀剂的种类很多，可分为无机共沉淀剂和有机共沉淀剂两类。

1. 无机共沉淀剂

（1）吸附或吸留作用的共沉淀剂　利用吸附作用的无机共沉淀剂在痕量元素的分离富集上应用很多。$Fe(OH)_3$、$Al(OH)_3$ 和 $MnO(OH)_2$ 等非晶型沉淀都是常用的无机共沉淀剂。非晶型沉淀表面积很大，与溶液中微量元素接触机会多，吸附量也大，有利于微量元素的共沉淀；而且非晶型沉淀聚集速率很快，吸附在沉淀表面的微量元素来不及离开沉淀表面就被新生的沉淀包藏起来，提高了富集的效率。硫化物沉淀除了具有非晶型沉淀性质外，还易发生后沉淀，也有利于微量元素的富集。

（2）混晶作用的共沉淀剂　如果两种金属离子生成沉淀时，具有相似的晶格，就可能生成混晶而共同析出。如 $BaSO_4$ 和 $RaSO_4$ 的晶格相同，当大量 Ba^{2+} 和痕量 Ra^{2+} 共存时，与 SO_4^{2-} 生成混晶同时析出，借此可以分离和富集 Ra^{2+}。又如 $PbSO_4$ 和 $SrSO_4$ 的晶格相同，因此痕量的 Pb^{2+} 能与大量的 Sr^{2+} 形成混晶而富集。

由于晶格的限制，这种共沉淀分离方法的选择性较好。例如用与 $SrSO_4$ 生成混晶以富集食物中的痕量 Pb^{2+} 时，中等数量的 Fe^{3+}、Cd^{2+}、Co^{2+}、Cu^{2+}、Mn^{2+}、Hg^{2+} 和 Ni^{2+} 等离子都不干扰。

（3）形成晶核的共沉淀剂　有些痕量元素由于含量实在太少，即使转化成难溶物质，也无法沉淀出来。但可把它作为晶核，使另一种物质聚集在该晶核上，使晶核长大成沉淀而一起沉淀下来。例如溶液中含有极微量的金、铂、钯等贵金属的离子，要使它们沉淀析出，可以在溶液中加入少量亚碲酸的碱金属盐（Na_2TeO_3），再加还原剂如 H_2SO_3 或 $SnCl_2$ 等。

（4）沉淀的转化作用　用一难溶化合物，使存在于溶液中的微量化合物转化成更为难溶的物质，也是一种分离痕量元素的方法。例如将含有微量 Cu^{2+} 的溶液通过预先浸入含 CdS 的滤纸，Cu^{2+} 就可转化为 CuS 沉积在滤纸上，过量的 CdS 可用 $1mol/L$ HCl 的热溶液溶解除去。

无机共沉淀剂除极少数（如汞化合物）可以经灼烧挥发除去外，在大多数情况下还需增加载体元素与痕量元素之间的进一步分离步骤。因此只有当载体离子容易被掩蔽或不干扰测定时，才能使用无机共沉淀剂。

2. 有机共沉淀剂

与无机共沉淀剂比较，有机共沉淀剂具有下列三个优点：富集效率较高，可分离富集含量为 ng/g 的痕量组分；选择性较好，在共沉淀过程中几乎完全不会吸附其他离子；有机载体容易通过高温灼烧以除去，从而获得无载体的被共沉淀的元素。

按照有机共沉淀剂和被富集的痕量元素间作用的不同，有机共沉淀剂分类如下。

（1）利用胶体的絮凝作用进行共沉淀　利用带不同电荷的胶体凝聚作用，使共沉淀剂的胶体与带有相反电荷的被测元素的化合物的胶体，彼此结合而沉淀下来。常用的共沉淀剂有辛可宁、单宁、动物胶等。被共沉淀的组分有钨、铌、钽、硅等的含氧酸。

（2）形成缔合物或螯合物的共沉淀剂　被富集的痕量离子与某种配位体形成配离子而与带相反电荷的有机试剂缔合成难溶盐，于是被具有相似结构的载体共沉淀下来。用的有机阳离子有碱性染料，如甲基紫、结晶紫、罗丹明 B、丁基罗丹明 B 等；亚甲基染料，如亚甲蓝等。

许多金属离子能与有机试剂形成螯合物，于是便以螯合物形式进入载体而被共沉淀。如果所形成的螯合物是水溶性配阴离子，则需加入憎水性的有机阳离子，如二苯胍等，生成电中性的离子缔合物，随着载体共沉淀下来。

（3）惰性共沉淀剂　　如用 8-羟基喹啉及二乙基胺二硫代甲酸钠等螯合剂沉淀海水中的微量 Ag^+、Co^{2+}、Cu^{2+}、Fe^{3+}、Mn^{2+}、Ni^{2+}、Zn^{2+} 等离子时，由于上述离子含量极微，生成的难溶化合物不会沉淀析出。如果加入酚酞的乙醇溶液，由于酚酞在水中沉淀析出，能使上述各种螯合物共同沉淀下来。常用的惰性共沉淀剂有酚酞、β-萘酚、间硝基苯甲酸及 β-羟基萘甲酸等。由于惰性共沉淀剂不与其他离子反应，所以沾污较少，选择性较高。

四、　提高沉淀分离选择性的方法

为了提高沉淀分离的选择性，首先应寻找新的、选择性更好的沉淀剂。其次控制好溶液的酸度，利用配位掩蔽和氧化还原反应进行控制。

（1）控制溶液的酸度　　因为无论是无机沉淀剂还是有机沉淀剂大多是弱酸或弱碱，沉淀时溶液的 pH 对于提高沉淀分离的选择性和富集效率都有影响；同时，酸度对成盐和配位反应也有很大影响；此外还影响离子存在的状态和沉淀剂本身存在的状态。因此必须控制溶液的酸度以提高沉淀分离的选择性。

（2）利用配位掩蔽作用　　利用掩蔽剂来提高分离的选择性是经常被采用的手段。例如 Ca^{2+} 和 Mg^{2+} 间的分离，若用 $(NH_4)_2C_2O_4$ 作沉淀剂沉淀 Ca^{2+} 时，部分 MgC_2O_4 也将沉淀下来，但若加过量的 $(NH_4)_2C_2O_4$，则 Mg^{2+} 与过量的 $C_2O_4^{2-}$ 会形成 $Mg(C_2O_4)_2^{2-}$ 配合物而被掩蔽，这样便可使 Ca^{2+} 和 Mg^{2+} 分离。

近年来在沉淀分离中常用 EDTA 作掩蔽剂，有效地提高了分离效果。如在乙酸盐缓冲溶液中，若有 EDTA 存在，以 8-羟基喹啉作沉淀剂时，只有 $Mo(\text{Ⅵ})$、$W(\text{Ⅵ})$、$V(\text{Ⅴ})$ 沉淀，而 Al^{3+}、Ni^{2+}、Fe^{3+}、Zn^{2+}、Co^{2+}、Mn^{2+}、Pb^{2+}、Bi^{3+}、Cu^{2+}、Cd^{2+}、Hg^{2+} 等离子则留在溶液中。可见，把使用掩蔽剂和控制酸度两种手段结合起来，能有效地提高分离效果。

（3）利用氧化还原反应　　在沉淀分离过程中可利用加入氧化剂或还原剂来改变干扰离子的价态的办法消除干扰。例如对微量铊的富集，可使 $TlCl_4^-$ 与甲基橙阳离子缔合，以二甲氨基偶氮苯为载体共沉淀。但选择性不好，试液中如有 $SbCl_6^-$、$AuCl_4^-$ 等存在，都可以共沉淀下来。如果先使 Tl^{3+} 还原为 Tl^+，再加入甲基橙和二甲氨基偶氮苯，则可使干扰离子共沉淀分离，Tl^+ 留于溶液中。然后把 Tl^+ 氧化为 Tl^{3+} 或转变为 $TlCl_4^-$，再用上述共沉淀剂使 $TlCl_4^-$ 共沉淀与其他组分分离。

五、　沉淀分离法的应用

（1）合金钢中镍的分离　　镍是合金钢中的主要组分之一。钢中加入镍可以增强钢的强度、韧性、耐热性和抗蚀性。镍在钢中主要以固溶体和碳化物形式存在，大多数含镍钢都溶于酸中。合金钢中的镍，可在氨性溶液中用丁二酮肟为沉淀剂，使之沉淀析出。沉淀用砂芯玻璃坩埚过滤后，洗涤、烘干。铁、铬的干扰可用酒石酸或柠檬酸配合掩蔽；铜、钴可与丁二酮肟形成可溶性配合物。为了获得纯净的沉淀，把丁二酮肟镍沉淀溶解后再一次进行沉淀。

（2）试液中微量锑的共沉淀分离　　微量锑（含量在 10^{-6} 左右）可在酸性溶液中，用 $MnO(OH)_2$ 为载体，进行共沉淀分离和富集。载体 $MnO(OH)_2$ 是在 $MnSO_4$ 的热溶液中

加入 $KMnO_4$ 溶液，加热煮沸后生成的。共沉淀时溶液的酸度为 $1\sim1.5mol/L$，这时 Fe^{3+}、Cu^{2+}、$As(\text{Ⅲ})$、Pb^{2+}、Tl^{3+} 等不沉淀，只有锡和锑可以完全沉淀下来。其中能够与 Sb（Ⅴ）形成配合物的组分干扰锑的测定，所得沉淀溶解于 H_2O_2 和 HCl 混合溶剂中。

第五节　萃取分离技术

萃取分离法是将样品中的目标化合物选择性地转移到另外一相或选择性地保留在原来相（转移非目标化合物）的分离方法，包括溶剂萃取法、双水相萃取法、超临界萃取法、胶团萃取法、固相萃取法、凝胶萃取法、加速溶剂萃取法等。

一、溶剂萃取分离

萃取的应用较广泛，如用亚砜从石油馏分中提取芳烃，用四氯化碳从水中提取碘。使用萃取剂的溶剂萃取常用于无机物的提取和分离，如分离铌与钽、锆与铪。

1. 基本原理

溶剂萃取分离法包括液-液萃取分离法、固-液萃取分离法和气-液萃取分离法等几种方法，但应用最广泛的是液-液萃取分离法。

液-液萃取分离法利用物质在两个互不相溶的液相中的分配作用，按照分配定律，某些组分由原液相转入另一液相，而另一些组分则仍然留原液相中，从而达到分离的目的。

固-液萃取分离法是利用溶剂对固体样品中被提取成分和杂质之间溶解度的不同，达到分离提纯的目的。

（1）萃取剂　某些组分本身是亲水性的，如大多数带电荷无机离子或有机物欲将它们萃取到有机相中，需采取措施，使它们转变为疏水形式。例如，Ni^{2+} 在水溶液中以 $Ni(H_2O)_6^{2+}$ 的形式存在，是亲水的，要转化为疏水性必须中和其电荷，引入疏水基团，取代水分子。为此，可在 $pH=9$ 的氨性溶液中加入丁二酮肟与 Ni^{2+} 生成不带电荷、难溶于水的丁二酮肟镍螯合物。这里丁二酮肟称为萃取剂。生成的丁二酮肟镍螯合物易被有机溶剂如 $CHCl_3$ 等萃取。因此，溶剂萃取的有机相称为萃取剂。

要使萃取过程能顺利地进行，必须在水溶液中先加入某些试剂，使被萃取的溶质与试剂结合起来，形成一种不带电荷、难溶于水而易溶于有机溶剂中的物质。这类加入的试剂称为萃取剂。

在分析化学中选择萃取剂的原则是：

① 对被萃取物有高的分配比，以保证尽可能完全地萃取出被萃取物；

② 萃取剂对被萃取物的选择性要好，即对需分离的共存物具足够大的分离因子；

③ 萃取剂对后面的分析测定没有影响，否则需要反萃取除去；

④ 萃取容量高、分子量小、配位数低；

⑤ 物理性质优良，密度、黏度、表面张力等性质易于分层；

⑥ 稳定性好、无毒，萃取速度快，不乳化，廉价易得等。

（2）反萃取　实际工作中，有时需要把有机相中的物质再转入水相，例如前例中镍-丁二酮肟螯合物，若加入 HCl 于有机相中，当酸的浓度为 $0.5\sim1mol/L$ 时，则螯合物被破坏，Ni^{2+} 又恢复了它的亲水性，可从有机相返回到水相中，这一过程称为反萃取，萃取和反萃取配合使用，能提高萃取分离的选择性。

2. 基本参数

（1）分配系数（K_D）　当用有机溶剂从水溶液中萃取溶质 A 时，物质 A 在两相中的浓度分布服从分配定律，即在一定温度下，物质 A 在有机相与水相中分配达到平衡时，物质 A 在两种溶剂中的浓度（或活度）比为一常数，该常数称为分配系数，即

$$A_水 \rightleftharpoons A_有$$

$$K_D = \frac{[A]_有}{[A]_水} \tag{9-3}$$

式中　$[A]_有$——萃取达到平衡时，物质 A 在有机相中的平衡浓度；

　　　$[A]_水$——萃取达到平衡时，物质 A 在水相中的平衡浓度。

上式适用于溶质在两相中以相同的单一形式存在，且其形式不随浓度而变化的情况。分配系数大的物质，绝大部分进入有机相，分配系数小的物质，仍留在水相中，因而将物质彼此分离。

（2）分配比（D）　当溶质 A 在水相或有机相中发生电离、聚合等作用时，会以多种化学形式存在。由于不同形式在两相中的分配行为不同，故总的浓度比不是常数。在实际中，通常需要知道溶质在每一相中的总浓度 c。物质在有机相与水相中的总浓度比称为分配比，可用下式表示。

$$D = \frac{c_有}{c_水} \tag{9-4}$$

式中　$c_有$——物质在有机相中的总浓度；

　　　$c_水$——物质在水相中的总浓度。

显然，只有在简单的体系中，溶质在两相中的存在形式相同，且低浓度时，$D = K_D$；但当溶质在两相中有多种存在形式时，$D \neq K_D$。K_D 在一定的温度和压力下为一常数，而 D 的大小与萃取条件（如酸度等）、萃取体系及物质性质有关，随实验条件而变。例如，用 CCl_4 萃取 I_2 时，在有机相中只有 I_2 一种形式，而在水相中 I_2 以 I_2 和 I_3^- 两种形式存在：

$$I_2 + I^- \rightleftharpoons I_3^-$$

其平衡常数为

$$K = \frac{[I_3^-]}{[I_2][I^-]}$$

而 I_2 分配在两种溶剂中，则有如下平衡：

$$I_2(水) \rightleftharpoons I_2(有)$$

因此

$$K_D = \frac{[I_2]_有}{[I_2]_水}$$

分配比 D 为

$$D = \frac{[I_2]_有}{[I_2]_水 + [I_3^-]} = \frac{K_D}{1 + K[I^-]}$$

从上式可见，D 随 $[I^-]$ 的改变而改变，当 $[I^-] = 0$ 时，$D = K_D$。

（3）萃取率（E）　又称萃取效率，是指物质在有机相中的总物质的量与两相中总物质的量的比值（以％表示），它表示萃取完全的程度，其表示式为：

$$E = \frac{被萃取物质在有机相中的总物质的量}{被萃取物质的总物质的量}$$

所以

$$E = \frac{c_有 V_有}{c_有 V_有 + c_水 V_水} = \frac{D}{D + \dfrac{V_水}{V_有}} \tag{9-5}$$

式中　$c_有$——物质在有机相中的物质的量浓度，mol/L；

　　　$c_水$——物质在水相中的物质的量浓度，mol/L；

$V_有$——有机相的体积，mL；

$V_水$——水相的体积，mL。

萃取效率的大小与分配比 D 和体积比 $V_水/V_有$ 有关。D 越大，体积比越小，萃取效率越高，则说明物质进入有机相中的量越多，萃取越完全。

当等体积（$V_水=V_有$）一次萃取时，萃取效率 E 为：

$$E=\frac{D}{D+1}$$

由上式可知，对于等体积一次萃取，$D=1$ 时，$E=50\%$；$D=10$ 时，$E=90.9\%$；$D=1000$ 时，$E=99.9\%$。说明当 D 不高时，一次萃取不能满足分离或测定的要求，此时可采用多次连续萃取的方法以提高萃取效率。

设体积为 $V_水$ 的水溶液中含有待萃取物质的质量为 m_0，用体积为 $V_有$ 的有机溶剂萃取一次，水相中剩余的待萃取物质的质量为 m_1，进入有机相中的该物质的质量则为（m_0-m_1），此时分配比为：

$$D=\frac{c_有}{c_水}=\frac{\dfrac{m_0-m_1}{V_有}}{\dfrac{m_1}{V_水}}$$

整理得

$$m_1=m_0\times\frac{V_水}{DV_有+V_水}$$

如果每次用体积为 $V_有$ 的有机溶剂萃取，萃取 n 次，水相中剩余被萃取物质 m_n，即

$$m_n=m_0\left(\frac{V_水}{DV_有+V_水}\right)^n$$

则

$$E=\frac{m_0-m_0\left(\dfrac{V_水}{DV_有+V_水}\right)^n}{m_0}=1-\left(\frac{V_水}{DV_有+V_水}\right)^n$$

【例题 9-1】 现有含碘的水溶液 10mL，其中含碘 1mg，用 9mL CCl_4 按下列两种方式萃取：9mL 一次萃取；每次用 3mL，分 3 次萃取。分别计算水溶液中剩余碘的质量，并比较其萃取率。已知 $D=85$。

解：按题意，一次萃取时，水溶液中剩余碘的质量 m_1 为

$$m_1=1\times\frac{10}{85\times9+10}=0.013（mg）$$

其萃取率 E_1 为

$$E_1=\frac{1-0.013}{1}\times100\%=98.7\%$$

用 9mL 溶剂，分 3 次萃取时，水溶液中剩余碘的质量 m_3 为

$$m_3=1\times\left(\frac{10}{85\times3+10}\right)^3=0.00005（mg）$$

萃取率 E_3 为

$$E_3=\frac{1-0.00005}{1}\times100\%=99.99\%$$

上述计算结果表明，相同量的萃取溶剂，采用少量多次萃取比一次萃取的萃取效率高。但萃取次数太多，比较费时，并会引起较大的操作误差。所以，在实际中，只能适当增加萃取次数，一般萃取 3~4 次即可。

（4）分离系数（β） 在萃取分离中，不仅要求萃取效率高，而且还要求溶液中共存组分间的分离效果好。分离效果的好坏，可用两种不同组分分配比的比值即分离系数表示。例

如，A、B 两种物质的分离程度可用两者的分配比 D_A、D_B 的比值即分离系数（β）表示。

$$\beta = \frac{D_A}{D_B} \tag{9-6}$$

当 D_A 与 D_B 相差很大时，两物质可以定量分离；若 D_A 与 D_B 相近，即 β 接近于 1 时，两物质萃取进入有机相的量相差不大，则难以定量分离。

3. 萃取体系

在水溶液中，易在水分子偶极作用下电离成离子，并与水分子结合形成水合离子的物质，必须首先使欲萃取的亲水性组分转变为疏水性的易溶于有机溶剂的分子，然后才能从水相中转入有机溶剂相中，而被有机溶剂所萃取。

根据所形成的被萃取物质的不同，可将萃取体系分成简单分子萃取体系、中性配合萃取体系、螯合物萃取体系、离子缔合物萃取体系、三元配合物萃取体系、共萃取体系、酸性磷类萃取体系等，以下主要讨论常用的前三种萃取体系。

（1）简单分子萃取体系　被萃取物是以本身的中性分子形式在水相与有机相之间转移而分配。溶剂与被萃取物没有化学结合，也不需另加萃取剂。某些无机共价化合物如 I_2、Cl_2、Br_2、$GeCl_4$ 和 OsO_4 等，可以直接用 CCl_4、苯等惰性溶剂萃取。

（2）中性配合萃取体系　又称溶剂化合物萃取体系，萃取剂通过其配位原子与被萃取物质的分子相结合，形成中性配合物后被萃取到有机相的体系。

中性配位萃取体系的特点是：被萃取物质为中性分子，萃取剂本身也为中性分子，萃取剂与被萃取物质形成中性配合物。中性配合物萃取反应通式为：

$$M^{n+} + nL^- + mR \Longrightarrow ML_n \cdot mR$$

式中　M^{n+}——金属阳离子；

　　　L^-——溶液中能够与阳离子配位的阴离子；

　　　R——中性萃取剂。

根据萃取剂性质的不同，可对中性配位萃取体系进行分类如下。

① 中性磷萃取剂。如磷酸酯（磷酸三羟基酯）$(RO)_3PO$、膦酸酯（羟基磷酸二羟基酯）$R(RO)_2PO$、次膦酸酯 $R_2(RO)PO$、膦氧化合物（三羟基氧化膦）R_3PO、焦磷酸酯 $R_4P_2O_7$、磷化氢的衍生物 $(RO)_3P$ 等。

② 中性含氧萃取剂。如在酸性条件下可以质子化形成"𨦡盐"的酮、酯、醇、醚，代表性物质为甲基异丁基酮、仲辛醇等。

③ 中性含氮萃取剂。如吡啶等。

④ 中性含硫萃取剂。如亚砜、硫醚等。

（3）螯合物的萃取体系　金属离子与螯合剂（亦称萃取配位剂）的阴离子结合而形成中性螯合物分子。这类金属螯合物难溶于水，易溶于有机溶剂，因而能被有机溶剂所萃取。如丁二酮肟镍属于这种类型，Fe^{3+} 与铜铁试剂所形成的螯合物也属于此类。

常用的螯合剂还有 8-羟基喹啉、双硫腙（二苯硫腙、二苯基硫卡巴腙）、铜铁试剂、乙酰基丙酮、二乙基胺二硫代甲酸钠和丁二酮肟等。

（4）离子缔合物的萃取体系　带有不同电荷的离子，由于静电引力，互相缔合形成不带电荷的、易溶于有机溶剂的分子。此类又可分成两种情况。

① 被萃取的阴离子或阳离子，与大体积的有机阳离子或阴离子缔合成中性分子，在这种中性分子中含有大的疏水性有机基团，因而能被有机溶剂所萃取。例如 ReO_4^-、MnO_4^-、IO_4^-、$HgCl_4^{2-}$、$SnCl_6^{2-}$、$CdCl_4^{2-}$ 和 $ZnCl_4^{2-}$ 等阴离子的萃取，可用氯化四苯砷作萃取剂，此时阳离子与被萃取的阴离子缔合，例如：

$$ReO_4^- + (C_6H_5)_4As^+ \longrightarrow (C_6H_5)_4AsReO_4$$

生成难溶于水、可溶于氯仿的分子，而用氯仿萃取之。

而 Fe^{2+} 可先与吡啶配位生成配阳离子，再与 SCN^- 缔合成中性分子，被三氯甲烷所萃取。

② 有机溶剂分子缔合到分子中去，形成易溶于有机溶剂的中性分子。例如，用磷酸三丁酯、乙醚萃取硝酸铀酰时，溶剂分子缔合到中性分子中，形成了溶剂化分子 $UO_2S_6(NO_3)_2$，分子式中"S"表示溶剂分子。此溶剂分子易被有机溶剂所萃取。

（5）三元配合物萃取体系　使被萃取物质形成三元配合物，然后进行萃取。三元配合物萃取体系往往比螯合物、缔合物的二元萃取体系更为优越，它不但萃取效率高，萃取速度快，而且选择性好。这主要是由于三元配合物和二元配合物相比，往往亲水性更弱，疏水性更显著，即更易溶于有机溶剂，因而萃取效率高，萃取分离的灵敏度高。另外，三元配合物的形成要比二元配合物困难些。因为只有当被萃取离子和两种配位体配位能力的强弱相当时，才能形成三元配合物，否则只能形成二元配合物。因此，当各种被萃取离子与两种配位体在一起时，有的能形成三元配合物，有的则不能。这样，即可通过三元配合物的形成与否来使被萃取离子萃取分离，所以这种萃取分离的选择性较好。

（6）协同萃取体系　用两种或两种以上萃取剂混合萃取金属离子时，若分配比大于在相同条件下分别用单种萃取剂萃取时的分配比之和，这种现象称为协同萃取。大多数协同萃取体系是由同类型和不同类型的两种萃取剂组成，一种称为萃取剂，另一种称为协萃剂。

协同萃取体系，实质上也是一种三元配合物萃取体系，它是由被萃取物质与螯合剂及中性有机磷萃取剂组成的三元配合物萃取体系。在这种体系中螯合剂与被萃取的金属离子螯合，中和了金属离子的电荷，生成螯合物。有机磷萃取剂进一步置换了螯合物中金属离子上残留的水合分子，形成了疏水性的三元配合物，而为有机溶剂所萃取。形成这种体系的有机磷萃取剂必须是疏水性的，其配位能力必须比螯合剂弱一些。另外，中性离子的最高配位数和配位体的几何形状必须合适。在碱土金属、镧系和锕系元素等低含量而难分离物质的萃取分离中，协同萃取体系的应用取得了很大的成功。

4. 溶剂萃取分离操作

（1）单级液-液萃取　应用最广的溶剂萃取操作是单级萃取法，即将一定体积的被萃取溶液放在分液漏斗中（通常用 60~125mL 容积的梨形分液漏斗），加入适当的萃取剂，调节至应控制的酸度，加入一定体积溶剂，不断振荡平衡，静置，待混合物分层后，轻转分液漏斗下面的旋塞，使下层（水相或有机相）流入另一容器中，两相便得到分离。若被萃取物质的分配比足够大时，则一次萃取即可达到定量分离的要求。若需要进行多次萃取，则两相分开后，再在萃取液中加入萃取剂，并重复上述操作，进行两次或三次萃取。该法简单、速度快。

液-液萃取的操作步骤：

① 检查分液漏斗下方旋塞及上方塞子是否漏液。旋动旋塞及塞子，检查旋塞和塞子是否转动灵活。在分液漏斗中加入一定量的水，将上口塞子盖好，上下摇动，检查上下口是否漏水。若旋塞口有漏液，可将塞心取出擦干，重新涂一薄层凡士林，涂法与酸式滴定管相同。

② 将分液漏斗固定放在铁圈中，关好旋塞，打开塞子，将被萃取溶液通过普通漏斗由上口倒入分液漏斗中，加入萃取剂，其加入量约为被萃取液的 1/3，盖上塞子。

③ 振荡方法。如图9-9所示，将分液漏斗的下口略朝上，右手的拇指和中指捏住上口瓶颈部，食指压紧上口玻璃塞；左手牢牢握住旋塞，以其拇指和食指控制旋塞，以免两种互不溶的溶剂在混合时产生压力使塞子从分液漏斗顶出。

(a) 倾斜　　　　　　　　　　　　(b) 放气

图 9-9　分液漏斗的振荡操作方式

　　将漏斗放平，前后摇动或做圆周运动，使两相充分接触。在振荡过程中，应注意下口应稍向上倾斜，不断打开旋塞排气（注意不要对着人）。特别是在使用石油醚、乙醚等低沸点的溶剂或用稀碳酸钠、碳酸氢钠等碱性萃取剂从有机相分离酸性杂质时，更应及时排气。经过几次放气后，随振荡时间的增加，可适当延长平衡气压的时间间隔。待压力减小后，再重复上述操作数次，将漏斗置于铁架台的铁圈上，静置。待两相界面分层清晰时，可进行分液操作。

　　④ 分液时，打开漏斗上口塞子或将塞子上的小槽对准漏斗的通气孔，慢慢旋开下口旋塞，将下层液体从旋塞口放入干燥洁净的接收器（烧杯或锥形瓶）中，如两相界面有絮状物，也要一起分离掉。在萃取相（如水相）中再加入新的萃取剂继续萃取。

　　⑤ 萃取次数一般为 3～4 次，合并萃取相。于萃取液中加入适宜的干燥剂进行干燥。干燥后，蒸去溶剂，再根据蒸馏物的性质，选择合适的纯化方法，再次提纯。

　　⑥ 上层液体由上口倒入到另一备好的容器中，切不可将上层液体由旋塞口放出，以免其被残留在漏斗颈内的下层液体沾污。

　　在萃取中，上下两层液体都应保留，不要丢弃，以防发生差错时再进行萃取。

　　（2）连续液-液萃取法　使用特殊装置可以实现连续液-液萃取法，如图 9-10～图 9-12 所示。如果溶质的分配比较小，用分批萃取难以达到定量分离的目的，此时可采用连续萃取技术。即使用赫伯林（Herberling）萃取器使溶剂达到平衡后蒸发，再冷凝为新鲜溶剂回滴到被萃取液中；或用施玛尔（Schmall）萃取器连续在储液器中加入新的萃取剂，使多级萃取得以连续进行。逆流萃取技术则适用于试样中 A、B 两组分均在两相中分配而分配比不同，希望通过萃取使 A、B 分离的情况。这种方法是两相接触达到平衡并分开后，分别再与新鲜的另一相接触，如此连续多次直至 A 集中在一相、B 集中在另一相而获得分离。逆流萃取可用专门的装置如克雷格（Craig）萃取器进行。

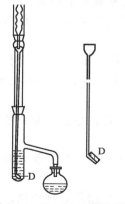

图 9-10　Friedrich 萃取器

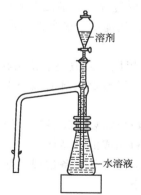

图 9-11　Schmall 萃取器

191

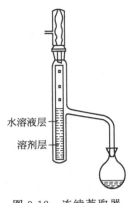

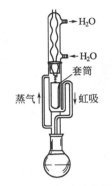

图 9-12　连续萃取器

图 9-13　索氏萃取器

（3）固-液萃取

① 冷浸法。依靠溶剂对固体物质长期的浸润溶解而将其中所需要的成分溶解出来，再进行分离纯化。此法操作简单、不需要特殊器皿，但效率不高，浸取剂对待浸取组分溶解度大时效果明显，否则要用大量溶剂。

② 连续萃取法。此法是循环使用一定量的萃取剂，并保持在萃取剂体积稳定不变的条件下进行萃取的方法。此方法效率高且节约溶剂。实验室常使用索氏萃取器进行萃取。

索氏萃取器如图 9-13 所示，下部为圆底烧瓶，放置萃取剂，中间为提取器，放被萃取的固体物质，上部为冷凝器。提取器上有蒸气上升管和虹吸管。虹吸管下部与烧瓶相通。

索氏萃取器的操作步骤：

a. 研细固体物质，以增加液体浸润的面积，然后将固体物质放在滤纸筒内，上下口包紧，以免固体漏出。纸筒不宜包得过紧，过紧会缩小固-液的接触面积，但过松，滤纸筒不便取放。将滤纸筒置于提取器中，按图 9-13 连接好。

b. 于提取器上口加入萃取剂，液体通过虹吸流入蒸馏瓶，萃取剂加入量视提取时间和溶解程度而定。通冷凝水，选择适当的热浴进行加热。当萃取剂沸腾时，蒸气通过玻管上升，被冷凝管内冷却为液体，滴入提取器中。

c. 当液面超过虹吸管的最高处时，即虹吸流回烧瓶，因而萃取出溶于萃取剂的部分物质。如此利用回流、溶解和通过虹吸管的循环使固体中的可溶物质富集到烧瓶中。然后用其他方法将萃取到的物质从溶液中分离出来。

d. 在提取过程中，被提取的溶质会因温度过高而在烧瓶壁上结垢或炭化，因此必须注意调节温度；用滤纸套装研细的固体物质时，要防止其漏出堵塞虹吸管；在圆底烧瓶内要加入沸石。

③ 微波提取。微波提取是指在微波能的作用下，用有机溶剂将样品基体中的待测组分溶出的过程。微波提取具有设备简单、高效、快速、试剂用量少、可同时处理多个样品等优点。

微波提取所需要的设备为：带有控温附件的微波制样设备；微波萃取制样杯，一般为聚四氟乙烯材料制成的样品杯。

微波提取的样品制备过程包括粉碎、与溶剂混合、微波辐射、分离萃取液等步骤。提取具体步骤如下：

准确称取一定量已粉碎的待测样品置于微波制样杯内，根据萃取物性质，加一定量（一般不超过 50mL）适宜的萃取溶剂。将装有样品的制样杯放在密封罐中，然后将密封罐放在微波炉里。设置目标温度和萃取时间，加热萃取直至加热结束。将制样罐冷却至室温，取出制样杯，过滤或离心分离，制成溶液，供测定用。

二、双水相萃取分离

双水相萃取是利用双水相的成相现象及待分离组分在两相间分配系数的差异，进行组分分离和提纯的技术。

大多数天然或合成的亲水性聚合物的水溶液在与第二种亲水性聚合物混合并达到一定浓度时，即会产生两相，两种高聚物分别溶于互不相溶的两相中形成高聚物-高聚物双水相体系。某些聚合物溶液与某些无机盐溶液相混时，在一定浓度范围内也会形成两相，即高聚物-无机盐双水相体系。在这两种双水相体系中，各相的含水量都很大。一些生物活性物质，特别是酶、蛋白质和核酸等生物大分子在两相中有不同的分配，从而可用双水相萃取来实现它们的提取和分离，如表 9-9 所示。

表 9-9　几类双水相体系

聚合物-聚合物-水	聚丙烯乙二醇-甲氧基聚乙二醇
	聚乙二醇-聚乙烯醇
	聚乙二醇-葡萄糖
	聚吡咯烷酮-甲基纤维素
高分子电解质-聚合物-水	硫酸葡聚糖钠盐-聚丙烯乙二醇
	羧基甲基葡聚糖钠盐-甲基纤维素
高分子电解质-高分子电解质-水	硫酸葡聚糖钠盐-羧基甲基纤维素钠盐
	硫酸葡聚糖钠盐-羧基甲基葡聚糖钠盐
聚合物-低分子量组分-水	聚丙烯乙二醇-硫酸钾
	甲氧基聚乙二醇-硫酸钾
	聚乙二醇-硫酸钾
	聚乙烯乙二醇-葡萄糖

例如，将 2.2%（质量分数）的葡聚糖水溶液与等体积的 0.72% 的甲基纤维素水溶液相混，并静置，可得到两个黏稠的液层，下层含有大部分葡聚糖，上层含有大部分甲基纤维素，两层的主要成分是水，如图 9-14 所示。

双水相萃取分离的优点是：

① 含水量高达 70%～90%，同时组成两相的高聚物对生物活性物质无伤害。

② 可以直接从含有菌体的发酵液和培养液中提取蛋白质，能不经过破碎提取细胞内的酶。

③ 易于放大，连续操作，处理量大。

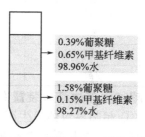

图 9-14　等体积 2.2% 葡聚糖与 0.72% 甲基纤维素的水溶液所形成的双水相

三、超临界流体萃取分离

1. 基本原理

超临界流体萃取是利用超临界条件下的流体（即超临界流体）作为萃取剂，从环境样品中（固体或液体）萃取出待测组分的分离技术。它兼利用蒸气压和溶解度之间的差异，即具备精馏和萃取两者混合的分离方法。

超临界流体萃取分离法具有高效、快速、后处理简单等特点，所得产物无残留毒性，能量消耗非常少。它特别适合于处理烃类及非极性脂溶化合物，如醚、酯、酮等。

2. 超临界流体（SCF）

超临界流体是处在临界温度和压力以上的物质。它既不是气体，也不是液体，而是兼有气体和液体性质的流体。超临界流体的密度较大，与液体相仿，所以它与溶质分子的作用力很强，与大多数液体一样，很容易溶解其他物质。此外，它的黏度较小，接近于气体，因此传质速率很高，加之表面张力小，很容易渗透到样品中去，并保持较大的流速，可使萃取过程高效、快速完成。改变超临界流体的温度、压力或在超临界流体中加入某些极性有机溶剂，可改变萃取的选择性和萃取效率。

主要的临界萃取剂包括二氧化碳、乙烷、乙烯、丙烷、丙烯、苯、氨等。超临界萃取剂的选择随萃取对象的不同而不同。通常临界条件较低的物质优先考虑。超临界萃取中常用萃取剂和临界值见表 9-10。其中，用得最多的是二氧化碳，它不但临界值相对较低，而且有一系列优点，如化学性质不活泼、无毒、无臭、无味，不会造成二次污染；纯度高、价格适中，便于推广应用；沸点低，容易从萃取后的馏分中除去，后处理比较简单；不需加热，极适合于萃取不稳定的化合物。但二氧化碳的极性较低，只能用于萃取低极性和非极性的化合物。

表 9-10　超临界萃取中常用萃取剂和临界值

流体	临界温度/℃	临界压力/10^5Pa	临界密度/(g/cm³)
乙烷	−88.7	−49.4	0.203
丙烷	−42.1	43.2	0.220
丁烷	10.0	38.5	0.228
戊烷	36.7	34.2	0.232
乙烯	9.9	51.9	0.227
二氧化碳	31.3	74.8	0.460
二氧化硫	157.6	79.8	0.525
水	374.3	224.0	0.326
氨	132.4	114.3	0.236
一氧化二氮	36.5	72.7	0.451
一氯三氟甲烷	28.8	39.5	0.578
二氯二氟甲烷	117.7	40.4	0.558
苯	288.9	49.5	0.302
甲苯	318.5	41.6	0.292
甲醇	240.5	81.0	0.272

3. 超临界流体萃取装置（图 9-15）

① 超临界流体发生源。由萃取剂储槽、高压泵及其他附属装置组成。其功能是将萃取剂由常温、常压转变为超临界流体。高压泵通常采用注射泵，其最高压力为 10MPa 到几十兆帕，具有恒压线性升压和非线性升压的功能。

② 超临界流体萃取部分。包括样品萃取管及附属装置。

③ 溶质减压吸附分离部分。由喷口及吸收管组成。

4. 萃取过程

处于超临界状态的萃取剂进入样品管，待测物从样品的基体中被萃取至超临界液体中。然后，通过流量限制出口器进入收集器中。萃取出来的溶质及流体，由超临界态喷口减压降温转化为常温常压，此时流体挥发逸出，而溶质吸附在吸收管内多孔填料表面。用适宜溶剂淋洗吸收管即可把溶质洗脱收集备用。

① 动态法。超临界流体萃取剂一次直接通过样品管，使被萃取的组分直接从样品中分

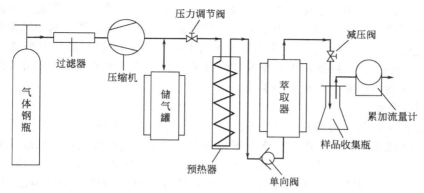

图 9-15　实验室超临界流体萃取装置结构示意图

离出来进入吸收管的方法。操作简便、快速，特别适用于萃取在超临界流体萃取剂中溶解度很大的物质，且样品基质很容易被超临界流体渗透的被测样品。

② 静态法。将待萃取的样品浸泡在超临界流体内，经过一段时间后，再把含有被萃取溶质的超临界流体送至吸收管。它没有动态法快速，但适用于萃取与样品基体较难分离或在超临界流体萃取剂中溶解度不大的物质，也适用于样品基质较为致密，超临界流体不容易渗透的样品。

③ 循环萃取法。循环萃取法是动态法和静态法的结合。是首先将超临界流体充满样品萃取管，然后用循环泵使样品萃取管内的超临界流体反复、多次经过管内样品进行萃取，最后进入吸收管。因此，它比静态法萃取效率高，适用范围广，还能用于对萃取动态法不适用的样品。

第六节　离子交换分离技术

一、　离子交换分离法

离子交换分离法是利用离子交换树脂与试液中的离子发生交换反应，而在固相和液相间进行分配，使离子达到分离的方法。

各种离子与离子交换树脂的交换能力即离子交换树脂对离子的亲和力不同，是离子能实现交换分离的依据。在进行离子交换时，交换亲和力较大的离子先交换到树脂上，交换亲和力较小的离子后交换到树脂上。离子在树脂上的交换作用是可逆的，用酸或碱处理已交换过的树脂，树脂又回到原来的状态，这一过程称为洗脱或再生。在进行洗脱时，交换亲和力较小的先被洗脱，交换亲和力较大的后被洗脱下来，由此便可使各种交换亲和力不同的离子彼此分离。

离子交换分离法分离效率高，既能用于带相反电荷的离子间的分离，也能实现带相同电荷的离子间的分离，某些性质极其相近的物质，如 Nb 和 Ta、Zr 和 Hf 的分离及稀土元素之间的互相分离，都可用离子交换分离法来完成。离子交换分离法还可用于微量元素、痕量物质的富集和提取，蛋白质、核酸、酶等生物活性物质的纯化等。离子交换法所用设备简单，操作简便，交换容量可大可小，树脂还可反复再生使用。

二、　离子交换树脂的种类

离子交换剂的种类很多，主要分为无机离子交换剂和有机离子交换剂两大类。目前化学检验中应用较多的是有机离子交换剂，又称离子交换树脂。离子交换树脂是一种高聚物，具有网状结构的骨架，在水、酸、碱中难溶，对有机溶剂、氧化剂、还原剂和其他化学试剂具有一定的稳定性，热稳定性好。在骨架上连有可与溶液中离子起交换作用的活性基团，如—SO_3H、—$COOH$ 等，根据可以被交换的活性基团的不同，离子交换树脂分为阳离子交换树脂、阴离子交换树脂和螯合树脂等类型。

1. 阳离子交换树脂

这类树脂的活性基团为酸性，如—SO_3H、—PO_3H_2、—$COOH$、—OH 等。根据活性基团离解出 H^+ 能力的大小，阳离子交换树脂分为强酸性和弱酸性两种。强酸性树脂含有磺酸基（—SO_3H），用 R—SO_3H 表示。弱酸性树脂含有羧基（—$COOH$）或酚羟基（—OH），用 R—$COOH$、R—OH 表示。R—SO_3H 在酸性、碱性和中性溶液中都可使用，其交换反应快，与简单的、复杂的、无机和有机阳离子都可交换，应用广泛。R—$COOH$ 在 $pH > 4$、R—OH 在 $pH > 9.5$ 时才具有离子交换能力，但选择性较好，可用于分离不同强度的有机碱。

阳离子交换树脂酸性基团上可交换的离子为 H^+，故又称 H^+ 型阳离子交换树脂，可被溶液中的阳离子所交换，它与阳离子（M^{n+}）的交换反应，可用下式表示。

$$n\mathrm{RSO_3H} + \mathrm{M}^{n+} \underset{\text{再生或洗脱}}{\overset{\text{交换}}{\rightleftharpoons}} (\mathrm{RSO_3})_n\mathrm{M} + n\mathrm{H}^+$$
（固相）　　（液相）　　　　　　　　　（固相）　　（液相）

交换后 M^{n+} 留于树脂上。已交换的树脂用酸再生或洗脱后，可再使用。

2. 阴离子交换树脂

阴离子交换树脂的活性基团为碱性，它的阴离子可被溶液中的其他阴离子交换。根据活性基团的强弱，可分为强碱性和弱碱性两类。强碱性树脂含季胺基 [—$N(CH_3)_3Cl$]，用 R—$N(CH_3)_3Cl$ 表示。弱碱性树脂含伯胺基（—NH_2）、仲胺基（=NH）及叔胺基（≡N）。这类树脂水化后，其中的 OH^- 能被阴离子（X^{n-}）所交换，故此类树脂又称为 OH^- 型阴离子交换树脂，其交换过程可表示如下：

$$n\mathrm{RN(CH_3)_3OH} + \mathrm{X}^{n-} \underset{\text{再生或洗脱}}{\overset{\text{交换}}{\rightleftharpoons}} [\mathrm{RN(CH_3)_3}]_n\mathrm{X} + n\mathrm{OH}^-$$
（固相）　　　　（液相）　　　　　　　　（固相）　　（液相）

各种阴离子交换树脂中以强碱性阴离子交换树脂的应用最广，它在酸性、中性和碱性溶液中都能使用，对强酸根和弱酸根离子也能交换。弱碱性阴离子交换树脂的交换能力受酸度影响较大，在碱性溶液中会失去交换能力，故应用较少。交换后的树脂，用适当浓度的碱进行再生处理，可再使用。

3. 螯合树脂

这类树脂含有特殊的活性基团，可与某些金属离子形成螯合物，在交换过程中能有选择性地交换某种金属离子。例如，含有氨基二乙酸基的树脂对 Cu^{2+}、Co^{2+}、Ni^{2+} 有很高的选择性；含有亚硝基间苯二酚活性基团的树脂对 Cu^{2+}、Fe^{2+}、Co^{2+} 具有选择性等。所以，螯合型离子交换树脂对化学分离有重要意义。目前已合成许多类的螯合树脂，如 ♯401 属于氨羧基 [—$N(CH_2COOH)_2$] 螯合树脂。利用此方法，可制备含某一金属离子的树脂以分离含有某些官能团的有机化合物。如含汞的树脂可分离含巯基的化合物（如胱氨酸、谷胱甘肽）等，这对生物化学的研究有一定的意义。

4. 氧化还原性树脂

其功能基具有氧化还原能力，如硫醇基—CH_2SH、对二酚基等。

5. 两性树脂

两性树脂同时含有阴离子交换基团和阳离子交换基团，如同时含有强碱基团

—N（CH$_3$）$_3^+$和弱酸基团—COOH，或同时含有弱碱基团—NH$_2$ 和弱酸基团—COOH 的树脂等。

化学分离中对离子交换树脂有如下要求：

（1）不溶于水，对酸、碱、氧化剂、还原剂及加热具有化学稳定性；

（2）具有较大的交换容量；

（3）对不同离子具有良好的交换选择性；

（4）交换速率大；

（5）树脂易再生。

表 9-11 列出目前定量分析中较常用的离子交换树脂的类型和牌号，供选择时参考。

表 9-11　常用离子交换树脂的类型、牌号

类别	交换基	树脂牌号	交换容量 mg·mol/g	国外对照产品
阳离子交换树脂	—SO$_3$H	强酸性♯1 阳离子交换树脂	4.5	
	—SO$_3$H	732（强酸 1×7）	≥4.5	Amberlite IR-100（美）
	—SO$_3$H —OH	华东强酸♯45	2.0～2.2	Zerolit225（英） Amberlite IR-100（美）
	—COOH	华东弱酸-122	3～4	Zerolit 216（英）
	—OH	弱酸性♯101	8.5	
阴离子交换树脂	N$^+$（CH$_3$）$_3$	强碱性♯201 阴离子交换树脂	2.7	
	N$^+$（CH$_3$）$_3$	711（强碱 201×4）	≥3.5	Amberlite IRA-400（美）
	N$^+$（CH$_3$）$_3$	717（强碱 201×7）	≥3	Amberlite IRA-400（美）
	≡N —NH$_2$	701（强碱 330）	≥9	Zerolit FF（英） Doolite A-3013（美）
	≡N	330（弱碱性阴离子交换树脂）	8.5	

三、　离子交换树脂的性质

1. 离子交换树脂的结构和交联度

（1）离子交换树脂的结构　　离子交换树脂为具有网状结构的高聚物。

例如，常用的磺酸型阳离子交换树脂是由苯乙烯和二乙烯苯聚合所得的聚合物经浓 H$_2$SO$_4$ 磺化制得。其反应式如下：

所得的聚苯乙烯的长链状结构间存在着"交联"，形成了如图 9-16 所示的网状结构：

（2）交联度　　在网状结构的骨架上分布着磺酸基团，网状结构的骨架有一定大小的孔隙，即离子交换树脂的孔结构，可允许离子自由出入。显然，在合成树脂时，二乙烯苯的用量愈多，交联愈多；反之，交联愈少。能将链状分子联成网状结构的试剂称为交联剂，所以上例中的二乙烯苯是交联剂，在树脂中含有交联剂二乙烯苯的质量分数称为"交联度"。例如用 90 份苯乙烯和 10 份二乙烯苯合成制得的树脂交联度为 10%。一般分析用树脂的交联

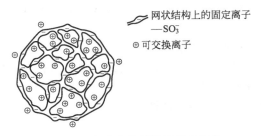

图 9-16　离子交换树脂的网状结构

度为 8%，也有的高达 12%。

交联度的大小直接影响树脂的孔隙度。交联度越大，形成网状结构越致密，孔隙越小，交换反应越慢，大体积离子难以进入树脂中，选择性好。反之，当交联度小时，网状结构的孔隙大，交换速度快，但选择性差。交联度的大小对离子交换树脂性质的影响见表 9-12。

表 9-12　交联度大小对离子交换树脂性质的影响

交联度	大	小
磺化反应	困难	容易
交换反应速度	慢	快
大体积离子进入树脂	难	易
交换的选择性	好	差
溶胀程度	小	大

将干燥树脂浸泡于水中时，由于亲水性基团的存在，树脂要吸收水分而溶胀。溶胀的程度与交联度有关，交联度愈大，溶胀愈少。

2. 离子交换树脂的交换容量

离子交换树脂交换离子量的多少，可用交换容量来表示。交换容量是指每克干树脂所能交换离子的物质的量，以 mmol/g 表示。交换容量的大小，取决于网状结构中活性基团的数目，含有活性基团越多，交换容量也越大。交换容量一般由实验方法测得。

例如，H^+ 型阳离子交换树脂的交换容量测定方法为：称取干燥的 H^+ 型阳离子交换树脂 1.000g，放于 250mL 干燥洁净的锥形瓶中，准确加入 0.1mol/L NaOH 标准溶液 100mL，塞紧瓶塞放置过夜，用移液管移取上层清液 25mL，加酚酞溶液数滴，用 0.1mol/L 标准 HCl 溶液滴定至红色褪去，用下式计算其交换容量。

$$交换容量(mmol/g) = \frac{c(NaOH)V(NaOH) - c(HCl)V(HCl)}{m \times \dfrac{25}{100}} \tag{9-7}$$

式中　$c(NaOH)$、$c(HCl)$——NaOH 和 HCl 溶液的浓度，mol/L；

　　　$V(NaOH)$、$V(HCl)$——NaOH 和 HCl 溶液的体积，mL；

　　　　　　　　m——干燥离子交换树脂的质量，g。

若是 OH^- 型阴离子交换树脂，可先加入一定量的 HCl 标准溶液，再用 NaOH 标准溶液进行滴定。用下式计算其交换容量。

$$交换容量(mmol/g) = \frac{c(HCl)V(HCl) - c(NaOH)V(NaOH)}{m \times \dfrac{25}{100}} \tag{9-8}$$

一般常用的树脂交换容量为 3～6mmol/g。

3. 离子交换的亲和力的规律

离子交换树脂对离子交换亲和力的大小，与水合离子半径大小和所带电荷的多少有关，在低浓度、常温下，离子交换树脂对不同离子的交换亲和力一般有如下规律。

（1）强酸性阳离子交换树脂

① 不同价态的离子，电荷越高，交换亲和力越大，如交换亲和力 $Th^{4+}>Al^{3+}>Ca^{2+}>Na^+$。

② 下列相同价态离子的交换亲和力顺序为

$$As^+>Cs^+>Rb^+>K^+>NH_4^+>Na^+>H^+>Li^+；$$

$$Ba^{2+}>Pb^{2+}>Sr^{2+}>Ca^{2+}>Ni^{2+}>Cd^{2+}>Ca^{2+}>Co^{2+}>Zn^{2+}>Mg^{2+}>UO_2^{2+}。$$

③ 稀土元素的交换亲和力随原子序数增大而减小，如下列离子的交换亲和力顺序为：

$$Lu^{3+}<Yb^{3+}<Er^{3+}<Ho^{3+}<Dy^{3+}<Tb^{3+}<Gd^{3+}<Eu^{3+}<Sm^{3+}<Nd^{3+}<Pr^{3+}<Ce^{3+}<La^{3+}。$$

（2）弱酸性阳离子交换树脂

在含有—COOH 基团的弱酸性阳离子交换树脂上，上述离子交换亲和力的顺序恰好相反，即交换亲和力的顺序为：$Cs^+<Rb^+<K^+<Na^+<Li^+$。

（3）强碱性阴离子交换树脂　在强碱性阴离子交换树脂上，下列离子的交换亲和力顺序为：$Cr_2O_7^{2-}>SO_4^{2-}>I^->NO_3^->CrO_4^{2-}>Br^->CN^->Cl^->OH^->F^->Ac^-$。

（4）弱碱性阴离子交换树脂　在弱碱性阴离子交换树脂上，下列离子的交换亲和力顺序为：$OH^->SO_4^{2-}>CrO_4^{2-}>$柠檬酸离子$>$酒石酸离子$>NO_3^->AsO_4^{3-}>PO_4^{3-}>MoO_4^{2-}>CH_3COO^->I^->Br^->Cl^->F^-$。

四、 离子交换分离操作

1. 离子交换树脂的选择

（1）种类　在化学检验中应用最多的树脂是聚苯乙烯型的强酸性阳离子交换树脂和强碱性阴离子交换树脂。

当需要测定某种阳离子而受到阴离子干扰时，应选用强碱性阴离子交换树脂。当被测试液通过阴离子交换树脂时，阴离子被交换而留在树脂上，阳离子仍留在溶液中可以测定。例如 Ca^{2+}、Mg^{2+} 等离子不论用重量法，还是用配位滴定法或原子吸收光谱法测定时，PO_4^{3-} 的存在都有干扰。如果通过 Cl^- 型强碱性阴离子交换树脂，交换除去 PO_4^{3-}，则 Ca^{2+}、Mg^{2+} 就能顺利地进行测定。

当需要测定某种阴离子而受到共存的阳离子干扰时，应选用强酸性阳离子交换树脂，交换除去干扰的阳离子，阴离子仍留在溶液中供测定。

如果要测定某种阳离子而受到共存的其他阳离子的干扰，则可先将阳离子转化为配阴离子，然后再用离子交换法分离。

由于强酸性阳离子交换树脂对 H^+ 的亲和力很小，H^+ 型阳离子交换树脂易和其他阳离子发生交换反应，因此一般都把树脂处理成 H^+ 型使用。但用 H^+ 型阳离子交换树脂进行交换后，流出液的酸性将显著地增加。如果在交换过程中需要严格控制溶液浓度，或者溶液中有在酸性溶液中可以氧化树脂的离子时，则不应该采用 H^+ 型树脂，应改用 NH_4^+ 型或 Na^+ 型树脂。

阴离子树脂通常采用 OH^- 型或 Cl^- 型强碱性阴离子交换树脂，因为这类树脂对 OH^- 或 Cl^- 亲和力较小，OH^- 或 Cl^- 易和其他阴离子发生交换。

羧酸型的强酸性阳离子交换树脂，在化学检验中用于分离碱性氨基酸以及从弱的有机碱中分离较强的有机碱等等，此时必须用一定酸度的缓冲溶液预先处理树脂和进行洗脱。这种

树脂的特点是对于 H^+ 的亲和力特别大，因此只要用少量稀盐酸进行洗脱就可使之再生。

（2）粒径　树脂颗粒的大小与离子交换过程的速度密切相关，颗粒越小达到交换平衡的速度越快，此外树脂颗粒的大小也影响交换柱的始漏量。因此，在化学检验中必须根据需要选择一定粒度的树脂。一般，制备去离子水可用较粗的树脂，对粒度均匀性的要求也可低些。而其他分离用的树脂粒度应细些，粒度的均匀性要求也高些。用于离子交换层析法的树脂应更细些，例如用 100～200 目或者甚至用 200～400 目的树脂。但填充了 200 目以上树脂的交换柱，阻力极大，溶液流速很慢，这时需要加压或减压，才能使溶液通过交换柱。不同用途树脂粒度的选择可参阅表 9-13。

表 9-13　交换树脂粒度选择

用途	筛孔
制备分离	50～100 目
分析中离子交换分离	80～120 目
离子交换层析法分离常量元素	100～200 目
离子交换层析法分离微量元素	200～400 目

市售树脂有各种不同的交联度，化学检验用的阳离子交换树脂的交联度一般为 8，阴离子交换树脂的交联度一般为 4 左右。

2. 离子交换树脂的处理

树脂选用后过筛（20～40 目）使颗粒大小均匀，在装柱前要进行浸泡溶胀和净化等处理，以除去树脂中的无机和有机杂质，并将树脂转变为所需要的类型。转化后的树脂应浸泡在去离子水中备用。

潮湿的树脂需在空气中（阴凉处）晾干，再将树脂放在塑料盆中，用自来水反复漂洗，除去其中的色素、水溶性杂质和灰尘等，再用蒸馏水浸泡 24h，使其充分膨胀。将树脂中的水排尽，加入 95％的乙醇至浸没树脂，搅拌均匀后，浸泡 24h，除去醇溶液中的杂质，用水洗至排出液为无色并无醇味为止。

阳离子交换树脂用 HCl 浸泡使其变成 H^+ 型，用蒸馏水洗至中性。若用 NaCl 处理强酸性树脂，可转变为 Na^+ 型。预处理时，用 HCl 浸泡使其变成 H^+ 型，用蒸馏水洗至中性。将水排尽后，加入 7％的盐酸溶液至浸没树脂层，使树脂浸泡 2～4h，并不断搅动，再将酸排尽，用蒸馏水自上而下洗涤树脂，直至洗涤水 pH 值为 3～4。换用 8％的氢氧化钠溶液依上述方法操作，处理后用水洗至 pH 值为 9～10。再一次用 7％的盐酸溶液浸泡 4h，并不时搅动，最后用蒸馏水反复洗至 pH 值约为 4，经检验无 Cl^- 即可。

阴离子交换树脂用 NaOH 或 NaCl 溶液处理转化为 OH^- 型或 Cl^- 型。预处理的操作步骤与阳离子交换树脂基本相同，先用 8％的氢氧化钠溶液浸泡，然后用水洗至 pH 值为 9～10，再用 7％的盐酸溶液进行处理，用水洗至 pH 值为 3～4，再以 8％的氢氧化钠溶液浸泡，并用蒸馏水洗至 pH 值约为 8。

3. 装柱

离子交换柱多采用有机玻璃或聚乙烯塑料管加工成的圆柱体形，亦可用滴定管代替，见图 9-17。在装柱前先在柱中充以水，在柱下端铺一层玻璃纤维，将柱下端旋塞稍打开一些，将已处理的树脂带水慢慢装入柱中，让树脂自动沉下构成交换层。待树脂层达到一定高度后（树脂高度与分离的要求有关，树脂层越高，分离效果越好），在其上方盖上一层玻璃纤维。操作过程中应注意，树脂层不能暴露于空气中，否则树脂干枯并混有气泡，使交换、洗脱不完全，影响分离效果，若发现柱内有气泡应重新装柱。

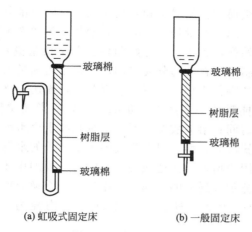

(a) 虹吸式固定床   (b) 一般固定床

图 9-17 离子交换柱

4. 交换

加入待分离试液，调节适当流速，使试液按一定的流速流过树脂层。经过一段时间后，试液中与树脂发生交换反应的离子留在树脂上，不发生交换反应的物质在流出液中，以达到分离目的。

倒入交换柱后，试液则不断地流经离子交换层，交换层的树脂自上而下的一层层被交换。若以"＋"表示未交换的树脂，"o"表示已交换的树脂，则在交换作用进行到一定时间后，在交换柱中的树脂可用图 9-18（a）表示。在交换层的上面一段树脂已全部被交换，下面一段树脂完全没有交换，中间一段部分未交换。当溶液继续流过交换层时，在上面的一段交换作用不再发生，溶液浓度保持原始浓度 c_0；当溶液流到中间一段时，由于该处存在未交换的树脂，交换作用开始发生，溶液中阳离子（或阴离子）的浓度渐渐降低，中间这一段称为"交界层"。当溶液流到"交界层"下面一段时，此层溶液中的阳离子（或阴离子）已全部交换，溶液浓度趋于零。如果以 c 表示柱子某一高度溶液中离子的浓度，则浓度比（c/c_0）与高度间的关系曲线可用图 9-18（b）表示。

如果此时继续把欲交换的溶液倾入交换柱中，交换反应则继续向下进行，交界层中的树脂逐渐被全部交换，交界层下面的树脂也开始被交换。即在交换作用不断进行的过程中，交界层逐渐向下移动，于是图 9-19 中浓度比与高度间的关系曲线也不断向下移动。最后交界层的底部到达了树脂层的底部，曲线也就下降到了底部。从交换作用开始直到这一点，通过交换柱的溶液中待交换的阳离子（或阴离子）全部被交换了，在流出液中待交换离子的浓度为零，取而代之的是从树脂上交换下来的等物质的量的离子。

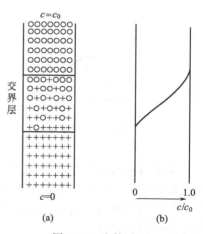

图 9-18 交换过程

假如欲交换的溶液还继续加入交换柱中，交换作用还是不断进行，但是交换作用不能进行完全，在流出液中开始出现未被交换的阳离子（或阴离子）。因此交界层底部到达交换层底部的这一点称为"始漏点"或"流穿点"。到达始漏点为止交换柱的交换容量称为"始漏量"，而柱中树脂的全部交换容量称为"总交换量"。由于到达始漏点时，交界层中尚有部分树脂未被交换，始漏量总是小于总交换量。始漏量和总交换量一般以质量分数表示。

对于某一定的交换柱，总交换量是一定的，而始漏量却和许多因素有关。在化学检验中离子交换过程只能进行到始漏点为止，因此始漏量比总交换量更重要。在选择工作条件时，总希望用较少量的交换树脂，起较大的分离作用，即希望始漏量大些。要使始漏量增大，对于某些阳离子而言，树脂的颗粒应小，溶液的酸度要低，流速应该慢，温度要高，交换柱要细长。但是这些条件是不能随便一一加以满足的。如果树脂颗粒很小，溶液流动时阻力增大，流速减慢，交换太费时间；溶液酸度太低，不少阳离子会水解而产生沉淀；温度高，需要把交换柱整个加热，装置麻烦，而且温度高会促进阳离子的水解作用，以及使某些类型树脂破坏；交换柱细长，则阻力增加，流速减慢，有时甚至要加压才能使溶液通过。因此，这些因素需要根据具体的任务加以适当的选择，常用的离子交换分离法的工作条件为：树脂的粒度是 80～100 目、100～200 目，柱高 20～40cm，柱内径为 0.8～1.5cm，流速为 2～5mL/min。

5. 洗脱

交换完毕后，用洗涤液将树脂上残留的试液和被交换下来的离子洗下来，洗涤液一般是蒸馏水。洗净后用适当的洗脱液将被交换的离子洗脱下来。选择洗脱液原则是离子交换树脂对洗脱液离子的亲和力大于已交换离子的亲和力，对阳离子交换树脂常采用 3～4mol/L HCl 溶液作为洗脱液，阴离子交换树脂常用 HCl、NaCl 或 NaOH 溶液作洗脱液。

洗脱过程是交换过程的逆过程，当洗脱液不断倾入交换柱时，已交换在柱上的阳离子（或阴离子）不断被洗脱下来。洗脱作用也是由上而下地依次进行的。开始时，由于柱的下端常常存在着一层未交换的树脂，从柱上端洗脱下来的阳离子（或阴离子），通过柱下部未交换的树脂层时，又可以再被交换。因此最初出来的流出液中洗脱下来的阳离子（或阴离子）的浓度等于零。但不断加入洗脱液后，流出液中阳离子（或阴离子）的浓度渐渐增大，达到一个最高浓度后又渐渐降低。如果以洗脱液体积为横坐标、流出液中阳离子（或阴离子）的浓度为纵坐标作图，可以得到如图 9-19 所示的洗脱曲线。图中曲线下所包围的那块面积即代表洗脱出来的，即交换在柱上的阳离子（或阴离子）的总含量，此含量可通过测定而确定。

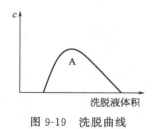

图 9-19　洗脱曲线

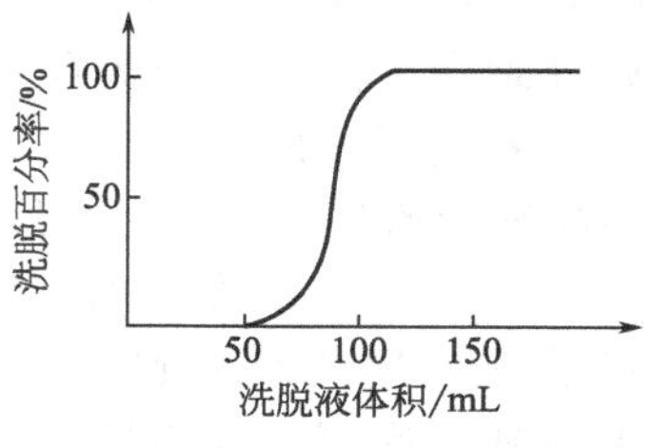

图 9-20　积分洗脱曲线

如果洗脱曲线的纵坐标以洗脱百分率表示，则可得到如图 9-20 所示的积分洗脱曲线。此曲线的形状与树脂颗粒、洗脱剂的浓度、流速大小有关。要使洗脱效率增加，树脂颗粒应细些，洗脱液的浓度要合适，洗脱液的流速不能太快。但这也和交换过程一样，还应根据具体任务加以适当选择。

6. 树脂再生

经洗脱后，在大多数情况下，树脂已得到再生，再用去离子水洗涤后即可重复使用。若需把离子交换树脂换型，在洗脱后用适当溶液处理即可。

离子交换树脂使用失效后，可用酸碱再生，重新将其转变为氢型和氢氧型。再生的完全与否关系到再交换时的质和量。树脂再生的方法有两种，即动态再生法和静态再生法。静态法是将离子交换树脂放入酸或碱中浸泡一定的时间，然后用水洗至中性。动态法是将离子交换树脂装在离子交换柱中，用酸或碱缓缓流过，使交换树脂不断接触新的酸液或碱液，然后再用水缓缓流过洗至中性。静态法简便，但不如动态法效率高。再生的方式有顺流再生和逆流再生，顺流再生操作方法方便，但再生所获得的交换容量低且再生剂耗用量大。逆流再生设备复杂，但交换剂所获得的交换容量大，效果好。

五、 离子交换分离法的应用

1. 水的净化

天然水中含有许多杂质，可用离子交换法净化，除去可溶性无机盐和一些有机物。例如用 H^+ 型强酸性阳离子交换树脂，除去水中 Ca^{2+}、Mg^{2+} 等阳离子时，其交换反应如下：

$$2R—SO_3H+Ca^{2+} \longrightarrow (R—SO_3)_2Ca+2H^+$$

$$2R—SO_3H+Mg^{2+} \longrightarrow (R—SO_3)_2Mg+2H^+$$

用 OH^- 型强碱性阴离子交换树脂，除去水中阴离子时，其交换反应为：

$$RN(CH_3)_3OH+Cl^- \longrightarrow RN(CH_3)_3Cl+OH^-$$

目前净化水多使用复柱法。首先按规定方法处理树脂和装柱，再把阳离子和阴离子交换柱串联起来，将水依次通过。为了制备更纯的水，再串联一根混合柱（阳离子交换树脂和阴离子交换树脂按 1：2 混合装柱），除去残留的离子，由此制得的水称为"去离子水"。

2. 阴阳离子的分离

根据离子亲和力的差异，选用适当的洗脱剂可将性质相近的离子分离。例如，用强酸性阳离子交换树脂柱可分离 K^+、Na^+、Li^+ 等离子。由于在树脂上三种离子的亲和力大小顺序是 $K^+>Na^+>Li^+$，当用 0.1mol/L HCl 溶液淋洗时，最先洗脱下来的是 Li^+，其次是 Na^+，最后是 K^+。

3. 微量组分的富集

试样中微量组分的测定常常是较难的，利用离子交换法可以富集微量组分。例如，测定天然水中 K^+、Na^+、Ca^{2+}、Mg^{2+}、SO_4^{2-}、Cl^- 等组分时，可取数升水样，让它流过阳离子交换柱，再流过阴离子交换柱。然后用稀 HCl 溶液把交换在柱上的阳离子洗脱下来，另用稀氨水慢慢洗脱各种阴离子。经过交换、洗脱处理，组分的浓度可增加数十倍至 100 倍，达到富集的目的。

4. 氨基酸的分离

用离子交换树脂分离有机物质，目前得到了迅速发展和日益广泛的应用，尤其在药物分析和生物化学分析方面应用更多。

第七节　色谱分离技术

一、 色谱分离技术

色谱分离法是以物质在固定相和流动相中的吸附作用或分配系数的差异为依据的一种物理分离法。该法的特点是分离效率高，可将各种性质极为相似的物质彼此分离，是物质分离、提纯和鉴定的常用手段。

色谱分离法的类型很多，主要有以下三种分类方法。

1. 按流动相的状态分类

（1）液相色谱法　用液体作流动相的色谱法。

（2）气相色谱法　用气体作流动相的色谱法。

2. 按分离原理分类

（1）吸附色谱法　利用混合物中各组分对固定相吸附能力强弱的差异进行分离。

（2）分配色谱法　利用混合物中各组分在固定相和流动相两相间分配系数的不同进行分离。

（3）离子交换色谱法　利用混合物中各组分在离子交换剂上的交换亲和力的差异进行分离。

（4）凝胶色谱（排阻色谱）法　利用凝胶混合物中各组分分子的大小所产生的阻滞作用的差异进行分离。

3. 按固定相的状态分类

（1）柱色谱　将固定相装填在金属或玻璃制成的柱中，做成层析柱以进行分离。把固定相附着在毛细管内壁，做成色谱柱，称为毛细管色谱。

（2）纸色谱　利用滤纸作为固定相进行色谱分离。

（3）薄层色谱　将固定相铺成薄层于玻璃板或塑料板上进行色谱分离。

二、 纸色谱分离

1. 纸色谱分离原理

纸色谱法又称纸上层析法，属于分配层析，是用滤纸作为载体的色谱分析方法。滤纸是一种惰性载体，滤纸纤维素中吸附着的水分为固定相。由于吸附水有部分是以氢键缔合形式与纤维素的羟基结合，一般难以脱去，因而纸层析不但可用与水不相混溶的溶剂作流动相，而且也可以用丙醇、乙醇、丙酮等与水混溶的溶剂作流动相。

选取一定规格的层析纸，在接近纸条的一端点上欲分离的试样，把纸条悬挂于层析筒内。让纸条下端浸入流动相（即展开剂）中，由于层析纸的毛细作用，展开剂将沿着纸条不断上升。当流动相接触到点在滤纸上的试样点（即原点）时，试样中的各组分就不断地在固定相和展开剂间进行分配，从而使试样中分配系数不同的各种组分得以分离。当分离进行一定时间后，溶剂前沿上升到接近滤纸条的上沿。取出纸条，晾干，找出纸上各组分的斑点，记下溶剂前沿的位置。

各组分在纸色谱中的位置，可用比移值 R_f 来表示：

$$R_f = \frac{\text{原点中心至溶质最高浓度中心的距离}}{\text{原点中心至溶剂前沿间的距离}} \qquad (9-9)$$

如图 9-21 所示，组分 A，$R_f = a/l$；组分 B，$R_f = b/l$，R_f 在 $0 \sim 1$ 之间。若 $R_f \approx 0$，表明该组分基本留在原点未动，即没有被展开；若 $R_f \approx 1$，表明该组分随溶剂一起上升，即待分离组分在固定相中的浓度接近零。

在一定条件下，不同物质有不同的 R_f 值，可利用 R_f 鉴定各种物质。但影响 R_f 的因素很多，最好用已知的标准样品作对照。根据各物质的 R_f 值，可以判断彼此能否用色谱法分离。一般，两组分的 R_f 只要相差 0.02 以上，就能彼此分离。

2. 纸色谱装置

纸色谱装置由展开缸、橡胶塞、玻璃悬钩组成。玻璃悬钩被固定在橡胶塞上，展开时将滤纸悬挂在玻璃悬钩上。常见的

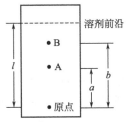

图 9-21　R_f 值测量示意图

有上行色谱装置［见图9-22（a）］、下行色谱装置［见图9-22（b）］和环行色谱装置法（见图9-23）。一般常用上行法，上行法设备简单，应用较广，但展开速度慢。

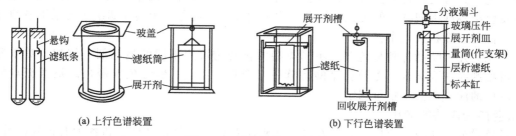

图9-22　纸色谱装置示意图

3. 操作方法

（1）层析滤纸的准备　要选用纸质均一、厚度均匀、无折痕、边缘整齐的层析滤纸，以保证展开速度均匀。层析滤纸的纤维素要松紧合适、厚度适当以保证溶剂有适当的流动速度，要有一定的强度，且纯度要高。专门供色谱用的滤纸有快速、中速、慢速三种类型，可根据分析对象合理选用。

将层析滤纸切成纸条，一般有 3cm×20cm、5cm×30cm、8cm×50cm 等规格。

（2）点样　若样品是液体，可直接点样。固体样品要先将样品溶解在溶剂中，应避免使用水为溶剂，以免造成斑点扩散和不易挥发。最好采用易于挥发的溶剂，如甲醇、乙醇、丙酮、氯仿等，与展开剂极性相近。

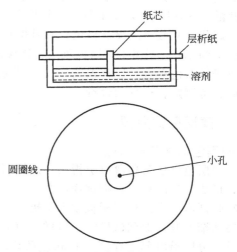

图9-23　环形色谱装置示意图

点样量应随纸的长短、展开时间以及待分离物质的性质而定，通常为 $10\sim30\mu g$。样品的浓度要适宜，稀的样品采用多次点样的办法，每点一次都必须用冷风或湿热的风吹干后再点第二次，但也不能吹得过干，同时注意点样的重合性。促使溶剂挥发的办法有：红外灯照射烘干或用电吹风吹干。

点样时，用管口平整的毛细管（内径约0.5mm），沾取少量试液，点于距滤纸条一端2～3cm处，控制点样直径以 2～3mm 为宜。可并排点数个样品，两点间相距2cm左右。如需对样品定量分析，则选用微量注射器点样。

（3）展开　根据被分离物质的不同，选用合适的展开剂。展开剂应对被分离物质有一定的溶解度。

上行法的操作方法是：层析缸用配制好的展开剂蒸气饱和，将已点样且晾干的滤纸悬挂在层析缸中，点有试样的一端放入展开剂液面下约1cm处，但展开剂液面的高度应低于样品斑点。展开剂沿滤纸上升，样品中各组分随之而展开。对于比移值较小的试样，用下行法可得到好的分离效果。

下行法的操作方法是：将试液点在滤纸条的上端处，把纸条的上端浸入盛有展开剂的玻璃槽中，将玻璃槽放在架子上，玻璃槽和架子一同放入层析缸中，展开时，展开剂将沿着滤纸条向下移动。

（4）显色　当展开结束后，记下溶剂前沿位置，进行溶剂的挥发。

对于有色物质，当样品展开后，即可直接观察各个色斑。而对于无色物质，需采用各种物理、化学方法使其显色。常用的显色方法是用紫外灯照射。凡能吸收紫外光或吸收紫外光后能发射出各种不同颜色的荧光的组分，均可用此方法显色。用笔在滤纸上记录下各组分的颜色、位置、形状及大小。

如无荧光可喷洒各种显色剂，不同类型的化合物可用不同的显色剂。例如，对于氨基酸，可喷洒茚三酮试剂。多数氨基酸呈紫色，个别呈蓝色、紫红色或橙色。根据斑点的大小、颜色的深浅可做半定量测定。

4. 纸色谱分离法的应用

纸色谱分离法设备简单、操作方便、分离效果好，用于无机离子和各种有机物的分离。例如铜、铁、钴、镍的纸色谱分离，是将离子混合试液点在慢速滤纸上（层析纸），以丙酮-浓盐酸-水作展开剂，用上行法进行展开。1h后从层析筒中取出，用氨水熏5min，晾干后，用二硫代乙酰胺溶液喷雾显色，则可得到一个良好的色层分离谱图。亚铁离子呈黄色斑点，比移值为1.0；铜离子呈绿色斑点，比移值为0.70；钴离子呈深黄色斑点，比移值为0.46；镍离子呈蓝色斑点，比移值为0.17。若将斑点分别剪下，经灰化或用$HClO_4$和HNO_3处理后，可测定各组分的含量。

三、　薄层色谱分离

1. 薄层色谱法分离原理

薄层色谱法又称薄层层析法，是把固定相（如中性氧化铝）均匀地铺在玻璃板或塑料板上，形成均匀的薄层。把试样点在层板（薄层）的一端离边缘一定距离处，试样中各组分就被吸附剂所吸附。把层析板放入层析缸中展开，由于薄层的毛细作用，展开剂将沿着吸附剂薄层渐渐上升，遇到试样时，试样就溶解在展开剂中，随着展开剂沿着薄层上升，试样中的各种组分则沿着薄层在固定相和流动相之间不断发生溶解、吸附、再溶解、再吸附的分配过程。

各个色斑在薄层中的位置用比移值R_f来表示（见纸色谱）。

2. 薄层色谱条件的选择

薄层色谱的分离效果取决于吸附剂、展开剂，要根据样品中各个组分的性质选择合适的吸附剂和展开剂。

薄层色谱法的固定相吸附剂颗粒要比柱色谱法细得多，其直径一般为$10 \sim 40 \mu m$。由于被分离对象及所用展开剂极性不同，应选用活性不同的吸附剂作固定相。吸附剂的活性可分Ⅰ～Ⅴ级，Ⅰ级的活性最强，Ⅴ级的活性最弱。薄层色谱法固定相吸附剂类型与柱色谱相似，有硅胶、氧化铝、纤维素等。最常用的是硅胶和氧化铝，它们的吸附能力强，可分离的试样种类多。

吸附剂和展开剂选择的一般原则是：非极性组分的分离，选用活性强的吸附剂，用非极性展开剂；极性组分的分离，选用活性弱的吸附剂，用极性展开剂。实际工作中要经过多次试验来确定。

3. 操作方法

（1）薄层板的制备　薄层板可购买商品的预制板（有普通薄层板和高效薄层板），也可自行制备。制备方法有干法制板、湿法制板两种。湿法铺层较为常用，即将吸附剂加水调成糊状，倒在层析板上，用适当的方法铺匀，晾干。层析板要用水洗净后烘干，否则会使吸附剂不能均匀分布和黏附在玻璃板上，干燥后易起壳、开裂、剥落。

先将铺好薄层的层析板水平放置，待糊状物凝固后，放入烘箱，于 $60\sim70℃$ 初步干燥。然后逐渐升温到 $105\sim110℃$，使之活化，一般活化时间为 $10\sim30min$。但对于某些实验，薄层板铺好后阴干即可，不必活化（有时要通过实验，由分离效果来决定）。活化后，将薄层板置于干燥器中备用。

（2）点样　在经过活化处理的薄层板的一端距边沿一定距离处（一般约 $1cm$），用毛细管或微量注射器把试液 $0.05\sim0.10mL$（含样品 $10\sim100\mu g$）点在薄层板上，点样动作力求快速。为使样点尽量小，可分多次点样，不致使原点分散而使层析后斑点分散，影响鉴定。其方法与纸色谱相似，即溶解样品的溶剂应易于挥发，溶剂的极性和展开剂相似。一般制成质量浓度为 $5\sim10g/L$ 的样品溶液。当溶剂与展开剂的极性相差较大时，应在点样后，待溶剂挥发了再进行层析展开。点样量应根据薄层厚度、试样和吸附剂的性质、显色剂的灵敏度、定量测定的方法而定。每个样品原点间距应在 $2cm$ 左右，距薄层板一端约 $1cm$ 处。

（3）展开　薄层板的展开需在层析缸（见图 9-24）中进行。但应注意，这种层析缸必须密闭而不漏气，否则在层析展开过程中，会因展开剂的挥发而影响分离效果。

层析展开方式常采用上行法。但对于干板应近水平方向放置，薄层的倾斜角不宜过大（一般为 $10°\sim20°$），倾斜角过大，薄层板上薄层易脱落。而对于硬板，可采用近于垂直的方向展开，如图 9-25 所示。

图 9-24　薄层层析示意图

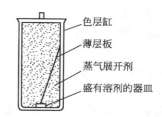

图 9-25　近垂直方向展开

展开时，应先将展开剂放入层析缸内，液层厚度为 $5\sim7mm$，为使缸内展开剂蒸气很快达到平衡，可在缸内放入一张滤纸。然后将已点好试液的薄层放入缸内，薄层板下端浸入展开剂约为 $5mm$，切勿使样品原点浸入展开剂中。盖紧缸盖，待展开剂前缘上升到薄层板顶端时（预定的高度），立即取出薄层板，计算比移值 R_f。

（4）显色　样品展开后，若本身带有颜色，可直接看到斑点的位置。若样品是无色的，则需要对薄层板进行显色。常用的显色方法有三类，紫外光下观察、蒸气熏蒸显色和喷以各种显色剂。

① 物理显色法。把展开后的薄层放在紫外灯下观察，含有共轭双键的有机物质能吸收紫外光，呈暗色的斑点即为样品点。对含有荧光指示剂铺成的薄层板（如硅胶 GF_{254}）在紫外光（254nm）下观察，整个薄层呈现黄绿色荧光，斑点部分呈现暗色更为明显。有些物质在吸收紫外光后呈现不同的颜色的荧光，或需喷某种显色剂作用后显出荧光。由于这些物质只在紫外灯照射下显色，紫外光消失后，荧光随之消失，因而需用针沿斑点周围刺孔，标出该项物质的位置。

② 化学显色法。对不同的化合物需采用不同的显色剂。常用的显色剂种类很多，有通用显色剂和专属显色剂。常见显色剂见表 9-14。若对未知化合物，可以考虑先用通用显色剂，这种显色剂是利用它与被测组分的氧化还原反应、脱水反应及酸碱反应等而显色的。如浓硫酸或硫酸溶液，由于多数有机物质用硫酸碳化而使它们显色，一般在喷此溶剂后数分钟

即会出现棕色到黑色斑点，这种焦化斑点常常显现荧光。

表 9-14 常用的显色剂

显色剂	检测对象
浓硫酸或 $w_{H_2SO_4}=50\%$ 硫酸	大多数有机化合物显出黑色斑点
3g/L 溴甲酚绿＋80％甲醇溶液	脂肪族羧酸于绿色背景显黄色
$w_{H_3PO_4}=5\%$ 磷酸乙醇溶液	喷后以 120℃烘烤，还原性物质显蓝色斑点；再用氨气熏，背景变为无色
0.1mol/L 三氯化铁＋0.1mol/L 铁氰化钾	酚类、芳香族胺类、酚类甾族化合物
含 3g/L 乙酸的茚三酮丁醇溶液	氨基酸及脂肪族伯胺类化合物，背景出现红色或紫红色
碘蒸气	有机化合物，显黄棕色
5g/L 碘的氯仿溶液	有机化合物，显黄棕色
1g/L 桑色素乙醇溶液	有机化合物，背景显黑色或其他颜色

喷雾显色时，应将显色剂配成一定浓度的溶液，然后用喷雾器均匀地喷洒到薄层上。对于未加黏合剂的干板，应在展开剂尚未挥发尽时喷雾，否则会将薄层吹散。

蒸气显色时将易挥发的试剂放在密闭的容器中，使它们的蒸气充满整个容器，将已展开、挥发尽溶剂的薄层板放入容器中，使之显色，其显色速度和灵敏度随化合物不同而异。当斑点的颜色足够强时，将板从容器中取出，用铅笔画出斑点的轮廓。斑点是不能持久显色的，因颜色是碘和有机物形成的络合物，当碘从板上升华逸出时，斑点即褪色。除饱和烃和卤代烃外，几乎所有的化合物均能与碘形成配合物。另外，斑点的强度并不代表存在的物料量，只是一粗略的指示而已。

4. 薄层色谱分离法应用

（1）同系物或异构体分离　用一般的分离方法很难将同系物或同分异构体分开，但用薄层层析可将它们分开。例如，$C_3 \sim C_{10}$ 的二元酸混合物在硅胶 G 板上，以苯-甲醇-乙酸（45＋8＋4）展开 10cm，即可完全分离。

（2）痕量组分的检测　用薄层层析法检测痕量组分既简便又灵敏。例如，3,4-苯并芘是致癌物质，在多环芳烃中含量很低。可将试样用环己酮萃取，并浓缩到几毫升。点在含有 20g/L 咖啡因的硅胶 G 板上，用异辛烷-氯仿（1＋2）展开后，置紫外灯下观察，板上呈现紫至橘黄色斑点。将斑点刮下，用适当的方法进行测定。

四、 柱色谱分离

（一）吸附柱色谱法

1. 分离原理

吸附柱色谱法是液-固色谱法的一种。方法是将固体吸附剂（如氧化铝、硅胶、活性炭等）装在管柱中，如图 9-26（a）所示，在柱顶加入待分离组分 A 和 B 的溶液，则 A 和 B 被吸附剂吸附于管上端，如图 9-26（b）所示，形成一个环带。加入已选好的有机溶剂，从上而下进行洗脱，A 和 B 遇纯溶剂后，从吸附剂上被洗脱下来。但遇到新吸附剂时，又重新被吸附上去，因而在洗脱过程中，A 和 B 在柱中反复地进行着解吸、吸附、再解吸、再吸附等过程。由于 A 和 B 随着溶剂下移速度不同，因而 A 和 B 也就可以完全分开［见图 9-26（c）］，形成两处环带，每一环带内是一纯净物质。如果 A、B 两组分有颜色，则能清楚地看到色环；若继续冲洗，则 A 将先被洗出，B 后被洗出，用适当容器接收，再进行分析测定。

2. 色谱条件的选择

（1）色谱柱　色谱柱一般用带有下旋塞或没有下旋塞的玻璃管或塑料管柱制成。柱的直径与长度比为（1：10）～（1：60），装入的吸附剂的质量是待分离物质质量的 25～30 倍。

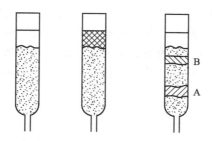

(a)填充柱　　(b)加入试样柱　　(c)A、B两组分分开

图 9-26　二元混合物柱层次示意图

（2）吸附剂

① 对吸附剂的要求。吸附剂应颗粒均匀，具有较大的比表面积和一定的吸附能力。比表面积大的吸附剂分离效率好，因为比表面积越大，组分在流动相和固定相之间达到平衡越快，形成的色带就越窄。一般吸附剂颗粒大小以 100～150 目为宜。另外，吸附剂应与欲分离的试样及所用的洗脱溶剂不起化学反应。

② 常用的吸附剂。氧化铝、硅胶、氧化镁、碳酸钙和活性炭等。氧化铝具有吸附能力强、分离能力强等优点。酸性氧化铝适用于分离酸性有机物质，如氨基酸等；碱性氧化铝适用于分离碱性有机物质，如生物碱、醇等；中性氧化铝的应用最为广泛，适用于中性物质的分离，如醛、酮等类有机物质。

③ 吸附剂的活性。吸附剂的活性取决于吸附剂的含水量，含水量越高，活性越低，吸附能力越弱；反之，吸附能力越强。按吸附能力的强弱可分为强极性吸附剂（如低水含量的氧化铝、活性炭）、中等极性吸附剂（如氧化镁、碳酸钙等）和弱极性吸附剂（如滑石、淀粉等）。一般分离弱极性组分时，可选用吸附性强的吸附剂；分离极性较强的组分，应选用活性弱的吸附剂。

吸附剂在使用之前，需进行"活化"。因为吸附剂吸附能力的强弱，主要取决于吸附剂吸附中心的数量多少。如果吸附剂表面的吸附中心被水分子占据，则吸附能力会减弱。通过加热活化，可提高吸附剂活性，相反，加入一定的水分，也可使吸附剂"脱活"。表 9-15 列出了氧化铝和硅胶的活性与含水量之间的关系。

表 9-15　氧化铝、硅胶的活性与含水量之间的关系

吸附剂活性	Ⅰ	Ⅱ	Ⅲ	Ⅳ	Ⅴ
氧化铝含水量/%	0	3	6	10	15
硅胶含水量/%	0	5	15	25	38

④ 吸附剂的选择。在分离极性较强的化合物时，一般选用活性较小的吸附剂。而分离极性较弱的化合物时，就选用活性较大的吸附剂。极性吸附剂选择性地吸附不饱和的、芳香族的和极性分子。非极性吸附剂如活性炭、硅藻土对极性分子无吸附能力。

（3）洗脱剂　洗脱剂（流动相）的选择是否合适，直接影响色谱的分离效果。流动相的洗脱作用，实质上是流动相分子与被分离的溶质分子竞争占据吸附表面活性中心的过程。在分离洗脱过程中，若是流动相占据吸附剂表面活性中心的能力比被分离的溶质分子强，则溶剂的洗脱能力就强，反之，洗脱作用就弱。因此，流动相必须根据试样的极性和吸附剂吸附能力的强弱来选择。一般的选择规律是：样品极性较大，在极性吸附剂柱上进行分离，则应选用吸附性较弱（即活性较低）的吸附剂，用极性较大的溶剂进行洗脱。组分的极性较小，就应选用吸附性较强（即活性较高）的吸附剂，用极性较小的溶剂进行洗脱。

常用的流动相按其极性强弱的排列次序为：石油醚＜环己烷＜四氯化碳＜二氯乙烯＜苯＜甲苯＜二氯甲烷＜氯仿＜乙醚＜乙酸乙酯＜丙酮＜乙醇＜甲醇＜水＜吡啶＜乙酸。

为了得到好的分离效果，单一洗脱剂达不到所要求的分离效果，也可以将各种溶剂按不同的配比，配成混合溶剂作为流动相。总之，洗脱剂的种类很多，至于选用哪种洗脱剂为最佳，应由实验确定。

（二）分配柱色谱法

1. 分离原理

分配柱色谱法是液-液色谱法，它是根据物质在两种互相不混溶的溶剂间分配系数不同来实现分离的方法。将液体固定相涂渍在载体上，然后装入管中，将试样加入管的上端，然后再以与固定相不相混的溶剂作流动相进行洗脱。当流动相自上而下移动时，被分离物就在固定相和流动相之间反复进行分配，因各组分的分配系数不同，而得以分离。此法多用于有机物的分离。如果固定相的极性低于流动相的色谱，称为反相分配色谱法，反之称为正相分配色谱法。在反相分配色谱法中常用的载体有微孔聚乙烯球珠、聚氨酯泡沫塑料等，疏水性组分移动慢，亲水性组分移动快。正相分配色谱中常用的载体有纤维素、硅藻土等。

2. 色谱条件的选择

常用的载体有硅藻土型、硅胶型、纤维素型和高分子聚合物型等；使用的固定相多是一些极性较强的溶剂，如水及各种水溶液，甲醇、甲酰胺等。常用的流动相溶剂有：石油醚、醇类、酮类、酯类、卤代烷烃和苯等以及它们的混合物。在实际工作中，为了防止色谱过程中流动相把吸附于载体上的少量水分带走，流动相应预先以水饱和，并应加入乙酸、氨水等弱酸、弱碱，以防止某些被分离组分离解。

（三）操作方法

（1）装柱　取一洗净、干燥的色谱柱，在柱的底部铺少量玻璃棉或脱脂棉，于玻璃上放一层直径略小于色谱柱的滤纸，然后将吸附剂装入柱内，装柱的方式有干法和湿法。

① 干法装柱。在色谱柱上端放一个干燥的玻璃漏斗，将活化好的吸附剂通过漏斗装入柱内，边装边轻轻敲打柱管，以便填装均匀。填装完毕后，在吸附剂表面再放一层滤纸，从管口慢慢加入洗脱剂，开启下端活塞，使液体慢慢流出，流速控制在 $1\sim2$ 滴/s。干法装柱的缺点是：容易在柱内产生气泡，分离时有"沟流"现象。

② 湿法装柱。在柱内先加入 3/4 已选定的洗脱剂，将一定量的吸附剂（氧化铝或硅胶）用溶剂调成糊状，慢慢倒入柱内，打开柱下活塞，使溶剂以 1 滴/s 的速度流出。在装柱的过程中，应不断地轻敲色谱柱，使其填装均匀、无气泡。

柱子填充完后，在吸附剂上端覆盖一层石英砂，使样品能够均匀地流入吸附剂表面，并可防止加入洗脱时被洗脱剂冲坏。在整个装柱（干法或湿法）过程中，溶剂应覆盖住吸附剂，并保持一定的液面高度，否则柱内会出现裂痕及气泡。

（2）加样　将干燥待分离固体样品称重后，溶解于极性尽可能小的溶剂中使之成为浓溶液。将柱内液面降到与柱面相齐时，关闭柱子。用滴管小心沿色谱柱管壁均匀地加到柱顶上。加完后，用少量溶剂把容器和滴管冲洗净并全部加到柱内，再用溶剂把黏附在管壁上的样品溶液淋洗下去。慢慢打开活塞，调整液面和柱面相平为止，关好活塞。如果样品是液体，可直接加样。

（3）洗脱　将选定的洗脱剂小心从管柱顶端加入色谱柱（切勿冲动吸附层），洗脱剂应始终覆盖住吸附剂上面，并保持一定的液面高度，控制流速在 $0.5\sim2\text{mL/min}$，不可太快，以免交换达不到平衡而分离不理想。有颜色的组分，可直接观察，收集，然后分别将洗脱剂蒸除，即可得到纯组分，然后再选用适当的方法对各组分进行定量。

所收集流出部分的体积的多少，取决于柱的大小和分离的难易程度，即根据使用吸附剂的量和样品分离情况来进行收集。一般为50mL，若洗脱剂的极性相近或样品中组分的结构相近时，可适当减少收集量。

（四）柱色谱分离法应用

柱层析虽然费时，相对于仪器化的高效液相色谱法柱效低，但由于设备简单，容易操作，从洗脱液中获得分离样品量大等特点，应用仍然较多。对于简单的样品用此法可直接获得纯物质；对于复杂组分的样品，此法可作为初步分离手段，粗分为几类组分，然后再用其他分析手段将各组分进行分离分析。在天然产物的分析中此法常作为除去干扰成分的预处理手段。

第八节　膜分离技术

膜分离技术是对液-液、气-气、液-固、气-固体系中不同组分进行分离、纯化与富集的一门高新技术。这种技术与常规分离方法相比，具有能耗低、分离效率高、设备简单、易于操作、无相变和化学变化、不污染环境等优点。

膜分离技术是用一种特殊的半渗透膜作为分离介质，当膜的两侧存在某种推动力（如压力差、浓度差、电位差等）时，半透膜有选择性地允许某些组分透过，同时，阻止或保留混合物中的其他组分，从而达到分离、提纯的目的的方法。用于过滤的膜一般是用具有多孔的物质作为支撑体，其表面由只有几十微米左右厚的膜层组成。膜分为固膜、液膜和气膜三类，固膜应用最多，固膜又可分为无机膜和有机膜。新材料、新的膜分离方法在不断开发研究，使膜分离技术发展迅猛。反渗透、超滤、微滤、电渗析为四大已开发应用的膜分离技术。其中反渗透、超滤、微滤相当于过滤技术，用以分离含溶解的溶质或悬浮微粒的液体。电渗析用的是荷电膜，在电场的推动下，用以从水溶液中脱除离子，主要用于苦咸水的脱盐。

一、渗析

渗析也称透析，是最早发现和研究的膜现象。这种半透膜只允许水中或溶液中的溶质通过，溶质从高浓度一侧透过膜扩散到低浓度一侧的现象称为渗析作用，也称扩散渗析或扩散渗透。渗透作用的推动力是浓度差，是由于膜两侧溶液的浓度差而使溶液进行扩散分离的。浓度高的一侧向浓度低的一侧扩散，当膜两侧溶液达到平衡时，渗透过程停止。由于渗析过程的传质推动力是膜两侧物料中组分的浓度差，渗透扩散速度慢，膜的选择性差。渗析所用的膜多为离子交换膜，此方法用于血液渗析、处理废水中移动速度较快的 H^+ 和 OH^-，用于酸碱的回收，回收率可达到 $70\%\sim90\%$，但这种膜不能使回收的酸碱浓缩。

二、电渗析法

电渗析是在直流电场作用下，以电位差为推动力，利用离子交换膜的选择性，把电解质从溶液中分离出来，从而实现溶液的淡化、浓缩、精制或纯化目的的一种分离方法。电渗析是电解和透析过程的结合，广泛用于苦咸水脱盐、饮用水、食品、医药和化工等领域。

电渗析法是1975年提出来的，是利用离子交换膜选择性透过离子的特殊性能，在直流电场作用下，产生离子迁移，阴阳离子分别通过阴阳离子交换膜进入到另一种溶液，从而达到分离、提纯、回收的目的。其分离装置如图9-27所示。在阳极池与料液池之间有一个常压下不透水的阴离子交换膜 A 将它们隔开，它阻挡阳离子，只允许阴离子通过；在料液池

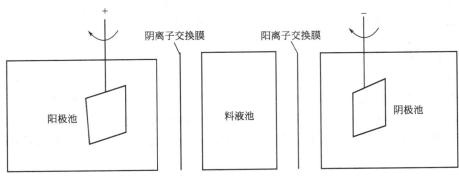

图 9-27　电渗析分离装置示意图

和阴极池之间，有阳离子交换膜 B 将它们隔开，它阻挡阴离子，只允许阳离子通过。当阴阳电极加上电压时，料液池中阳离子通过阳离子交换膜迁移到阴极池中；阴离子通过阴离子交换膜迁移到阳极池中，如果料液中有沉淀颗粒或胶体，则不能通过阴、阳离子交换膜，留在料液中。这样，阴阳离子、沉淀颗粒得以分离。

图 9-28 是 NaCl 电渗析分离示意图，在电流的作用下，Na^+ 向阴极移动，易通过阳离子交换膜，却不能通过阴离子交换膜。同理，Cl^- 易通过阴离子交换膜而受到阳离子交换膜的阻挡，结果使两旁隔离室离子浓度上升，形成浓水室，而中间隔离室离子浓度下降，形成淡水室。

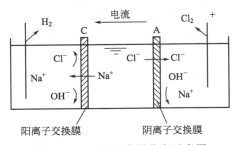

图 9-28　NaCl 电渗析分离示意图

三、　微孔过滤

微孔过滤是以压力差为推动力的膜分离方法，主要用于气相和液相中截留分离微粒、细菌、污染物等。微孔滤膜是起决定性作用的、是用特种纤维酯或高分子聚合物制成的孔径均一的薄膜。滤膜种类有硝酸纤维膜（CN 膜）、乙酸纤维膜（CA 膜）、混合纤维膜（CN/CA 膜）、聚酰胺滤膜、聚氯乙烯疏水性滤膜、再生纤维滤膜、聚四氟乙烯强憎水性滤膜等。用厚度、过滤速度、孔隙率、灰分及滤膜孔径来表示微孔滤膜的性能。

用扫描电子显微镜观察微孔滤膜的断面结构，常见的有三种类型，如图 9-29 所示。

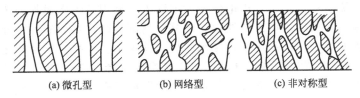

(a) 微孔型　　　　　(b) 网络型　　　　　(c) 非对称型

图 9-29　膜断面结构

通过电镜观察微孔滤膜的截留机理有四种，如图 9-30 所示。

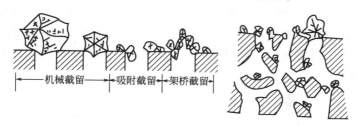

(a) 在膜的表面层截留　　　　　(b) 在膜内部的网络中截留

图 9-30　微孔膜的截留作用示意图

① 机械截留。膜能截留比孔径大的微粒或杂质。

② 物理作用或吸附截留。由膜材料与被截留微粒的物理性能如吸附、电性所引起的。

③ 架桥作用。微粒构成桥形被截留。

④ 网络型膜网络内部截留。此时微粒被截留在膜的内部，由网膜的结构所引起。

用特种纤维素酯或高分子聚合物制成的微孔滤膜，机械强度较差，故实际应用中要将膜材料贴附在平滑多孔的支撑体上。支撑体可用不锈钢或其他耐腐蚀的塑料及尼龙布组成。

作为实验室用的小型微孔过滤装置可参照图 9-31。在吸滤瓶上方设置一个滤筒，滤筒的上下两部分可用不锈钢或塑料制成，中间设置一个聚四氟乙烯 O 形圈，将微孔滤膜放置在带孔的支撑片上，与 O 形圈配合后联结成一个整体。要先将滤膜放在溶液中充分浸润，以赶尽滤膜孔穴中的空气，增加滤膜的有效过滤面积。

作为工艺使用的微孔过滤组件，通常可分为板框式、管式、螺旋卷式和中空纤维式。

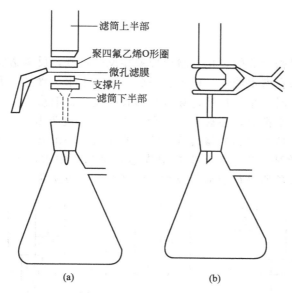

滤筒上半部

聚四氟乙烯 O 形圈

微孔滤膜

支撑片

滤筒下半部

(a)　　　　　　　　(b)

图 9-31　小型微孔过滤器

四、 超滤

超滤是一种以静压力差为推动力的液相膜分离方法。与反渗透类同，利用渗透膜来滤除污水中溶解的物质。在工业生产、科研、医学、污水处理及回收利用等领域得到广泛的应用。

超滤的分离截留机理，通常用"筛分"理论来解释。认为在膜的表面有无数微孔，这些微孔像筛子的筛孔一样，可以截留住直径大于孔径的溶质和杂质颗粒，从而实现过滤分离。

超滤装置的工作原理如图 9-32 所示。在一定的压力作用下，当含有高（A）、低（B）两种分子量的溶质的混合溶液流过被支撑的膜表面时，溶剂和低分子量的溶质（如无机盐类）将透过薄膜，作为透过物被收集起来；高分子量的溶质（如有机胶体等）则被薄膜截留于浓缩液，待回收。

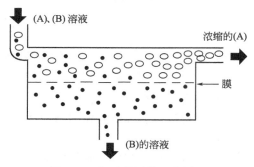

图 9-32　超滤装置的工作原理

超滤膜按其结构可分为两类：一种是各向同性膜，该膜的微孔数量与孔径在膜的各层基本相同，无正面和反面区别；另一种是各向异性膜，它是由一层极薄的表面"皮层"和一层较厚的"海绵层"组成的复合薄层。超滤膜的基本性能可用水通量、截留率和化学物理稳定性表示。工业上常用的超滤膜材料有乙酸纤维、聚砜、芳香聚酰胺、聚丙烯、聚乙烯、聚碳酸酯和尼龙等高分子材料，根据使用要求选择。

超滤装置的主要膜组件与反渗透法相似，有板框式、管式、螺旋式、毛细管式及中空纤维式等类型。

五、 反渗透

反渗透是与渗透紧密相关的，是与渗透现象相反的过程，反渗透膜只允许溶剂通过而不允许溶质通过。反渗透在海水淡化、化工、医药、处理废水、食品等方面应用广泛。用半透膜将蒸馏水和盐水隔离时，水将自然地穿过半透膜向盐水扩散渗透，见图 9-33（a），而当蒸馏水的扩散渗透达动态平衡时，在盐水一侧会产生一个高度为 h 的液面差，见图 9-33（b），该液柱的压力等于水向盐水渗透的渗透压。此时若在盐水一侧施加一个比渗透压大的外界压力 p 时，盐水中的水将通过半透膜反向扩散渗透到蒸馏水中去，这一现象称为反渗透，见图 9-33（c）。基于此现象所进行的纯化或浓缩溶液的分离方法称为反渗透分离法。

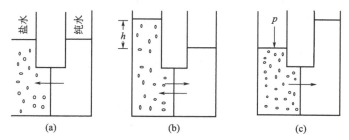

图 9-33　渗透、反渗透装置

反渗透是渗透的一种反向迁移运动，它主要是在压力推动下，借助半透膜的截留作用，迫使溶液中的溶剂与溶质分开，溶液浓度越高，反渗透进行所需施加的压力越大。

超滤和反渗透法十分相似，具有相同的膜材料和相仿的制备方法，有相似的机制和功能，有相近的应用。超滤所用的薄膜较疏松，透水量大，除盐率低，用以分离的溶质分子至少要比溶剂分子大 10 倍，能够分离高分子和低分子有机物及无机离子等。在这种系统中，渗透压已经不能起作用，其过滤机理主要是筛滤作用。超滤压力低，溶液所施加的压力约在 $0.07\sim0.7$ MPa。反渗透薄膜致密，透水量低，除盐率高，用来分离分子大小接近的溶剂和溶质，反渗透压力大于 2.8MPa。在反渗透膜上的分离过程中，伴随有半透膜、溶解物质和溶剂之间复杂的物理化学作用。故有人认为，可以把超滤膜看作是具有较大平均孔径的反渗透膜；反渗透膜主要用来截留无机盐类的小分子，而超滤法则是从小分子溶质或溶剂分子中，将比较大的溶质分子筛分出来。

反渗透膜是反渗透装置的心脏，其基本性能一般包括透水率、盐透率和抗压实性等。根据渗透膜的物理结构，反渗透膜可分为非对称膜、均质膜、复合膜、动态膜；根据膜的材料分类，则可分为乙酸纤维膜、芳香聚酰胺膜、高分子电解膜、无机质膜等。

膜的分离装置主要包括膜组件和泵。膜组件是将膜以某种形式组装起来，在外界压力作用下，能实现对溶质和溶剂分离的单元设备。工业上常用的反渗透装置主要有板框式、管式、螺旋卷式及中空纤维式四种类型。

图 9-34 表示各种渗透膜的大体孔径范围和它们的分子量截留区段。各种渗透膜对不同分子量物质的截留功能可用图 9-35 表示。

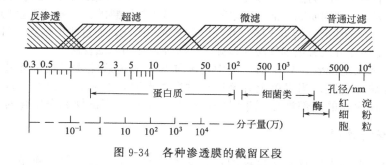

图 9-34 各种渗透膜的截留区段

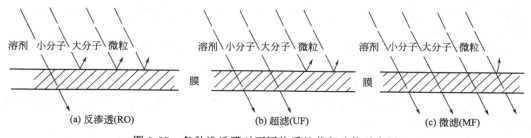

图 9-35 各种渗透膜对不同物质的截留功能示意图

实际应用中，往往膜表面的化学特性也对物质的分离起到一定的作用。比如当膜的孔径比溶剂和溶质的分子都大时，膜仍然具有分离截留功能，这只能说明膜表面的物理化学特性此时起到了重要作用。

第十章　常用物理常数的测定

第一节　熔点的测定

熔点是固体物质的重要物理常数之一。按 GB/T 617—2006《化学试剂熔点范围测定通用方法》测定有机物熔点。

一、测定原理

固态物质受热时，从固态转变成液态的过程，称为熔化。在标准大气压力（101325Pa）下，固态与液态处于平衡状态时的温度，就是该物质的熔点。物质开始熔化至全部熔化的温度范围，叫作熔点范围或熔距。纯物质固、液两态之间的变化是非常敏感的，自初熔至全熔，温度变化不超过 0.5～1℃。混有杂质时，熔点下降，并且熔距变宽。因此，通过测定熔点，可以初步判断化合物的纯度。测定熔点方法有毛细管法和显微熔点法等，常用毛细管法。

将试样研细装入毛细管，置于加热浴中逐渐加热，通过载热体将热量传递给试样，观察毛细管中试样的熔化情况。当温度上升至接近试样熔点时，控制升温速度，观察试样的熔化情况，当试样出现明显的局部液化现象时的温度为初熔点，当试样完全熔化时，为终熔点。

二、熔点的校正计算

熔点测定值是通过温度计直接读取的，温度读数的准确与否，是影响熔点测定准确度的关键因素。在测定熔点时，为得到准确的测定结果，必须对熔点测定值进行温度校正。

1. 温度计示值校正 Δt_1

用于测定的温度计，使用前必须用标准温度计进行示值误差的校正。方法是：

（1）将测定温度计和标准温度计的水银球对齐并列放入同一热浴中。

（2）缓慢升温，每隔一定读数同时记录两支温度计的数值，作出升温校正曲线。

（3）缓慢降温，制得降温校正曲线。若两条曲线重合，说明校正过程正确，此曲线即为温度计校正曲线，如图 10-1 所示。

（4）在此曲线上可以查得测定温度计的示值校正值 Δt_1，对温度计示值进行校正。

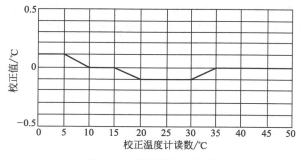

图 10-1　温度计校正曲线

2. 温度计水银柱外露段校正 Δt_2

在测定熔点时，若使用的是全浸式温度计，那么露在载热体表面上的一段水银柱，由于受空气冷却影响，所示出的数值一定比实际上应该具有的数值为低。这种误差在测定 100℃ 以下的熔点时是不大的，但是在测定 200℃ 以上的熔点时，可大 3～6℃，对于这种由温度计水银柱外露段所引起的误差的校正值可用式（10-1）来计算：

$$\Delta t_2 = 0.00016\,(t_1 - t_2)\,h \tag{10-1}$$

式中　Δt_2——温度计水银柱外露段校正值，℃；

0.00016——玻璃与水银膨胀系数的差值；

t_1——主温度计读数，℃；

t_2——水银柱外露段的平均温度，由辅助温度计读出，℃；

h——主温度计水银柱外露段的高度（用度数表示），℃。

3. 校正后的熔点 t

$$t = t_1 + \Delta t_1 + \Delta t_2 \tag{10-2}$$

式中　t——校正后的熔点，℃；

t_1——主温度计读数，℃；

Δt_1——温度计示值校正值，℃；

Δt_2——温度计水银柱外露段校正值，℃。

三、　测定仪器

过去常用毛细管测熔点装置有双浴式和提勒管式两种，如图 10-2 所示。当今用熔点仪和数字熔点仪测定熔点，如图 10-3 和图 10-4 所示。

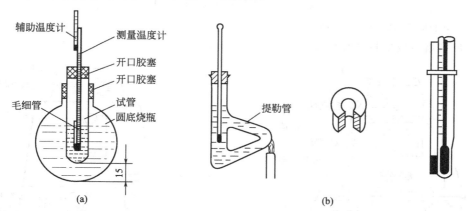

图 10-2　毛细管测熔点装置

图 10-3　WRR 熔点仪正面图

图 10-4　WRR 熔点仪背面图

应用示例 10-1　熔点仪法测定萘的熔点

熔点仪具有操作简便、熔点测定清晰直观、精度和可靠性高的特点，是制药、化工、染料、香料、橡胶等行业理想的熔点检测仪器。目前广泛使用的有按照药典标准设计的熔点仪（如 WRR 型熔点仪）、数字熔点仪（如 WRS 系列熔点仪）和比较先进的显微熔点仪。以下主要介绍根据药典标准设计的 WRR 型熔点仪测定萘的熔点的方法。

（一）测定原理

用毛细管作样品管，在一个油浴循环管中，通过高倍率放大镜观察毛细管内样品熔化过程，温度检测采用直接插入油浴管中贴近毛细管底部的铂电阻作检测元件，当观察到样品开始熔化时，按一下初熔键，初熔即被存储并显示；当观察到样品完全熔化呈透明时，按一下终熔键，终熔即被存储并显示，见图 10-5。

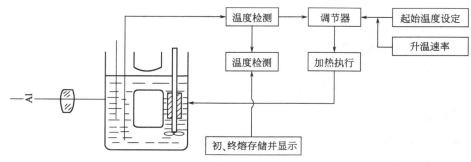

图 10-5　WRR 熔点仪工作原理

（二）WRR 型熔点仪的构造

WRR 型熔点仪的构造如图 10-6 和图 10-7 所示。

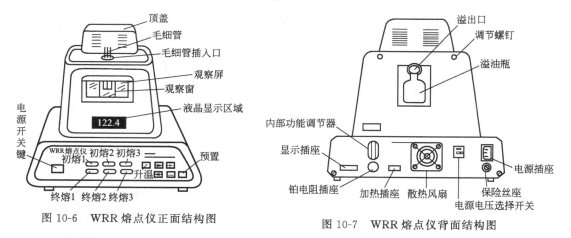

图 10-6　WRR 熔点仪正面结构图

图 10-7　WRR 熔点仪背面结构图

（三）测定前的准备

1. 制备熔点管

取三支直径 1mm、长约 100mm 的毛细管，用酒精灯外焰将毛细管一端熔封，见图 10-8。

2. 装样

（1）将样品研成尽可能细的粉末，放在清洁、干燥的表面皿上，将一端封口的毛细管开口端插入粉末中。

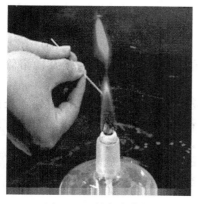

图 10-8　制备熔点管

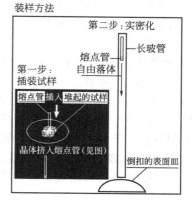

图 10-9　装样的方法

（2）取一支长约 800mm 的干燥玻璃管，直立于表面皿（玻璃板）上，将装有试样的毛细管在其中投落 5～6 次，直到熔点管内样品紧缩至 2～3mm 高（如图 10-9 所示）。

注意：

① 测定用的毛细管内壁要清洁、干燥，否则测出的熔点会偏低，并使熔距变宽。

② 在熔封毛细管时应注意不要将底部熔结太厚，但要封密。

③ 装样前试样一定要研细，装入的试样量不能过多，否则熔距会增大或结果偏高。试样一定要装紧，疏松会使测定结果偏低。

3. 仪器的准备

（1）仪器应在通风干燥的室内使用，切记沾水，防止受潮。

（2）样品必须按要求焙干，在干燥和洁净的研钵中碾碎，用自由落体敲击毛细管，使样品填装结实；每支样品填装高度应一致，以确保测定结果的一致性。

（3）油浴经过长期使用后如果油质发生变化，应重新更换硅油。步骤如下：关闭电源，使油浴管冷却，卸下油浴管，取下溢油瓶，卸下侧板，将手伸进仪器箱体内，一手托住油浴管，一手拉下弹簧，转动，然后竖直向下再水平取出油浴管，见图 10-10，然后清洗油浴管。按与卸下油浴管相反次序把油浴管装入仪器内，重新注入硅油，用注射器吸取硅油 10mL，从溢出口注入，重复六次，共需注入 60mL，然后将溢油瓶套在溢出口上。

（四）熔点测定

（1）设置起始温度　通过按键输入所需要的起始温度，设置的起始温度应低于待测物质的熔点（不大于 280℃）。

（2）开机预热　选择升温速率、预置温度。通常升温速率越大，读数值越高。如升温速率选 0.5℃/min，起始温度应低于熔点 3℃；升温速率选 1℃/min，起始温度应低于熔点 3～5℃；升温速率选 1.5℃/min，起始

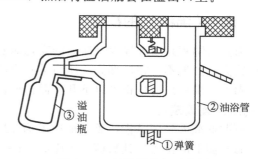

图 10-10　油浴管装卸示意图

温度应低于熔点 6～10℃；升温速率选 3℃/min，起始温度应低于熔点 9～15℃。机器预热 20min，稳定温度。

（3）将装有待测物质的毛细管从插入口内的小孔中置入到油浴管中，按升温键，仪器进入匀速升温阶段。至液晶显示区域出现三支毛细管的初熔和终熔温度。分别按下相应按键，

记录三支毛细管初熔、终熔温度及平均值。

（4）测量结束，取出毛细管，关闭机器电源。

（5）注意事项

① 毛细管插入仪器前应用软布将外面沾污的物质清除，观察窗放大镜及油浴管也应保持清洁，以免把油浴弄脏。

② 插入与取出毛细管时，需小心谨慎，避免断裂；若使用中遇毛细管断裂，先关掉电源，待炉子冷却后打开上盖，把断裂的毛细管取出；若断裂的毛细管落入油浴管中，则用前面介绍的卸下油浴管的方法卸下油浴管，取出毛细管。

③ 为防止起火或触电事故，机器周围应保持干燥；机器内有危险的高压配件，不要随意打开机盖；仪器工作时黑盖范围内将会产生高温，当心烫伤。

第二节　沸点和沸程的测定

沸点和沸程是有机试剂、化工和石油产品质量控制的主要指标，是检验液体有机化合物纯度的标志。按 GB/T 616—2006《化学试剂沸点测定通用方法》、GB/T 615—2006《化学试剂沸程测定通用方法》和 GB/T 6536—2010《石油产品常压蒸馏特性测定法》测定石油产品的沸点和沸程。

一、测定原理

当液体温度升高时，蒸气压随之增加，当液体的蒸气压与大气压力相等时，开始沸腾。在标准状态下（101325Pa、0℃），液体的沸腾温度即为该液体的沸点。纯物质在一定的压力下有恒定的沸点，但应注意，有时几种化合物由于形成恒沸物，也会有固定的沸点。例如，乙醇95.6％和水4.4％混合，形成沸点为78.2℃的恒沸混合物。

沸程是液体在规定条件下（101325Pa、0℃）蒸馏，第一滴馏出物从冷凝管末端落下的瞬间温度（初馏点）至蒸馏瓶底最后一滴液体蒸发瞬间的温度（终馏点）的间隔。实际应用中不要求蒸干，而是规定一个从初馏点到终馏点的温度范围，在此范围内，馏出物的体积应不小于产品标准的规定，例如98％。对于纯化合物，其沸程一般不超过1～2℃，若含有杂质，则沸程会增大。但是由于有时形成共沸物，沸程小的不一定就是纯物质。

二、沸点（沸程）的校正

沸点（沸程）随外界大气压力的变化而发生很大的变化。不同的测定环境，大气压力的差异较大，如果不是在标准大气压力下测定的沸点（沸程），必须将所得的测定结果加以校正。沸点（沸程）的校正由以下几方面构成。

1. 气压计读数校正

所谓标准大气压是指：重力加速度为 $980.665cm/s^2$、温度为 $0℃$ 时，760mm 水银柱作用于海平面上的压力，其数值为 $101325Pa=1013.25hPa$。

在观测大气压时，由于受地理位置和气象条件的影响，由气压计测得的读数，除按仪器说明书的要求进行示值校正外，还必须进行温度校正和纬度重力校正。

$$P = P_t - \Delta P_1 + \Delta P_2 \tag{10-3}$$

式中　P——经校正后的气压，hPa；

　　P_t——室温时的气压（经气压计器差校正的测得值），hPa；

　　ΔP_1——气压计读数校正值（即温度校正值，由表10-1查得），hPa；

ΔP_2——纬度校正值（由表 10-2 查得），hPa。

2. 气压对沸点（沸程）的校正

沸点（沸程）随气压的变化值可按式（10-4）计算：

$$\Delta t_P = CV \times (1013.25 - P) \tag{10-4}$$

式中 Δt_P——沸点（沸程）随气压的变化值，℃；

$\quad\quad CV$——沸点（沸程）随气压的校正值（由表 10-3 查得），℃/hPa；

$\quad\quad P$——经校正的气压值，hPa。

3. 温度计水银柱外露段的校正

温度计水银柱外露段的校正值可按式（10-1）计算。

4. 校正后的沸点（沸程）

校正后的沸点（沸程）按式（10-5）计算，即

$$t = t_1 + \Delta t_1 + \Delta t_2 + \Delta t_P \tag{10-5}$$

式中 t——试样的沸点（沸程）的测定值，℃；

$\quad\quad t_1$——辅助温度计读数，℃；

$\quad\quad \Delta t_1$——温度计示值的校正值，℃；

$\quad\quad \Delta t_2$——温度计水银柱外露段校正值，℃；

$\quad\quad \Delta t_P$——沸点（沸程）随气压的变化值，℃。

表 10-1　气压计读数校正值（ΔP_1）

室温/℃	气压计读数/hPa							
	925	950	975	1000	1025	1050	1075	1100
10	1.51	1.55	1.59	1.63	1.67	1.71	1.75	1.79
11	1.66	1.70	1.75	1.79	1.84	1.88	1.93	1.97
12	1.81	1.86	1.90	1.95	2.00	2.05	2.10	2.15
13	1.96	2.01	2.06	2.12	2.17	2.22	2.28	2.33
14	2.11	2.16	2.22	2.28	2.34	2.39	2.45	2.51
15	2.26	2.32	2.38	2.44	2.50	2.56	2.63	2.69
16	2.41	2.47	2.54	2.60	2.67	2.73	2.80	2.87
17	2.56	2.63	2.70	2.77	2.83	2.90	2.97	3.04
18	2.71	2.78	2.85	2.93	3.00	3.07	3.15	3.22
19	2.86	2.93	3.01	3.09	3.17	3.25	3.32	3.40
20	3.01	3.09	3.17	3.25	3.33	3.42	3.50	3.58
21	3.16	3.24	3.33	3.41	3.50	3.59	3.67	3.76
22	3.31	3.40	3.49	3.58	3.67	3.76	3.85	3.94
23	3.46	3.55	3.65	3.74	3.83	3.93	4.02	4.12
24	3.61	3.71	3.81	3.90	4.00	4.10	4.20	4.29
25	3.76	3.86	3.96	4.06	4.17	4.27	4.37	4.47
26	3.91	4.01	4.12	4.23	4.33	4.44	4.55	4.66
27	4.06	4.17	4.28	4.39	4.50	4.61	4.72	4.83
28	4.21	4.32	4.44	4.55	4.66	4.78	4.89	5.01
29	4.36	4.47	4.59	4.71	4.83	4.95	5.07	5.19
30	4.51	4.63	4.75	4.87	5.00	5.12	5.24	5.37
31	4.66	4.79	4.91	5.04	5.16	5.29	5.41	5.54
32	4.81	4.94	5.07	5.20	5.33	5.46	5.59	5.72
33	4.96	5.09	5.23	5.36	5.49	5.63	5.76	5.90
34	5.11	5.25	5.38	5.52	5.66	5.80	5.94	6.07
35	5.26	5.40	5.54	5.68	5.82	5.97	6.11	6.25

表 10-2　纬度校正值（ΔP_2）

室温/℃	气压计读数/hPa							
	925	950	975	1000	1025	1050	1075	1100
0	−2.18	−2.55	−2.62	−2.69	−2.76	−2.83	−2.90	−2.97
5	−2.14	−2.51	−2.57	−2.64	−2.71	−2.77	−2.81	−2.91
10	−2.35	−2.41	−2.47	−2.53	−2.59	−2.65	−2.71	−2.77
15	−2.16	−2.22	−2.28	−2.34	−2.39	−2.45	−2.54	−2.57
20	−1.92	−1.97	−2.02	−2.07	−2.12	−2.17	−2.23	−2.28
25	−1.61	−1.66	−1.70	−1.75	−1.79	−1.84	−1.89	−1.94
30	−1.27	−1.30	−1.33	−1.37	−1.40	−1.44	−1.48	−1.52
35	−0.89	−0.91	−0.93	−0.95	−0.97	−0.99	−1.02	−1.05
40	−0.48	−0.49	−0.50	−0.51	−0.52	−0.53	−0.54	−0.55
45	−0.05	−0.05	−0.05	−0.05	−0.05	−0.05	−0.05	−0.05
50	+0.37	+0.39	+0.40	+0.41	+0.43	+0.44	+0.45	+0.46
55	+0.79	+0.81	+0.83	+0.86	+0.88	+0.91	+0.93	+0.95
60	+1.17	+1.20	+1.24	+1.27	+1.30	+1.33	+1.36	+1.39
65	+1.52	+1.56	+1.60	+1.65	+1.69	+1.73	+1.77	+1.81
70	+1.83	+1.87	+1.92	+1.97	+2.02	+2.07	+2.12	+2.17

表 10-3　沸点（或沸程）温度随气压变化的校正值（CV）

标准中规定的 沸程温度/℃	气压相差 1hPa 的校正值/℃	标准中规定的 沸程温度/℃	气压相差 1hPa 的校正值/℃
10～30	0.026	210～230	0.044
30～50	0.029	230～250	0.047
50～70	0.030	250～270	0.048
70～90	0.032	270～290	0.050
90～110	0.034	290～310	0.052
110～130	0.035	310～330	0.053
130～150	0.038	330～350	0.055
150～170	0.039	350～370	0.057
170～190	0.041	370～390	0.059
190～210	0.043	390～410	0.061

【例题 10-1】　苯胺试样沸点的校正

已知：观测的沸点　　　　　　184.0℃

室温　　　　　　　　　20.0℃

气压（室温下的气压）　1020.35hPa

测量处的纬度　　　　　32°

辅助温度计读数　　　　45℃

测量温度计露出塞外处的刻度　142.0℃

温度计示值校正值　　　−0.1℃

试计算试样的沸点。

解：（1）温度计外露段的校正值

$$\Delta t_2 = 0.00016(t_1 - t_2)h = 0.00016 \times (184.0 - 45) \times (184.0 - 142.0) = 0.93℃$$

（2）沸点随气压的变化值

$$P = P_t - \Delta P_1 + \Delta P_2 = 1020.35 - 3.33 + (-1.40) = 1015.62\text{hPa}$$

$$\Delta t_P = CV \times (1013.25 - 1015.62) = 0.041 \times (1013.25 - 1015.62) = -0.10℃$$

（3）校正后苯胺的沸点

$$t = t_1 + \Delta t_1 + \Delta t_2 + \Delta t_P = 184.0 + (-0.1) + 0.93 + (-0.10) = 184.7℃$$

应用示例 10-2　丙酮沸点的测定

1. 测定丙酮沸点的仪器

丙酮沸点的测定，可用双浴式标准法和毛细管法两种不同装置，见图 10-11 和图 10-12。

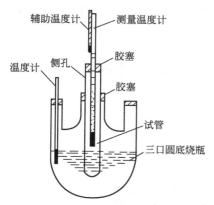

图 10-11　双浴式标准法测定沸点装置

图 10-12　毛细管法沸点管

2. 测定步骤

（1）双浴式标准法

① 安装测定装置。将三口圆底烧瓶、试管、内标式单球温度计以及胶塞连接，内标式单球温度计下端与试管液面相距 20mm。将辅助温度计附在内标式单球温度计上，使其水银球在内标式单球温度计露出胶塞上的水银柱中部。三口圆底烧瓶中注入约为其体积二分之一的载热体，如图 10-11 所示。

② 测定。量取适量的试样，注入试管中，其液面略低于烧瓶中载热体的液面。缓慢加热，当温度上升到某一定数值并在相当时间内保持不变时，记录此时的内标式单球温度计读数，即试样的沸点。同时记录辅助温度计读数、室温、大气压及纬度。

③ 粗测一次，精测两次，记录数据，校正处理后得到该样品的沸点。

（2）毛细管法　当样品量很少或很珍贵时，沸点可采用毛细管法进行测定，其步骤如下：

① 准备沸点管，用一支内径为 3~4mm 的毛细管，长度为 70~80mm，将其一端熔封，作为沸点管的外管；再取一支内径为 1mm、长约 90mm 的毛细管，在距底端约 10mm 处熔封，作为内管，如图 10-12 所示。

② 装样。把外管微热，迅速地把开口一端插入待测样品中，当有少量试样吸入沸点管内后（液体高度约为 7mm），将外管正向直立，使液体流至管底（也可用洁净、干燥的细尖滴管将样品装入外管）。然后将毛细管内管封闭的一端向上，开口端朝下插入外管中。将装好样品的沸点管用细铜线系在温度计上，使样品部位与主温度计水银球等高。

③ 测定。向三角烧杯中注入适量的载热体有机硅油，使内标式单球温度计水银球距底部约 5mm。缓慢加热，先看到有气泡由内管逸出，当气泡从内管成串逸出时，移去热源，让温度下降 5~10℃。然后再以 1℃/min 的升温速度继续加热，当有连续不断的气泡从内管逸出，并再次停止加热，移去热源，直到气泡停止逸出而液体刚要进入内管时（即最后一个气泡欲进不进、欲出不出时），立刻记录内标式单球温度计读数。同时记录辅助温度、大气压及纬度。

④ 粗测一次，精测两次，记录数据，校正处理后得到该样品的沸点。

应用示例 10-3　汽油沸程的测定

汽油的沸（馏）程指汽油馏分从初馏点到终馏点的温度范围。在规定条件下，对 100mL 试样进行蒸馏，观察初馏温度和终馏温度；也可规定一定的馏出物体积，测定对应的温度范围或在规定的温度范围测定馏出的体积。在常温下，汽油馏程为 30～220℃，航空汽油的馏程范围要比车用汽油的馏程范围窄。

1. 测定汽油沸程所需仪器

测定沸程通常用蒸馏法，在标准化的蒸馏装置（见图 10-13）中进行。

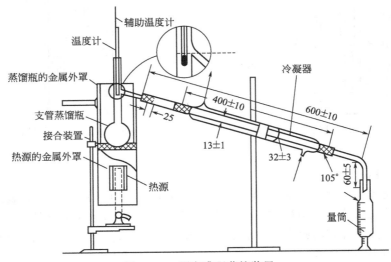

图 10-13　测定沸程蒸馏装置

2. 测定步骤

（1）装入样品　用接收器量取（100±1）mL 的样品，全部转移至蒸馏瓶中，加入几粒清洁、干燥的沸石。

（2）安装蒸馏装置　使内标式单球温度计水银球上端与蒸馏瓶和支管接合部的下沿保持水平。将接收器置于冷凝管下端，使冷凝管口进入接收器部分不少于 25mm，也不低于 100mL 刻度线，接收器口塞以棉团，然后向冷凝管稳定地提供冷却水，见图 10-13。

（3）调节蒸馏速度　对于沸程温度低于 100℃ 的试样，应使自加热起至第一滴冷凝液滴入接收器的时间为 5～10min；对于沸程温度高于 100℃ 的试样，上述时间应控制在 10～15min，然后将蒸馏速度控制在 3～4mL/min。

（4）记录第一滴试样馏分的温度、规定馏出物体积（如每 10mL）对应的沸程温度或规定沸程温度范围，如每 10℃ 内的馏出物的体积、最后一滴馏分温度及残留液体积。

（5）平行测定三次，记录室温、大气压及纬度。校正处理数据（如同沸点校正计算方法），报告结果。

（6）注意事项

① 若样品的沸程温度范围下限低于 80℃，则应在 5～10℃ 的温度下量取样品及测量馏出液体积（将接收器距顶端 25mm 处以下浸入 5～10℃ 的水浴中）；若样品的沸程温度范围下限高于 80℃，则在常温下量取样品及测量馏出液体积；若样品的沸程温度范围上限高于 150℃，则在常温下量取样品及测量馏出液体积，并应采用空气冷凝。

② 蒸馏应在通风良好的通风橱内进行。防止蒸馏过程中的暴沸现象，防止冷凝管、接

收器爆裂，安全用电。

3. 新型石油产品沸程测定仪

（1）新型石油产品蒸馏试验器（双管式）　新型双管式石油产品蒸馏试验器见图10-14。

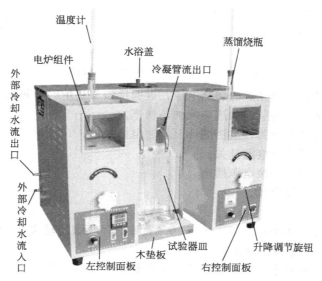

图 10-14　新型石油产品蒸馏试验器

① 电炉组件（左）。1000W 的加热电炉组件，电炉组件（右）与此相同。

② 温度计。置于蒸馏烧瓶内。

③ 水浴盖。即冷凝水箱盖，水箱内加的液体约离顶面 25mm 左右，以浸没冷凝管为准。

④ 冷凝管流出口。先套上所附的冷凝管橡胶套圈，并按照标准要求将冷凝管流出口伸入量筒内并贴在量筒内壁上。

⑤ 蒸馏烧瓶。125mL，符合 GB/T 6536 的要求。

⑥ 外部冷却水流入（出）口接外部冷却水（接下水道）。

⑦ 左、右控制面板见图 10-15。

⑧ 木垫板。垫在玻璃缸下。

⑨ 试验器皿。由玻璃缸、量筒、压铁组成，量筒放在玻璃缸内并用压铁压住。

⑩ 升降调节旋钮。用于调节加热炉的高低，使蒸馏烧瓶的流出口与冷凝管的流入口接口吻合。

（2）控制面板　仪器左、右控制面板和插座见图 10-15。

① 左电压表。显示左加热炉的加热电压，进而反映加热炉的加热功率。

② 左加热调节旋钮。调节左加热炉的加热功率。

③ 照明开关。打开此开关，照明灯亮。

④ 温控仪。控制和显示水浴的温度，需要时通过外部冷却水或循环水通过水槽内的冷却管对水浴进行低温控制。

注：外部冷却水可以是自来水，通过外部冷却水口一端流入，另一端流入下水道。循环冷却水则可以用低温恒温循环水浴，通过两个外部冷却水口做循环。

⑤ 温控开关。打开此开关，温控仪接通电源工作。

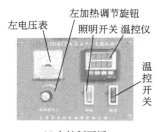

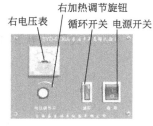
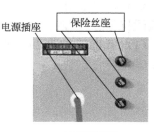

(a) 左控制面板   (b) 右控制面板   (c) 仪器插座

图 10-15   仪器左、右控制面板及插座

⑥ 右电压表。显示右加热炉的加热电压，进而反映加热炉的加热功率。

⑦ 右加热调节旋钮。调节右加热炉的加热功率。

⑧ 循环开关。打开此开关，水浴循环泵接通电源工作。

⑨ 电源开关。仪器的总电源开关。

⑩ 电源插座。仪器的外接电源插座。

⑪ 保险丝座。内装保险丝。

（3）使用方法

① 依据中华人民共和国标准 GB/T 6536《石油产品蒸馏测定法》，了解并熟悉标准所阐述的试验方法、试验步骤和试验要求。

② 按标准所规定的要求，准备好试验用的各种试验器具、材料等。

③ 检查仪器的工作状态，安装摆放好仪器，置于平稳的桌面上，仪器底部的四个"机脚"可适当微调仪器的平稳。

④ 在水箱内加入清水，使液面仅低于上部盖板表面约 25mm，以浸没冷凝管为准。

⑤ 打开"电源开关"，指示灯亮，调节好蒸馏烧瓶和量筒（接收瓶）的位置。

⑥ 按下相应控制箱面板上的"温控开关"和"循环开关"，水浴控温和循环系统开始工作。检查水箱的循环系统使其工作正常。

⑦ 按温控仪上的"SET"键，正确设置试验所需的冷凝温度，使其符合测试要求。

⑧ 水箱的温度达到设定温度后，调节"电压调节旋钮"，调节电炉的加热功率，控制蒸馏烧瓶内试样的升温速度。

⑨ 测定并记录测试结果。

⑩ 取出蒸馏烧瓶时，应将电炉高度调节旋钮调到适当位置，避免蒸馏烧瓶支管损坏。

⑪ 试验结束后，应及时关闭电源，并擦洗干净仪器的表面。

⑫ 仪器较长时间不用时，应放净水箱内的液体，用清水清洗并擦拭干净水箱，并置于通风、干燥、无腐蚀性气体的环境中。

第三节   密度的测定

依据 GB/611—2006《密度测定通用方法》测定石油产品的密度，可以鉴定液体化合物的纯度、测定溶液的浓度以及区分化学组成相类似而密度不同的液体化合物。分析工作中一般只限于测定液体试样的密度，而很少测定固态试样的密度。

一、测定原理

物质的密度是指在规定的温度 $t℃$ 下单位体积物质的质量，单位为 g/cm^3（g/mL），以

符号 ρ_t 表示，其计算公式如下：

$$\rho_t = \frac{m}{V} \tag{10-6}$$

式中　m——物质的质量，g；

　　　V——物质的体积，cm³ 或 mL。

　　物质的体积随温度的变化而改变（热胀冷缩），物质的密度也随之改变。因此同一物质在不同的温度下测得的密度是不同的，密度的表示必须注明温度，国家标准规定化学试剂的密度系指在 20℃ 时单位体积物质的质量，用 ρ 表示。若在其他温度下，则必须在 ρ 的右下角注明温度，即用 ρ_t 表示。

二、 测定方法

　　通常测定液体试样的密度可用密度瓶法、韦氏天平法和密度计法。密度瓶法是测定液体试样密度最常用的方法，但不适宜测定易挥发的液体试样的密度。韦氏天平法适用于测定易挥发的液体的密度。密度计法简单快速，但准确度低，适用于对测定精度要求不高的工业生产中的日常控制测定。具体测定方法有以下几个应用示例。

应用示例 10-4 密度瓶法测定甘油的密度

　　甘油密度的测定是根据密度的定义，在温度 20℃ 时，分别测定充满同一密度瓶的水及试样的质量，由水的质量及其密度确定密度瓶的容积（试样的体积），计算试样的密度，即

$$\rho = \frac{m_{样}}{m_{水}} \rho_0 \tag{10-7}$$

式中　$m_{样}$——20℃时充满密度瓶的试样质量，g；

　　　$m_{水}$——20℃时充满密度瓶的水的质量，g；

　　　ρ_0——20℃时水的密度，g/cm³，$\rho_0 = 0.99823$g/cm³。

　　用密度瓶法测定试样密度时，称量过程在空气中进行，受空气浮力的影响，对质量有影响，需校正空气浮力，按式（10-8）、式（10-9）计算试样的密度。

$$v = \frac{\eta}{\rho} \tag{10-8}$$

$$A = \rho_0 \times \frac{m_{水}}{0.9970} \tag{10-9}$$

　　式中，A 为空气浮力校正值，即称量时试样和蒸馏水在空气中减轻的质量，g；在通常情况下，A 值的影响很小，可忽略不计。

1. 密度瓶

　　密度瓶（见图 10-16）是具有固定容积的玻璃容器，瓶塞与瓶口是磨口配套的，不可"张冠李戴"，分普通型和标准型两种。普通型密度瓶的瓶塞上有毛细管，盖紧瓶盖后，多余的液体会顺着毛细管流出，见图 10-16（a）。标准型的是附有特制温度计、带有支管罩的小支管的密度瓶，见图 10-16（b）。密度瓶容积一般为 5mL、10mL、25mL、50mL 等。

　　使用密度瓶时，应尽可能保持试液容积固定不变，同时保持瓶外的清洁干燥，普通型密度瓶毛细管中液面与瓶塞上表面平行，而标准型密度瓶应使支管中的液面与支管管口平行。

2. 测定步骤

　　（1）密度瓶的准备　将密度瓶先用自来水、蒸馏水洗涤，再用乙醇、乙醚洗涤，烘干，冷却后精确称量至恒重。标准型的密度瓶需带温度计（其温度计不能采用加温干燥）及支管

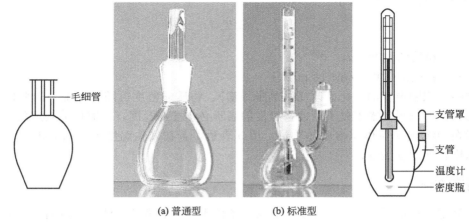

(a) 普通型　　　　(b) 标准型

图 10-16　常用密度瓶

罩进行称量。记录数据。

（2）水质量的测定

① 装样。用新煮沸并冷却至约 20℃（温度应低于 20℃）的蒸馏水充满普通型密度瓶，插入中心有毛细孔的瓶塞，用滤纸将从毛细孔溢出的液体擦干。标准型密度瓶装满蒸馏水后，插入温度计（瓶中应无气泡），并用滤纸将从支管溢出的液体擦干。

② 水浴。将密度瓶置于（20±0.1）℃的恒温水浴中，随着温度的上升，过多的液体不断从塞孔溢出，随时用滤纸将瓶塞顶端擦干，待液体不再由塞孔溢出，说明已经恒温。标准型密度瓶随温度上升，也会有过多液体从支管溢出，用滤纸擦去溢出的液体，待液体不再由支管溢出，说明已经恒温。

③ 称量。恒温 20min 后，标准型密度瓶需盖上支管罩，然后迅速将密度瓶自水浴中取出，用滤纸擦干瓶壁外的水，立即称量，并记录数据。

（3）试样质量的测定　将密度瓶中的蒸馏水倒出，洗净、干燥后，准确称量密度瓶，记录质量。然后以试样代替蒸馏水，恒温后测定同一温度时试样的质量，平行测定三次，记录数据。

（4）改变试样温度测定　改变试样恒温温度，再次重复上述操作，测定不同温度时同一密度瓶试样质量，平行测定三次，记录数据。

（5）报告结果　根据测定数据及计算式（10-8），得出所测试样在不同温度下的密度，报告结果。

（6）注意事项

① 水及试样装瓶时，应小心沿壁倒入密度瓶内，避免产生气泡，待气泡消失后再调温称重。试样如为糖浆剂、甘油等黏稠液体，装瓶时更应缓慢沿壁倒入，因黏稠度大产生的气泡很难逸去而影响测定结果。

② 密度瓶从水浴中取出时，应用手指拿住瓶颈，而不能拿瓶肚，以免试液因手温影响体积膨胀外溢。

③ 称量操作必须迅速，因为水和试样都有一定的挥发性，否则会影响测定结果的准确度。测定试样若具有腐蚀性时，可在天平盘上放置一表面皿，再称量。

应用示例 10-5　韦氏天平法测定乙醇的密度

韦氏天平法测定乙醇的密度，根据阿基米德定律，一定体积的物体（如韦氏天平的浮锤），在不同液体中所受的浮力与该液体的密度成正比。

$$\rho = \frac{m_{样}}{m_{水}} \rho_0 \qquad (10\text{-}10)$$

式中　ρ——试样在 20℃时的密度，g/cm³；

$\quad m_{样}$——浮锤浸于试样中时的浮力（骑码读数），g；

$\quad m_{水}$——浮锤浸于水中时的浮力（骑码读数），g；

$\quad \rho_0$——水在 20℃时的密度，g/cm³，$\rho_0 = 0.99823\text{g/cm}^3$。

1. 韦氏天平

韦氏天平（见图 10-17）主要由支架、横梁、玻璃浮锤及骑码等组成。

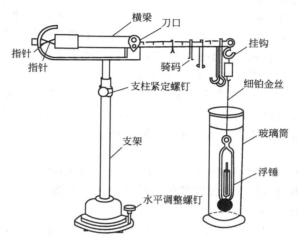

图 10-17　韦氏天平

天平横梁用支架支持在刀口上，梁的两臂形状不同且不等长。长臂上刻有分度，末端有悬挂玻璃浮锤的挂钩，短臂末端有指针，当两臂平衡时，指针应和固定指针水平对齐。旋松支柱紧定螺钉，可使支柱上下移动。支柱的下部有一个水平调整螺钉，横梁的左侧有水平调节器，它们可用于调节天平在空气中的平衡。

天平附有两套骑码。最大的骑码的质量等于玻璃浮锤在 20℃的水中所排开水的质量（约 5g），其他骑码为最大骑码的 1/10、1/100、1/1000。骑码的读数方法参见表 10-4。

表 10-4　不同骑码在各个位置的读数

骑码放在各个位置上	一号骑码	二号骑码	三号骑码	四号骑码
放在第十位时则为	1	0.1	0.01	0.001
放在第九位时则为	0.9	0.09	0.009	0.0009
放在第八位时则为	0.8	0.08	0.008	0.0008
…	…	…	…	…
放在第一位时则为	0.1	0.01	0.001	0.0001

例如一号骑码在第 8 位上，二号骑码在第 7 位上，三号骑码在第 6 位上，四号骑码在第 3 位上，则读数为 0.8763，见图 10-18。

2. 测定步骤

（1）韦氏天平的安装及平衡调整

① 检查天平各部件是否完整无损。用清洁的细布擦净金属部分，用乙醇擦净玻璃筒、温度计、玻璃浮锤，并干燥。

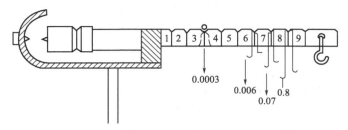

0.0003

0.006

0.07

0.8

图 10-18　骑码读数法

② 将韦氏天平安装在固定平放的操作台上，避免受热、冷、气流及振动的影响。旋松支柱紧定螺钉，使其调整至适当高度，旋紧螺钉。将天平横梁置于玛瑙刀座上，挂钩置于天平横梁右端刀口上，将等重砝码挂于钩环上，调整水平调节螺钉，使天平横梁左端指针与固定指针水平对准即为平衡。在测定过程中不得再变动水平调节螺钉。若无法调节平衡时，则可用螺丝刀将平衡调节器上的定位小螺钉松开，微微转动平衡调节器，使天平平衡，旋紧平衡调节器上的定位小螺钉，测定过程中严防松动。

③ 取下等重砝码，换上玻璃浮锤，此时天平仍应保持平衡（允许有±0.005g 的误差），否则应予校正。取用玻璃浮锤时必须十分小心，轻取轻放，一般最好是右手用镊子夹住吊钩，左手垫绸布或清洁滤纸托住玻璃浮锤，以防损坏。

（2）用水校准

① 装样。玻璃筒内缓慢注入预先煮沸并冷却至约 20℃的蒸馏水，将浮锤全部浸入水中，不得带入气泡，浮锤不得与筒壁或筒底接触。玻璃筒在装蒸馏水及试样时的高度应一致，使浮锤沉入液面的深度前后一致。

② 恒温。将玻璃筒置于（20±0.1）℃的恒温水浴中，恒温 20min 以上。

③ 读数。由大到小把骑码加在横梁的 V 形槽上，使指针重新水平对齐，记录数据。

（3）试样的测定　将玻璃浮锤取出，倒出玻璃筒内的水，玻璃筒及浮锤用乙醇洗涤后用电吹风机吹干，然后以试样代替蒸馏水同上操作，平行测定三次。

（4）报告结果　根据测定数据及计算式（10-10），得出所测定试样的密度，报告结果。

应用示例 10-6　密度计法测定丙酮的密度

密度计是测定液体密度的仪器，根据阿基米德定律和物体浮在液面上平衡的条件制成。

（一）密度计

密度计（见图 10-19）是一根密闭的玻璃管，一端粗细均匀且有刻度，另一端稍膨大呈泡状，泡里装有小铅粒或水银，使玻璃管能在被检测的液体中竖直地浸入到足够的深度，并能稳定地浮在液体中，当它受到任何摇动时，能自动地恢复成垂直的静止位置。

密度计上的刻度标尺越向上越小，在测定密度较大的液体时，由于密度计排开的液体的质量较大，所受到的浮力也就越大，故密度计就越向上浮。反之，液体的密度越小，密度计就越往下沉。由此根据密度计浮于液体的位置，可直接读出所测得液体试样的密度。读数时，眼睛视线应与液面在同一个水平位置上，且视线要与弯月面的上边缘平行，见图 10-20。

常用的密度计有两种，一种用来测量密度大于 1g/cm³ 的液体的密度，称为"重表"，它的下端装的铅丸或水银多一些。这种密度计的最小刻度线是"1"，它在标度线的最高处，由上而下，顺次是 1.1、1.2、1.3、…，把这种密度计放在水里，它的大于 1 的标度线，全部在水面下。另一种用来测量密度小于 1g/cm³ 的液体的密度，称为"轻表"。它的下部装的铅丸或水

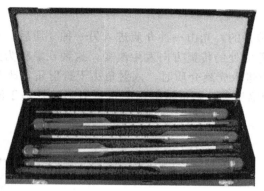

图 10-19　密度计

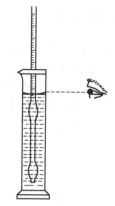

图 10-20　密度计的读数方法

银少一些，这种密度计的最大标度线是"1"，这个标度线是在最低处，由下而上顺次是 0.9、0.8、0.7、…，把这种密度计放在水里时，它小于 1 的标度线全部在水面上。使用时，应注意根据液体的密度是大于 $1g/cm^3$ 还是小于 $1g/cm^3$ 来选用密度计。

（二）测定步骤

1. 测定前的准备

（1）容器准备　将 500mL 的量筒洗净、干燥。

（2）仪器准备　熟悉密度计的结构及使用方法，依据试样的密度选择合适量程的密度计，然后将密度计擦干净。

2. 试样的测定

（1）装样　将试样小心地沿管壁倾入清洁干燥的量筒中，注入量为量筒容积的 70% 左右。若试样表面有气泡聚集时，要用清洁的滤纸除去气泡。将盛有试样的量筒放在没有空气流动并保持平稳的实验台上。

（2）测定　用手拿密度计上端，轻轻地插入试样中，用手扶住使其缓缓上升，达到平衡时，轻轻转动一下，放开，使其离开量筒壁，自由漂浮至静止状态。

（3）读数　按图 10-20 所示方法读数，同时记录测量试样温度，得出试样密度。

（4）注意事项

① 密度计是易损的玻璃制品，使用时要轻拿轻放，要用脱脂棉或者其他质软的物质擦拭；取出和放入时，用手拿密度计的上部；清洗时应拿其下部，以防止折断。

② 量筒应较密度计高大些，装入的液体不要太满，但应能将密度计浮起。

③ 密度计不可突然放入液体内，以防密度计与筒底相碰而受损；密度计底部与量筒底部的间距至少保持 25mm。

第四节　折射率的测定

GB/T 6488—2008《液体化工产品折光率的测定（20℃）》适用于透明或半透明、折射率范围在 1.3000～1.7000 之间液体化工产品的测定。折射率是食品生产中常用的工艺控制指标，通过测定液态食品的折射率，可以鉴别食品的组成、确定浓度、判断纯净程度及品质。

一、 测定原理

光波在同一介质中是直线传播的，光由一种介质进入另一种介质后，它的传播方向与两个介质的界面不垂直时，则在界面处的传播方向发生改变，这种现象称为光的折射现象，如图 10-21 所示。光线从光密介质进入光疏介质时，入射角小于折射角，改变入射角可以使折射角为 90°，此时的入射角称为临界角，阿贝折射仪测定折射率就是基于测定临界角的原理设计，见图 10-22。

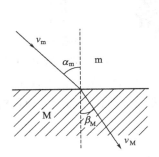

图 10-21　光在不同介质中的折射

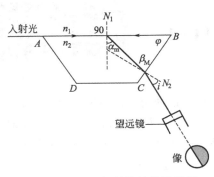

图 10-22　阿贝折射仪的临界折射

根据折射定律：波长一定的单色光线，在一定温度和压力下，从某介质 m 进入另一种介质 M 时，入射角 α_m 和折射角 β_M 的正弦之比和这两种介质的折射率 N（介质 m 的）与 n（介质 M 的）之比成反比。即：

$$\sin\alpha_m / \sin\beta_M = n/N \tag{10-11}$$

当介质 m 是真空时，规定 $N=1$，则：

$$n = \sin\alpha_m / \sin\beta_M \tag{10-12}$$

一种介质的折射率，就是光线从真空进入该介质时的入射角和折射角的正弦之比，称为该介质的绝对折射率。但在实际中，常以空气作为入射介质，这样测得的折射率称为某介质对空气的相对折射率。以空气为标准测得的相对折射率乘以 1.00029（空气的绝对折射率），即为该介质的绝对折射率。

折射率是指在钠光谱 D 线、20℃ 的条件下，光线在空气中传播的速度与在被测物中传播的速度之比，或是光自空气通过被测物时的入射角和折射角的正弦之比，用 n_D^{20} 表示。

二、 阿贝折射仪

阿贝折射仪主要技术参数见表 10-5。

表 10-5　阿贝折射仪的主要技术参数

项目名称	技术参数
折射率 n_D 测量范围	1.300～1.700
折射率 n_D 测量准确度	0.0002
折射率 n_D 最小分度值	0.0005
糖量浓度测量范围/%	0～95
糖量浓度最小分度值/%	0.25

常用的测定折射率的仪器是阿贝折射仪，其结构如图 10-23 所示。

阿贝折射仪是一种快速检测出饮料中糖度（brix）值的仪器，具有广泛的衡量范围，如汤、调味酱、番茄酱、低糖果酱或带皮果酱等果汁、食品与饮料中糖度的测量。

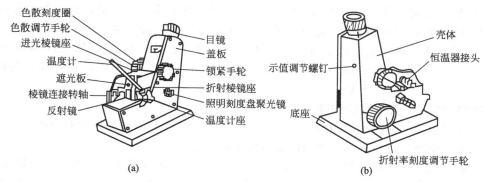

图 10-23 阿贝折射仪的结构

应用示例 10-7 蔗糖溶液折射率和浓度的测定

1. 测定前准备

（1）恒温仪器 仪器主要部件是两块直角棱镜，下面一块表面光滑，为折射棱镜，上面一块是磨砂面的，为进光棱镜，两块棱镜可以开启与闭合，折射棱镜中有通恒温水结构，将恒温水浴与棱镜连接，调节恒温水浴温度，使棱镜温度保持在（20±0.1）℃。

（2）仪器校准 折射仪刻度盘上标尺的零点有时会发生移动，测定前需加以校正，校正方法有如下两种。

① 用蒸馏水校正。通常用测定蒸馏水折射率的方法来校正阿贝折射仪。将 20℃ 蒸馏水滴入棱镜夹缝中，调节棱镜转动手轮，使目镜望远视野分为明暗两部分，如图 10-24 所示，再转动色散调节手轮，使明暗界清晰如图 10-25 所示，调节棱镜转动手轮使明暗分界线恰恰移至十字交叉线的交点上如图 10-26 所示，从读数目镜读数若是 $n_D=1.3330$，则仪器正常；若有偏差，则用螺丝刀微旋图 10-23 上的示值调节螺钉，使物镜偏摆，分界线恰恰移至十字交叉线的交点上。通过反复地观察与校正，使示值的起始误差降至最小（包括操作者的瞄准误差）。校正完毕后，测定过程中不允许再动此部位。

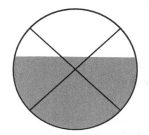
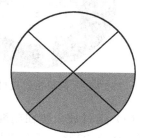

图 10-24 调节棱镜手轮前的图像　　图 10-25 调节色散手轮后的图像　　图 10-26 调节棱镜手轮后的图像

若蒸馏水温度不是 20℃ 时，其折射率亦有所不同，不同温度时的折射率参照表 10-6。

表 10-6 蒸馏水在不同温度时的折射率

温度/℃	折射率/n_D	温度/℃	折射率/n_D
18	1.33316	25	1.33250
19	1.33308	26	1.33239
20	1.33299	27	1.33228
21	1.33289	28	1.33217
22	1.33280	29	1.33205
23	1.33270	30	1.33193
24	1.33260		

② 用标准玻璃片校正。当用标准玻璃片校正阿贝折射仪时，测量数据要符合标准玻璃片上所标定的数据。将棱镜完全打开成水平，在棱镜的抛光面上加 1～2 滴溴代萘（$n_D = 1.6600$），将标准玻璃片黏附在镜面上，使其直接对准反射镜，当读数目镜指示标准玻璃片上的值（$n_D = 1.4628$）时，观察目镜内明暗分界线是否在十字线中间，若有偏差则同上方法调整至图 10-26 所示的状况。

2. 测定饮料样品中蔗糖的折射率

（1）在测定前必须将棱镜用蘸有乙醇或乙醚等挥发性溶剂的擦镜纸或脱脂棉（不能用滤纸）轻轻擦拭干净，以免影响成像清晰度和测量精度。

（2）测定试样时，用滴管将 2～3 滴被测试样滴加在折射棱镜表面，将上、下棱镜合上，用手轮锁紧，要求液层均匀，充满视场，无气泡，待棱镜温度恢复至（20 ± 0.1）℃时开始测定。

（3）打开反射镜，使光线射入棱镜中，打开遮光板，调整适当的角度，调节目镜视场，使十字线成像清晰，此时旋转手轮，并在目镜视场中找到明暗分界线的位置，再旋转手轮使视野中分界线除黑白两色外，不带其他任何彩色。此时适当转动聚光镜，目镜视场下方显示值即为被测试样的折射率，如图 10-27 所示。视场中示值上半部的读数，即为饮料中含糖量的质量分数，测得蔗糖折射率为 $1.356 + 0.001 \times 1/5$（见图 10-28）。

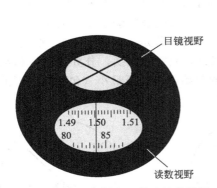

图 10-27　阿贝折射仪目镜和读数视野

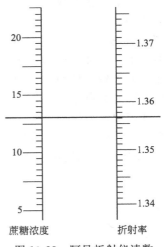

图 10-28　阿贝折射仪读数

（4）通过放大镜在刻度盘上进行读数，估读至小数点后第四位，并且三次读数间的极差不得大于 0.0003，三次读数的平均值即为测定结果。

（5）测定完毕，拭净镜身各机件、棱镜表面，使之光洁，在测定水溶性样品后，用脱脂棉吸水洗净，若为油类样品，需用乙醇或乙醚、苯等拭净。

第五节　比旋光度的测定

旋光度是含有不对称碳原子有机化合物的一个特征物理常数。按 GB/T 613—27《比旋光本领（比旋光度）测定通用方法》，测定试样的旋光度，计算其比旋光度，可以检验具有旋光性物质的纯度，也可定量分析其含量及溶液的浓度。

一、　测定原理

当光源发出的自然光通过起偏镜，变为在单一方向上振动的偏振光，偏振光通过含有不对称碳原子的有机化合物溶液时，振动方向（振动面）发生旋转，产生旋光现象（见图 10-29），这种特性称为物质的旋光性，该化合物称为旋光性物质。旋转的角度称为旋光度，用 α 表示。能使偏振光的振动方向向右旋转（顺时针旋转）的旋光性物质称为右旋体，以（＋）表示，反之称为左旋体，以（－）表示。

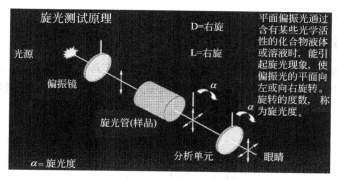

图 10-29　旋光现象

二、　旋光仪构造

旋光仪的构造见图 10-30。

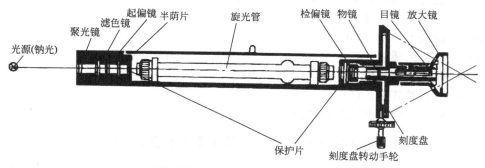

图 10-30　旋光仪的构造

三、　比旋光度的计算

旋光度的大小主要取决于旋光性物质的分子结构，也与溶液的浓度、液层厚度、入射偏振光的波长、测定时的温度等因素有关。同一旋光性物质，在不同的溶剂中，有不同的旋光度和旋光方向。由于旋光度的大小受诸多因素的影响，缺乏可比性。一般规定：以黄色钠光 D 线为光源，在 20℃时，偏振光透过每毫升含 1g 旋光性物质、液层厚度为 1dm（10cm）溶液时的旋光度，称为比旋光度，用符号 $[\alpha]_D^{20}$ （s）表示，纯液体的比旋光度为：

$$[\alpha]_D^{20}=\frac{\alpha}{l\rho} \tag{10-13}$$

溶液的比旋光度为：

$$[\alpha]_D^{20}=\frac{\alpha}{lc} \tag{10-14}$$

$$\alpha = \alpha_1 - \alpha_0 \tag{10-15}$$

式中　α——校正后的旋光度，（°）；

　　　　ρ——液体在20℃时的密度，g/mL；

　　　　c——每毫升溶液含旋光性物质的质量，g；

　　　　l——旋光管的长度（液层厚度），dm；

　　　　20——测定的温度，℃；

　　　　α_1——试样的旋光度，（°）；

　　　　α_0——零点校正值，（°）。

四、 旋光性物质的纯度或溶液的浓度计算

测得旋光性物质的旋光度，根据比旋光度公式计算实际的比旋光度，与文献上的标准比旋光度对照，可以进行定性鉴定。也可根据计算式变换，用于测定旋光性物质的纯度或溶液的浓度，其计算式如下：

溶液的浓度为

$$c = \frac{\alpha}{l\ [\alpha]_D^{20}} \tag{10-16}$$

旋光性物质的纯度为

$$纯度 = \frac{\alpha V}{l\ [\alpha]_D^{20} m} \times 100\% \tag{10-17}$$

$$\alpha = \alpha_1 - \alpha_0$$

式中　α——零点校正后的旋光度，（°）；

　　$[\alpha]_D^{20}$——旋光性物质的标准比旋光度（查阅文献值），（°）；

　　　　l——旋光管的长度（液层厚度），dm；

　　　　V——溶液的体积，mL；

　　　　m——试样的质量，g；

　　　　α_1——试样的旋光度，（°）；

　　　　α_0——零点校正值，（°）；

　　　　c——每毫升溶液含旋光性物质的质量，g。

应用示例 10-8　果糖比旋光度的测定

果糖旋光度（比旋光度）是生产工艺中的重要指标，测定果糖旋光度（比旋光度）可定性鉴定产品质量。

1. 圆盘旋光仪（见图 10-31）

2. 测定步骤

（1）配制试样溶液　准确称取 10g（准确至 0.0001g）果糖试样于 150mL 烧杯中，加 50mL 水溶解（若样品是葡萄糖需加 0.2mL 浓氨水，避免溶液浑浊），放置 30min，将溶液转入 100mL 容量瓶中，置于（20±0.5）℃的恒温水浴中恒温 20min，用（20±0.5）℃的蒸馏水定容，备用。

（2）旋光仪零点的校正

① 接通旋光仪电源，开启仪器的电源开关，约 5min 后待钠光灯正常发光，开始进行零点校正。

② 取一支长度适宜（一般为 2dm）的旋光管，洗净后注满蒸馏水，见图 10-32，装上橡胶圈，旋紧两端的螺母（以不漏水为准），恒温至（20±0.5）℃，把旋光管内的气泡排至旋

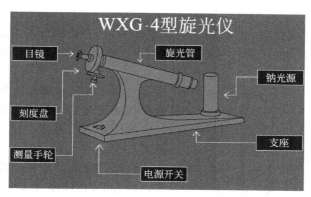

图 10-31　WXG-4 型旋光仪

光管的凸出部分，如图 10-33 所示，擦干管外的水，待测。

图 10-32　蒸馏水或试样注满旋光管

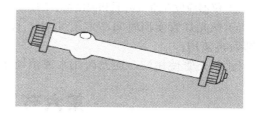

图 10-33　旋光管内气泡赶至凸出部分

③ 将旋光管放入镜筒内，调节目镜使视场明亮清晰，轻缓地转动手轮，在图 10-34 和图 10-35 两种现象之间至三分视界消失（如图 10-36 所示），但不是全黑视界（如图 10-37 所示），此刻记录刻度盘读数，准确至 0.05。平行测定三次，取平均值作为零点。

图 10-34　中间黑两边亮三分视场

图 10-35　中间高两边黑三分视场

图 10-36　三分视场消失

图 10-37　全黑视场

④ 旋光仪的读数方法。旋光仪的读数系统包括刻度盘及放大镜。仪器采用双游标读数，以消除刻度盘偏心差。刻度盘和检偏镜连在一起，由调节手轮控制，一起转动。检偏镜旋转的角度，可以在刻度盘上读出。

刻度盘分 360 格，每格 1°；游标分 20 格，等于刻度盘 19 格，每格 0.95°；游标每格比刻度盘每格少 0.05°，用游标读数可读到 0.05°。旋光度的大小，整数部分从刻度盘上直接读出，小数点后的读数从游标读数盘中读出，读数方式为游标（0～10）的刻度线与刻度盘线对齐的数值。

如图 10-38 所示，试样旋光度读数为右旋 9.30°，即整数部分为 9°，小数部分由于游标的第 6 小格（游标尺 2 与 4 之间）与刻度盘线对齐，也就相差 6×0.05＝0.3（°），所以此旋光度读数为 9.30°。

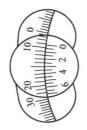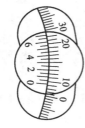

图 10-38　旋光仪的读数

（3）试样测定　将旋光管中的水倾出，用试样溶液润洗旋光管，然后注满试样溶液，按步骤（2）中的操作进行测定，记录试样的旋光度，平行测定三次。

（4）报告结果　根据测定数据和比旋光度计算式，得出果糖溶液的比旋光度，报告结果。

（5）注意事项

① 不论是校正仪器零点还是测定试样，旋转刻度盘只能是极其缓慢的，否则就观察不到视场亮度的变化，通常零点校正的绝对值在 1° 以内。

② 如不知试样的旋光性时，应先确定其旋光性方向后，再进行测定。试液必须清晰透明，如出现浑浊或悬浮物时，必须处理成清液后测定。

③ 仪器应放在空气流通和温度适宜的地方，以免光学部件、偏振片受潮发霉及性能衰退。

④ 钠光灯管使用时间不宜超过 4h，长时间使用应用电风扇吹风或关熄 10～15min，待冷却后再使用。

⑤ 旋光管使用后，应及时用水或蒸馏水冲洗干净，擦干。

第六节　黏度的测定

黏度是润滑油、燃料油进行分类分级、储运输送的重要参数，也是化工工艺计算的重要参考数据。按 GB/T 265—1988《石油产品运动黏度测定法和动力黏度计算法》和 GB/T 266—1988《石油产品恩氏黏度测定法》测定样品的黏度。汽油机油、柴油机油按 GB/T 14906—1994《内燃机油黏度分类》划分牌号。

当流体在外力作用下，做层流运动时，相邻两层流体分子之间存在内摩擦力，阻滞流体的流动，这种特性称为流体的黏滞性，黏度是衡量黏滞性大小的物理常数。黏度随流体的不同而不同，随温度的变化而变化，因此黏度要注明温度条件。黏度通常分为动力黏度（绝对黏度）、运动黏度和条件黏度。

一、　动力黏度

1. 测定原理

动力黏度又称绝对黏度。根据牛顿黏性定律，相邻两层流体做相对运动时，其内摩擦力的大小为黏度系数与摩擦面积和速度梯度的乘积。黏度系数是与流体性质有关的常数，流体的黏性越大，黏度系数越大。因此，黏滞系数是衡量流体黏性大小的指标，称为动力黏度。物理意义为：当两个面积为 $1m^2$、垂直距离为 1m 的相邻液层，以 1m/s 的速度做相对运动时所产生的内摩擦力，常用 η 表示，在温度 t℃时的动力黏度用 η_t 表示。当内摩擦力为 1N 时，则该液体的黏度为 1，其法定计量单位为 Pa·s（即 N·s/m^2）。

2. 动力黏度的计算

将特定的转子浸于被测液体中做恒速旋转运动，使液体接收转子与容器壁面之间发生切应力，维持这种运动所需的扭力矩由指针显示读数，根据此读数 a 和系数 K，可求得试样的动力黏度（绝对黏度）。

$$\eta = Ka \tag{10-18}$$

式中　　η——样品的绝对黏度（动力黏度），$mPa \cdot s$；

　　　　K——旋转黏度计系数；

　　　　a——旋转黏度计指针的读数。

3. 动力黏度仪器结构

动力黏度仪器的结构见图 10-39 和图 10-40。

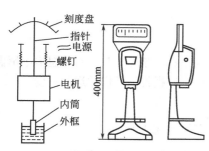

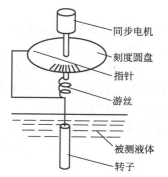

图 10-39　NDJ-79 型旋转黏度计简图　　　　图 10-40　NDJ-1 型旋转黏度计简图

4. 新仪器新技术简介

旋转法测定动力黏度在我国也是发展不久的测定方法，主要仪器有标准型数显黏度计、编程型数显黏度计和表盘式黏度计（见图 10-41）等，其性能的主要区别是数字化和程序化。

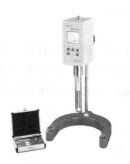

(a) 标准型数显黏度计　　　　(b) 编程型数显黏度计　　　　(c) 表盘式黏度计

图 10-41　黏度计

二、 运动黏度

运动黏度是液体在重力作用下流动时内摩擦力的量度。某流体的绝对黏度与该流体在同一温度下的密度之比称为该流体的运动黏度，以 υ 表示。

$$\upsilon = \frac{\eta}{\rho} \tag{10-19}$$

其法定计量单位是 m^2/s，非法定计量单位是 St（泊）或 cSt（厘泊）。它们之间的关系是 $1m^2/s = 10^4 St = 10^6 cSt$。在 $t℃$ 时的运动黏度以 υ_t 表示。

1. 测定原理

依据 BG/T 265—1988，用毛细管黏度计测定液体的运动黏度。在一定温度下，当液体在直立的毛细管中，以完全湿润管壁的状态流动时，其运动黏度 v 与流动时间 τ 成正比。测定时，用已知运动黏度系数 K 的液体或用已知运动黏度（常用 20℃时的蒸馏水为标准液体）作标准，测量其从毛细管黏度计流出的时间，再测量试样自同一黏度计流出的时间，则可计算出试样的黏度。

2. 运动黏度计算

根据下式可计算试样的运动黏度 v_t：

$$v_t = K\tau_t \tag{10-20}$$

式中　v_t——t℃时试样的运动黏度，mm^2/s；

　　　K——黏度计常数，mm^2/s^2；

　　　τ_t——t℃时试液自黏度计流出的时间，s。

【例题 10-2】 已知某毛细管黏度计常数为 $0.4780mm^2/s^2$，将试样于 50℃恒温浴中恒温，测得试样的流动时间分别为 318.0s、322.4s、322.6s、321.0s，试报告该试样的运动黏度。

解：流动时间的算术平均值为

$$\tau_{50} = \frac{318.0 + 322.4 + 322.6 + 321.0}{4} = 321.0 \text{（s）}$$

允许相对误差为 0.5%，即各次流动时间与平均流动时间的允许差值为

$$321.0 \times 0.5\% = 1.6 \text{（s）}$$

由于 318.0s 与 321.0s 的差值已超过 1.6s，因此舍去数据 318.0s。平均流动时间为

$$\tau_{50} = \frac{322.4 + 322.6 + 321.0}{3} = 322.0 \text{（s）}$$

则报告试样的运动黏度为

$$v_{50} = K\tau_{50} = 0.4780 \times 322.0 = 154.0 \text{（}mm^2/s\text{）}$$

3. 确定毛细管黏度计常数

不同的毛细管黏度计，其常数 K 值不尽相同，可在黏度计检定证书上查出，还应定期经计量部门检定。还可以采用已知 20℃黏度 $v_{20}^{标}$ 的标准液体（或标准油）在 20℃下测定其流过黏度计的时间 $\tau_{20}^{标}$，然后按下式计算得到。实测时，应注意选用的标准液体的黏度应与试样接近，以减少误差。

$$K = \frac{v_{20}^{标}}{\tau_{20}^{标}} \tag{10-21}$$

式中　K——黏度计常数；

　　　$v_{20}^{标}$——20℃时标准液体的运动黏度，$1.0038 \times 10^{-6} m^2/s$；

　　　$\tau_{20}^{标}$——20℃时标准液体在黏度计流出的时间，s。

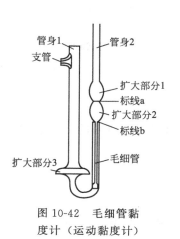

图 10-42　毛细管黏度计（运动黏度计）

4. 常用的运动黏度计（毛细管黏度计）（图 10-42）。

在 SH/T 0173—1992《玻璃毛细管粘度计技术条件》中规定，应用于石油产品黏度检测的毛细管黏度计分为四种型号，见表 10-7。测定时，应根据试样黏度和试验温度选择合适的黏度计，使试样流出的时间在 120～480s 范围内，内径为 0.4mm 的黏度计流动时间不少于 350s。但在 0℃及更低温度测定高黏度润滑油试样时，流出时间可增加至 900s；在 20℃测定液体燃料时，流出时间可减少至 60s。

表 10-7　玻璃毛细管黏度计规格型号

型号	毛细管内径/mm
BMN-1	0.4,0.6,0.8,1.0,1.2,1.5,2.0,2.5,3.0,3.5,4.0
BMN-2	5.0,6.0
BMN-3	1.0,1.2,1.5,2.0,2.5,3.0,3.5,4.0
BMN-4	1.0,1.2,1.5,2.0,2.5,3.0

5. 新仪器新技术介绍

SYD-265H-1 型自动运动黏度试验器见图 10-43，按照中华人民共和国标准 GB/T 265—1998《石油产品运动粘度测定法和动力粘度计算法》和 GB/T 1632—1993《聚合物稀溶液黏数和特性黏数测定》所规定的要求设计制造的，适用于对油品和聚合物稀溶液的运动黏度、黏数和特性黏数的测试，可广泛应用于药典、石油、化工、科研、计量等部门。

三、条件黏度

条件黏度指以条件性的实验数值来表示的黏度，可以相对地衡量液体的流动性，不具有任何的物理意义，只是一个公称值。

1. 测定原理

依据 GB/T 266—1988，在规定温度下，特定的黏度计中，一定量液体流出的时间；或者是此流出时间与在同一仪器中，规定温度下的另一种标准液体（通常是水）流出的时间之比，即试样的条件黏度。根据所用仪器和条件的不同，条件黏度通常有下列几种：

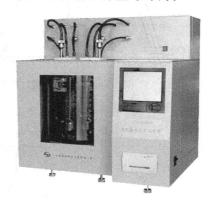

图 10-43　SYD-265H-1 型自动运动黏度试验器

（1）恩氏黏度　试样在规定温度下从恩氏黏度计中流出 200mL 所需的时间与 20℃的蒸馏水从同一黏度计中流出 200mL 所需的时间之比，用符号 E_t 表示。

（2）赛氏黏度　试样在规定温度下，从赛氏黏度计中流出 60mL 所需的时间（s）。

（3）雷氏黏度　试样在规定温度下，从雷氏黏度计中流出 50mL 所需的时间（s）。

2. 恩氏黏度计算

测定试样在一定温度（通常为 50℃、100℃，特殊要求时也用其他温度）下，由恩氏黏度计流出 200mL 所需的时间与由同一黏度计流出 200mL 20℃蒸馏水的时间（黏度计的水值 K_{20}）的比值，即试样的恩氏黏度 E_t。

$$E_t = \frac{\tau_t}{K_{20}} \tag{10-22}$$

式中　E_t——试样在 t℃时的恩氏黏度，（°）；

τ_t——试样在 t℃时从黏度计中流出 200mL 所需的时间，s；

K_{20}——黏度计的水值，s。

3. 常用的恩氏黏度计（图 10-44）

恩氏黏度计是将两个黄铜圆形容器套在一起，内筒（内容器）装试样，外筒（外容器）为热浴。内筒底部中央有流出孔，试样可经小孔流出，流入接收量瓶（见图 10-46）。筒上有盖，盖上有插堵塞棒（木塞，见图 10-45）的孔及插温度计的孔，内筒壁有三个尖钉，作为控制液面高度及仪器水平的水平器。外筒装在铁三脚架上，足底有水平调节螺钉，黏度计热浴一般用电加热器加热并能自动调整控制温度。

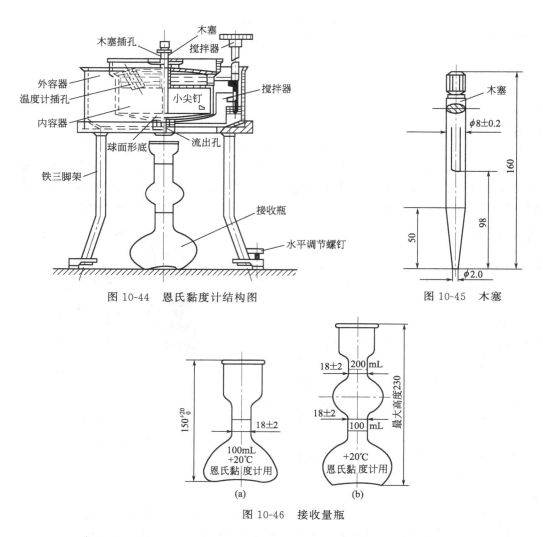

图 10-44　恩氏黏度计结构图

图 10-45　木塞

图 10-46　接收量瓶

应用示例 10-9　旋转黏度计法测定机油动力黏度

1. 测定动力黏度仪器

旋转法测定试样的动力黏度测量范围宽，适用于实验室取样测量，常用的仪器有 NDJ-79 和 NDJ-1 型旋转黏度计两种，如图 10-47 和图 10-48 所示。

图 10-47　NDJ-79 型旋转黏度计

图 10-48　NDJ-1 型旋转黏度计

2. 测定步骤

（1）先大约估计被测试样的黏度范围，然后根据仪器的量程表选择合适的转子和转速，使读数在刻度盘的 20%～80% 范围内，如图 10-49 所示。记录转子号数和系数表系数，如图 10-50 所示。

图 10-49　旋转黏度计刻度盘

图 10-50　旋转黏度计系数表

图 10-51　黏度计水准仪

（2）把保护架装在仪器上，将选好的转子旋入连接螺杆，调节黏度计水准仪（见图 10-51）。旋转升降旋钮，使仪器缓慢放下，转子逐渐浸入被测试样中至转子标线处液面平齐。

（3）将试样恒温至所测温度，并保持恒温，记录此时温度。

（4）调整仪器水平，将转速拨至所选转速，放下指针控制杆，开启电源，待转速稳定后，按下指针控制杆，观察到指针在读数窗口时，关闭电源（若指针不在读数窗口，则再打开电源，使指针在读数窗口）。读取数据，再重复测定两次，取其平均值。

（5）测定完毕后，拆下转子和保护架，用无铅汽油洗净（不得在仪器上直接清洗），妥善放入仪器箱中。

应用示例 10-10　运动黏度计法测定机油和乙醇黏度

1. 运动黏度计（毛细管黏度计）

根据测定的条件不同，在恒温槽中注入不同的液体，见表 10-8。

表 10-8　在不同温度使用的恒温浴液体

测定温度/℃	恒温浴液体
50～100	透明矿物油、丙三醇（甘油）、25% 硝酸铵水溶液（表面会浮着一层透明的矿物油）
20～50	水
0～20	水与冰的混合物，乙醚、乙醇与干冰（固体二氧化碳）的混合物
−50～0	乙醇与干冰的混合物（在无乙醇时，可用无铅汽油代替）

2. 测定步骤

（1）试样预处理　试样含有水或机械杂质时，在测定前应经过脱水处理，过滤除去机械杂质。对于黏度较大的润滑油，可以用瓷漏斗，利用水泵或其他真空泵进行吸滤，也可以在 100℃ 的温度下进行脱水过滤。

（2）黏度计清洗　在测定试样黏度前，要用石油醚或溶剂油（如轻质汽油）对黏度计进行清洗，如果有污垢，可用铬酸洗液、水、蒸馏水、95% 乙醇依次洗涤，然后放入烘箱中烘干或用通过棉花滤过的热空气吹干。

（3）试样装入　测定运动黏度时，选一支适当内径的干净、干燥毛细管黏度计（见图 10-42），吸入试样。在装入试样之前，在支管处接一橡胶管，用软木塞塞住管身 1 的管口，倒转黏度计，将管身 2 的管口插入盛有试样的小烧杯中，通过连接支管的橡胶管用洗耳球将试样吸至标线 b 处（注意试样中不能出现气泡），然后捏紧橡胶管，取出黏度计，倒转过来，擦干管壁，并取下橡胶管，将橡胶管移至管身 2 的管口。

（4）安装仪器　用夹子将黏度计固定在支架上，调节固定位置，必须使毛细管黏度计的扩张部分1浸入恒温浴液面一半。

（5）试样恒温　使黏度计直立于恒温浴中，使其管身下部浸入浴液，见图10-52。在黏度计旁边放一支温度计，使其水银泡与毛细管的中心在同一水平线上。试样温度必须保持恒定，波动范围不允许超过±0.1℃，恒温时间见表10-9。

图 10-52　运动黏度计装置图（毛细管黏度计）

表 10-9　黏度计在恒温浴中的恒温时间

试样温度/℃	恒温时间/min	试样温度/℃	恒温时间/min
80～100	20	20	10
40～50	15	−50～0	15

（6）调节试样液面位置　利用毛细管黏度计管身2所套的橡胶管将试样吸入扩张部分1中，使试样液面稍高于标线a，并且注意不要使毛细管和扩张部分1中的液体产生气泡和裂痕。试液中有气泡会影响装液体积，且进入毛细管后可能形成气塞，增大了液体流动的阻力，使流动时间拖长，造成误差。

（7）测定试样流动时间　观察试样在管身中的流动情况，液面正好到达标线a时，启动秒表，液面流至标线b，按停秒表。记录由a至b的时间。重复测定四次，各次流动时间与其算术平均值的差数应符合相应要求（见表10-10）。取不少于三次的流动时间的算术平均值作为试样的流出时间。

表 10-10　允许流动时间与相对测定误差

测定温度范围/℃	允许相对测定误差/%
<−30	2.5
−30～15	1.5
15～100	0.5

（8）报告结果　根据测定数据及运动黏度的计算式，处理数据，报告结果。

应用示例 10-11　恩氏黏度计法测定机油黏度

1. 恩氏黏度计（图 10-53、图 10-54）

2. 测定步骤

（1）测定前的准备

① 用乙醚、乙醇和蒸馏水将黏度计的内筒洗净并干燥。

② 将堵塞棒塞紧内筒的流出孔，注入一定量的蒸馏水，至恰好淹没三个尖钉。调整水平调节螺旋并微提起堵塞棒至三个尖钉刚露出水面并在同一水平面上，且流出孔下口悬留有一大滴水珠，塞紧堵塞棒，盖上内筒盖，插入温度计。

图 10-53　恩氏黏度计外观图

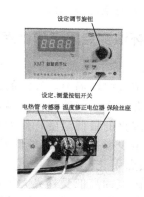

图 10-54　温控仪的正面和背面

（2）测定恩氏黏度计水值

① 向外筒中注入一定量的水至内筒的扩大部分，插入温度计。然后轻轻转动内筒盖，并转动搅拌器，至内外筒水温均为 20℃（5min 内变化不超过 ±0.2℃）。

② 置清洁、干燥的接收量瓶于黏度计下面并使正对流出孔。迅速提起堵塞棒，并同时按动秒表，当接收量瓶中水面达到 200mL 标线时，按停秒表，记录流出时间。重复测定四次，若每次测定值与其算术平均值之差不超过 0.5s，取其平均值作为黏度计水值（K_{20}）。

（3）测定试样黏度　将内筒和接收量瓶中的水倾出，并干燥。以试样代替内筒中的水，调节至要求的特定温度，按上述测定水值的方法，测定试样的流出时间，平行测定四次。

（4）结束工作　让试样全部流出，用有机溶剂洗净内筒，并干燥。倒出外筒的恒温浴液，擦干仪器。

（5）报告结果　根据测定数据及恩氏黏度的计算式，处理数据，报告结果。

（6）注意事项

① 恩氏黏度计的各部件尺寸必须符合规定的要求，特别是流出管的尺寸规定非常严格（见 GB/T 266—1988），管的内表面经过磨光，使用时应防止磨损及弄脏。

② 符合标准的恩氏黏度计，其水值应等于（51±1）s，并应定期校正，水值不符合规定不能使用，需要维修或报废该仪器。不同试样的平行测定值允差不同，250s 以下，允差 1s；251～500s，允差 3s；501～1000s，允差 5s；1000s 以上，允差 10s。

③ 测定时温度应恒定到要求温度的 ±0.2℃。试液必须呈线状流出，否则就无法得到流出 200mL 试液所需准确时间。

第七节　闪点和燃点的测定

闪点是油品、易燃性物质的一个重要物理常数，不同类型的物质有不同的闪点值。闪点是评价石油产品蒸发倾向和衡量油品在储存、运输和使用过程中安全程度的指标，也是燃料类物质质量的一个重要指标。

由于使用石油产品时有封闭状态和暴露状态的区别，测定闪点的方法有开口杯法和闭口杯法两种。开口杯法多用于润滑油及重质油品，闭口杯法多用于轻质油品。按 GB/T 3536—2008《石油产品闪点和燃点的测定 克利夫兰开口杯法》和 GB/T 261—2008《闪点的测定 宾斯基-马丁闭口环法》测定石油产品的闪点和燃点。

在规定条件下，石油产品受热后，所产生的油蒸气与周围空气形成的混合气体，在遇到明火时，发生瞬间着火（闪火现象）时的最低温度，称为该石油产品的闪点。能发生连续5s以上的燃烧现象的最低温度，称为燃点。

一、 开口杯法测定闪点和燃点

1. 测定原理

把试样装入内坩埚中至规定的刻线，先迅速升高试样温度，然后缓慢升温，当接近闪点时，恒速升温，在规定的温度间隔，用点火器的小火焰按规定通过试样表面，使试样表面上的蒸气发生闪火的最低温度，作为开口杯法闪点。继续进行试验，直到用点火器火焰使试样发生点燃并至少燃烧5s时的最低温度，即为试样的燃点。

2. 闪点（燃点）校正计算

油品的闪点的高低受外界大气压力的影响。大气压力降低时，油品易挥发，故闪点会随之降低；反之大气压力升高时，闪点会随之升高。压力每变化0.133kPa，闪点平均变化0.033～0.036℃，所以规定以101.325kPa压力下测定的闪点（燃点）为标准。

（1）大气压力在72.0～101.3kPa范围时，可用下式进行校正（精确至1℃）。

开口杯闪点的校正公式为：

$$t = t_p + (0.001125t_p + 0.21) \times (101.3 - p) \tag{10-23}$$

式中　t——标准压力下的闪点，℃；

　　　t_p——实际测定的闪点或燃点，℃；

　　　p——试验条件下的大气压力，kPa。

（2）大气压力低于95.3kPa时，可用试验所得的闪点（燃点），加上修正值作为试验结果，结果取整数值，修正值可查表10-11。

表10-11　克利夫兰开口杯法闪点和燃点修正值

大气压力/kPa	88.7～95.3	81.3～88.6	73.3～81.2
修正值/℃	2	4	6

3. 开口杯闪点测定仪

克利夫兰开口闪点试验器如图10-55所示。

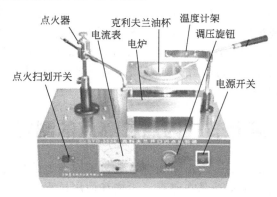

图10-55　克利夫兰开口闪点试验器

（1）点火扫划开关　按动此开关，点火器正向转动点火；再次按动此开关，点火器反向转动点火。

（2）点火器　点火器组件用于连接气源和点着煤气，顶部螺母用于调节火焰大小。

（3）电流表　用于显示加热电炉的工作电流，调节和控制加热功率。

（4）电炉　加热电炉。

（5）克利夫兰油杯　盛放试样和加热的专用油杯。

（6）温度计架　用于固定温度计并使其保持垂直。

（7）调压旋钮　用于调节加热电炉的功率。

（8）电源开关　打开此开关，指示灯亮，仪器接通工作电源。

二、闭口杯法测定闪点

通常轻质石油产品或在密闭容器内使用的润滑油多用闭口杯法测定闪点。对某些润滑油规定同时测定开口杯和闭口杯闪点，以判断润滑油馏分的宽窄程度和是否掺入轻质组分。

1. 测定原理

试样在持续搅拌下用缓慢的、恒定的速率加热，在规定的温度间隔，同时中断搅拌的情况下，将一小火焰引入杯内，引起试样上的蒸气闪火时的最低温度，即为闭口杯闪点。

2. 闭口杯闪点校正计算

闭口杯闪点的校正公式为：

$$t = t_p + 0.0259 \times (101.3 - p) \tag{10-24}$$

式中　t——标准压力下的闪点，℃；

　　　t_p——实际测定的闪点，℃；

　　　p——测定闪点时的大气压力，kPa。

3. 闭口杯闪点测定仪

SYD-261 型闭口闪点试验器，如图 10-56 和图 10-57 所示。

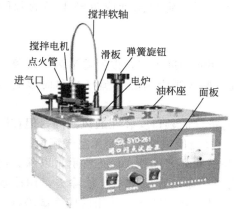

图 10-56　SYD-261 型闭口闪点试验器

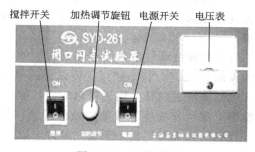

图 10-57　工作面板

（1）进气口　气源从此口接入，通过进气口调节大小。

（2）点火管　用于点燃煤气。

（3）搅拌电机　用于搅拌油杯中的试样。

（4）搅拌软轴　连接搅拌电机和搅拌叶片，组成搅拌系统。

（5）滑板　点火时滑板滑动并控制引火器自动转向点火孔点火。

（6）弹簧旋钮　点火前锁紧滑板，点火时控制滑板的滑动。

（7）电炉　用于加热油杯中的试样。

（8）油杯座　放置试样油杯或备用油杯。

（9）面板　如图 10-57 所示。

① 搅拌开关。打开此开关，指示灯亮，搅拌器工作。

图 10-58　全自动闭口闪点测定仪

② 加热调节旋钮。用于调节加热电炉的功率。

③ 电源开关。打开此开关，指示灯亮，仪器接通工作电源。

④ 电压表。指示电炉的加热电压值。

4. 新仪器新技术简介

全自动闭口闪点测定仪是依据 GB/T 261—2008、GB/T21615—2008、ASTM D93 及欧盟 REACH 法规等标准设计生产，是测定石油产品闭口闪点的新型仪器，见图 10-58。仪器可以实现一机多炉功能，可在同一操作界面最多控制三台测试炉检测三个样品；以触摸屏代替键盘操作，液晶大屏幕 LCD 全中文显示人机对话界面，具有无标识按键提示输入，方便快捷，开放式、模糊控制集成软件，模块化结构，广泛应用于电力、铁路、石油、化工、航空行业及科研部门。

应用示例 10-12　开口杯法测定润滑油闪点和燃点

1. 试样试验前处理

（1）黏稠试样应在注入试样杯前先加热到能流动，但加热温度不应超过试样预期闪点前 56℃。

（2）含有溶解或游离水的试样可用氯化钙脱水，再用定量滤纸或疏松干燥的脱脂棉过滤。

2. 测定仪器准备

（1）安装测定装置　将测定装置放在避风暗处，用防护屏围好，以便看清闪火现象。做到预期闪点前 17℃时，能避免由于试验操作或凑近试验杯呼吸引起油蒸气游动而影响试验结果。

有些试样的蒸气或热解产品是有害的，可将有防护屏的领口安装在通风橱内，但在距预期闪点前 56℃时，调节通风，使试样的蒸气既能排出又能使试验杯上面无空气流通。

（2）清洗试验杯　用无铅汽油或其他溶剂油洗涤试验杯，如图 10-59 所示，以除去前次试验留下的所有油迹、微量胶质或残渣。如果有残渣存在，应该用钢丝球除去，用冷水冲洗，并在明火或加热板上干燥几分钟，以除去残存的微量溶剂和水。使用前应将试验杯冷却到预期闪点前 56℃。

图 10-59　洗涤后试验杯

图 10-60　安装温度计

（3）装好温度计　将温度计旋转在垂直位置，使其球底离试验杯底 6mm，并位于试验杯中心与边之间的中点和测试火焰扫过弧（或线）相垂直的直径上，并在点火器的对边，使温度计上的浸入刻线位于试验杯边缘以下 2mm 处，如图 10-60 所示。

3. 试验步骤

（1）装入试样 将试样装入试验杯中，使弯月面的顶部恰好至刻线。若注入试样过多，则用移液管或其他适当的工具取出多余的试样，若试样沾到仪器外边，则倒出，洗净后重装，要除去试样表面的空气泡，如图 10-61 所示。

图 10-61 装入试样

图 10-62 调节火焰

（2）点燃试样火焰 点燃试样火焰，并调节火焰直径到 4mm 左右，见图 10-62。若仪器上安装着金属比较小球，则与其直径相同。

（3）控制升温速度 开始加热时，试样的升温速度为 14～17℃/min，当试样温度到达预期闪点前 56℃时，减慢加热速度，使在闪点前约 28℃时为 5～6℃/min。

（4）点火试验 在预期闪点前 28℃时，按动划扫按钮开关，点火杆划扫点火。如未出现闪点现象，则每升温 2℃后，再次按动划扫按钮开关，点火杆向相反方向划扫点火。试验火焰每次越过试验杯所需时间约为 1s。

（5）测定闪点 在油面上任何一点出现闪火时，记录温度计上的温度作为闪点。但不要把有时在试验火焰周围产生的淡蓝色光环与真正闪点相混淆。如果闪火现象不明显，必须在试样升高 2℃时继续点火证实。根据国家标准规定，平行测定的两次结果，闪点差数不应超过下列的允许值，见表 10-12。

表 10-12 平行测定闪点结果的允许误差

闪点/℃	允许误差/℃
150 以下	4
150 以上	8

（6）测定燃点 继续加热使试样的升温速度为 5～6℃/min，继续使用试验火焰，试样每升高 2℃就扫划一次，直到试样着火并能连续燃烧不少于 5s，此时立即从温度计读出温度作为燃点的测定结果。同时记录大气压力，平行测定两次。

（7）试验结束后，做好清洁工作，并应切断电源。

（8）报告结果。

应用示例 10-13 闭口杯法测定机油闪点

1. 试验准备

（1）围好防护屏 闪点测定器应放在避风、较暗处。围着防护屏，有效地避免气流和光线的影响。

（2）试样脱水 试样水分大于 0.05%（质量分数）时，可以用新煅烧并冷却的食盐、硫酸钠或无水氯化钙，对试样进行脱水处理。闪点低于 100℃的试样脱水时不必加热，其他试样允许加热至 50～80℃时，用脱水剂脱水。脱水后的上层澄清部分供闪点测定。

（3）清洗试验油杯 用无铅汽油或其他溶剂洗涤试验油杯，再用空气吹干。

（4）装入试样 试样注入油杯时，加入量必须严格遵照规定，若加入量过多，油面上方空间容积相对减少，升温时，油蒸气与空气混合物的浓度更易达到爆炸范围，导致闪点偏低；若装油量过少，结果偏高。因而试样慢慢注入至油杯标线处，防起泡影响观察刻线，如图10-63所示，且试样不应高于脱水时的温度，盖上清洁干燥的杯盖，插入温度计，将油杯放入浴套中，闪点低于50℃的试样应预先将空气浴冷却至（20±5）℃。

图10-63 试验油杯标线处

图10-64 火焰球形

（5）引燃点火器 将点火器的灯芯或煤气引火点燃，并将火焰调整至直径为3～4mm的球形，见图10-64。点火器火焰大小、火焰离油面的高度、停留时间长短均会影响结果。使用带灯芯的点火器时，应向点火器中加入燃料（缝纫机油、变压器油等轻质润滑油）。

2. 试验操作

（1）控制升温速度 开启加热器，调整加热速度，对于闪点低于50℃的试样，升温速度应为每分钟升高1℃，并需不断地搅拌试样；对于闪点在50～150℃的试样，开始加热的升温速度应为每分钟升高5～8℃，并每分钟搅拌一次；对于闪点超过150℃的试样，开始加热的升温速度应为每分钟升高10～12℃，并定期搅拌。当温度达到预计闪点前20℃时，加热升温的速度应控制每分钟升高2～3℃。

（2）点火试验 当达到预计闪点前10℃左右时，开始点火试验（注意，点火时停止搅拌，但点火后，应继续搅拌），点火时扭动滑板及点火器控制手柄，使滑板滑开，点火器伸入杯口，使火焰留在这一位置1s立即迅速回到原位。若无闪火现象，按上述方法每升高1℃（闪点低于104℃的试样）或2℃（闪点高于104℃的试样）重复进行点火试验。

（3）测定闪点 当第一次在试样液面上方出现蓝色火焰时，记录温度。继续试验，如果能继续闪火，才能认为测定结果有效；若再次试验时，不出现闪火，则应更换试样重新试验。平行测定两次，测定结果要满足表10-13中的精密度要求，同时记录大气压力。

表10-13 不同闭口杯闪点范围的精密度要求

闪点范围/℃	精密度	
	重复性允许差值/℃	再现性允许差值/℃
≤104	2	4
＞104	6	8

（4）报告结果。

第八节 冷滤点、凝点的测定

冷滤点和凝点是表征柴油低温使用性能的重要指标。冷滤点最接近柴油的实际最低使用温度，冷滤点的测定按石油化工行业标准 SH/T 0248—2006《柴油和民用取暖油冷滤点测定法》标准方法进行。凝点表明柴油在低温环境中失去流动性的最高温度，石油产品凝点的测定按 GB/T 510—1991《石油产品凝点测定法》标准方法进行。

一、冷滤点

冷滤点对柴油的使用（流动性方面）起决定性因素，测定柴油冷滤点，是其性能检验的一项重要内容。

1. 测定原理

在规定条件下冷却试样到一定温度时，用 1961Pa（200mmH$_2$O）压力下抽吸，使试样通过一个 363 目过滤器，以 1℃间隔降温，测定出 60s 内通过过滤器的试样不足 20mL 时的最高温度，即为冷滤点，以℃（按 1℃的整数倍）表示。

2. 冷滤点测定仪器及抽滤器

（1）冷滤点测定仪器见图 10-65。

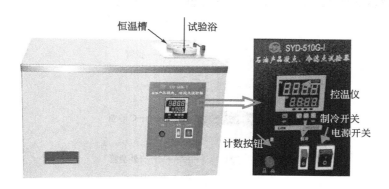

图 10-65 石油产品凝点、冷滤点试验器

（2）冷滤点抽滤器如图 10-66 所示。试管组件图如图 10-67 所示。

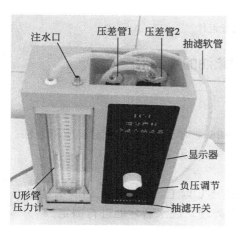

图 10-66 冷滤点抽滤器示意图

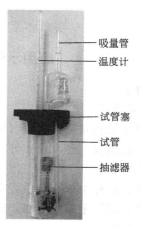

图 10-67 试管组件图

（3）吸量管见图 10-68。

二、凝点

凝点指油品在规定的试验条件下，被冷却的试样油面不再移动时的最高温度。

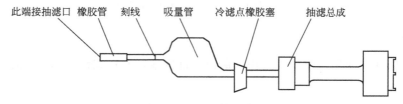

图 10-68　吸量管示意图

（图中标注：此端接抽滤口　橡胶管　刻线　吸量管　冷滤点橡胶塞　抽滤总成）

1. 测定原理

将装在规定试管中的试样冷却到预期温度时，倾斜试管 45°，经过 1min 观察液面是否移动。冷却到液面停止移动时的最高温度，即为凝点，以℃表示。

2. 凝点测定仪器

凝点测定仪器如图 10-65 所示，凝点试管组件见图 10-69。

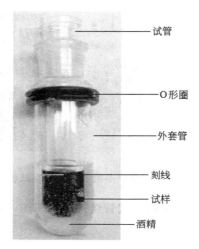

（图中标注：试管　O形圈　外套管　刻线　试样　酒精）

图 10-69　凝点试管组件

应用示例 10-14　测定柴油的冷滤点

1. 测定前准备

（1）仪器准备

① 熟悉冷滤点测定仪构造（见图 10-65、图 10-66），掌握冷滤点测定仪使用方法。

② 在"控温仪"处，检查计时时间是否为 60s，否则设置为 60s。

（2）试样准备

① 除杂。试样中如有杂质，必须将试样加热到 15℃以上，用不起毛的滤纸过滤。

② 除水。试样中如含有水，应加入无水氯化钙处理，脱水后才能进行测定。

（3）抽滤准备

① U 形压力计注水。用针筒从注水口加入 $100mmH_2O$，使 U 形管两液面一致。

② 试管组件。按图 10-67，在冷滤点试管塞上安装好温度计、吸量管，在吸量管上安装好黄铜制的抽滤器。

（4）冷浴准备　在主机冷浴中加入酒精，接通电源，打开电源开关，在控温仪处设置好所需冷浴的温度（参照表 10-14），打开"制冷"开关。

表 10-14　试样冷滤点与对应的冷浴温度的控制

试样冷滤点/℃	对应冷滤温度/℃
−3 以上	−17±1
−19～−4	−34±1
−35～−20	−34±1 和−51±1
低于−35	−34±1，−51±1 和−67±1

2. 冷滤点测定

（1）装样　在冷滤点试管中装入试样，直到 45mL 刻线位置。

（2）水浴　将装有温度计、吸量管（已预先与过滤器接好）的橡胶塞塞入盛有 45mL 试样的试杯中，使温度计垂直，温度计底部应离试杯底部 1.3～1.7mm，过滤器也应垂直恰好放于试杯底部，然后将试管组件放入热水浴中，使试样温度达到（30±5）℃。

（3）冷浴　将试管组件垂直放入主机的冷浴中，然后将抽滤软管接到吸量管上。

（4）调压　打开抽滤器的电源开关，旋转"负压调节"旋钮，使得 U 形管压力计升到 200mmH₂O，并稳定在 200mmH₂O。

（5）第一次测定　当试样冷却到比预期冷滤点高 5～6℃时，开始第一次测定。打开"抽滤开关"，同时按下"计数"按钮，开始计时 60s。当试样上升到吸量管 20mL 刻度处，不到 1min 就抽满，说明没有到达冷滤点。

（6）确定冷滤点　关闭"抽滤开关"，试样迅速回到试管底部，继续降温，每降低 1℃，重复上述操作（5），直至 60s 吸到吸量管的试样不足 20mL 为止，记下此时的温度，即为试样冷滤点。

（7）报告结果　平行测定两次，取其平均值作为测定结果。

3. 仪器的整理

试验结束后，将试管组件取出，加热熔化，倒出试样，倒入 30～40mL 溶剂油，用洗耳球从吸量管反复抽吸溶剂油四至五次，将洗涤过的溶剂油倒出，然后再用干净的溶剂油重新洗涤一次，最后将试杯、过滤器和吸量管分别用吹风机吹干。

如果吸量管或试杯有焦炭或水珠，用溶剂油洗涤一次后，还需用无水乙醇或苯-醇混合溶剂洗涤，吹干，一般经测定 20 次后的不锈钢滤片要重新更换。夏季操作时空气湿度很大，要严防设备外壁凝聚的水沿管壁流进试样中。

过滤网的孔径大小直接影响试样过滤的结果，因此，不锈钢滤网经过 20 次测定后要重新更换，以保证滤网的目数为 363。

注意事项：

① 试验时经常观察压差计 U 形玻璃管的液面并及时加水修正。

② 定期通过抽滤器后盖观察抽滤器内不锈钢盒内废水（该废水由于调负压时调幅过大导致 U 形压差计内的水被吸入系统而产生）的液位，如液位过高可通过抽滤器底部的放液螺母及时排放掉。

③ 为避免损坏压缩机，不能频繁地开启或关闭制冷开关，每次开启或关闭压缩机组后，10min 后才能关闭或开启制冷开关。

应用示例 10-15　测定柴油凝点

（一）测定前准备

1. 仪器准备

熟悉凝点测定仪器构造（如图 10-65、图 10-69），掌握凝点测定仪使用方法。

2. 试样准备

（1）除杂　试样中如有杂质，必须将试样加热到15℃以上，用不起毛的滤纸过滤。

（2）除水　试样中如含有水，应加入硫酸钠脱水。若试样含水量大于标准允许范围，脱水时加入新煅烧的粉状硫酸钠或小粒氯化钠，定期振摇10～15min，静置，用干燥的滤纸滤取澄清部分。

3. 冷浴准备

打开仪器电源开关，设置冷槽温度，设置试验冷槽的温度比试样预期凝点低7～8℃，比如凝点为−10℃，冷浴温度设置为−18～−17℃。

（二）凝点测定

（1）装样　在干燥清洁的凝点试管中注入试样，使液面至环形刻线处，用橡皮塞将温度计固定在试管中央，水银球距管底8～10mm。

（2）水浴　将装有试样和温度计的凝点试管垂直浸在（50±1）℃的恒温水浴中，直至试样温度达到（50±1）℃为止。

（3）冷却　取出凝点试管，擦干外壁，将试管垂直固定在支架上，在室温条件下静放，使试样冷却到（35±5）℃为止。

（4）冷浴　在凝点外套管中段套上O形圈，把凝点试管放入外套管中，一起放入冷浴中。试样凝点低于0℃时，应事先在凝点套管中注入1～2mm高度的无水乙醇。

（5）测定凝点范围　当试样冷却到预期凝点时，将冷浴箱倾斜45°，保持60s，然后迅速取出凝点试管组件，用酒精擦拭一下套管外壁，垂直放置，透过套管观察试样液面是否有移动迹象。

① 当液面有移动时，从套管中取出试管，重新预热到（50±1）℃，然后用比前次低4℃的温度重新测定，直至某试验温度能使试样液面停止移动为止。若试验温度低于−20℃时，重新测定前，应将装有试样和温度计的试管放在室温中，待试样温度升到−20℃，再将试管浸在水浴中加热。

② 当液面没有移动时，从套管中取出试管，重新预热到（50±1）℃，然后用比前次高4℃的温度重新测定，直至某试验温度能使试样液面出现移动为止。

（6）确定凝点　找出凝点的温度范围（液面位置从移动到不移动的温度范围）之后，采用比移动的温度低2℃或比不移动的温度高2℃的温度，重新进行试验。如此反复试验，直至能使液面位置静止不动而提高2℃又能使液面移动时，取液面不动的温度作为试样的凝点。

（7）重复测定　试样的凝点必须进行重复测定，第二次测定时的开始试验温度要比第一次测出的凝点高2℃。

（8）报告结果　取两次测定的平均值作为实验结果。

（三）仪器的整理

试验结束后，将试管组件取出，加热熔化，倒出试样，倒入约20mL溶剂油洗涤，将洗涤过的溶剂油倒出，然后再用干净的溶剂油重新洗涤一次，最后用电吹风吹干。

第九节　测定结晶点

纯物质有固定不变的结晶点，如有杂质则结晶点会降低。通过测定结晶点可判断物质的纯度。结晶点也是评定航空汽油和喷气燃料低温性能的质量指标。按GB/T 618—2006《化学试剂结晶点测定通用方法》测定试剂结晶点，常用的方法有双套管法、茹可夫瓶法和结晶点测定仪法等。

物质的结晶点系指液体在冷却过程中由液态转变为固态时的相变温度。纯物质有固定不变的结晶点，如有杂质则结晶点会降低。因此通过测定结晶点可判断物质的纯度。

一、 测定原理

在规定的实验条件下，冷却液态样品，当液体中有结晶（固体）生成时，体系中固液两相共存，温度保持不变，即试样结晶点，以℃表示。

双套管法测定结晶点是最常用的基本方法，适用于结晶点在-7～70℃范围内的有机试剂。

茹可夫瓶是一个双壁玻璃试管，双壁间的空气抽出，以减少与周围介质的热交换。茹可夫瓶法适用于比室温高10～150℃的物质的结晶点测定。如结晶点低于室温，可在茹可夫瓶外加一个 $\Phi 120 \times 160$mm 的冷却槽，内装制冷剂。

二、 双套管法测定结晶点装置

双套管法测定结晶点装置见图 10-70。

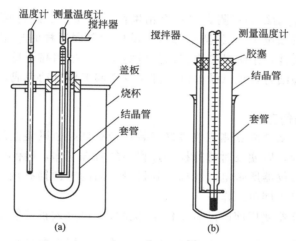

图 10-70 结晶点测定装置

三、 茹可夫法测定结晶点装置

茹可夫法测定结晶点装置见图 10-71，茹可夫瓶的构造见图 10-72。

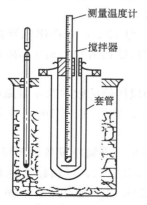

图 10-71 茹可夫法测定结晶点装置

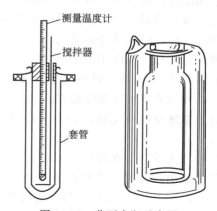

图 10-72 茹可夫瓶示意图

四、 新仪器新技术介绍

全自动结晶点测定仪见图 10-73。

图 10-73　DRT-2130B 型全自动结晶点测定仪

1. 概述

DRT-2130B 型全自动结晶点测定仪具有精度高、低噪声、运行可靠、维护量小、使用时间长的特点。测定仪预设了 16 组测定参数，供检测不同试样时选用，便于检测操作。同时预设参数具有可修改性，来满足测定特殊试样的要求。采用高质量、最简捷的模块化程序设计，并与硬件有机地结合，记录结晶点、打印等全部工作自动完成，达到了一键出结果的操作方式。

2. 安装与检测前的准备工作

（1）安装位置　自动结晶点测定仪最好安装在带有良好通风装置的实验室或靠近有通风橱的实验台或通风橱内，以便及时排除检测过程中的有毒气体，确保操作者安全无毒。

（2）安装电源　将仪器所带电源线插入到机身后面的电源插孔内，另一端插在 220V 交流电源插座上。接通电源即可工作。

经上述调整后，仪器使用前的准备工作全部完成。可进入正式使用。

应用示例 10-16　茹可夫（双套管）法测定草酸结晶点

1. 测定前准备

（1）配塞打孔　在茹可夫瓶口上配一软木塞，在软木塞中间打一个孔，将温度计插入孔中，在插温度计的孔旁再打一个小孔，将搅拌器杆穿过小孔中，并使其可上下自由活动。

（2）预热茹可夫瓶　加热茹可夫瓶至高于其结晶点约 10℃。

（3）装样　将固体样品熔化，并加热至高于其结晶点约 10℃，立即倒入预处理至同一温度的茹可夫瓶［见图 10-74（a）］中。使样品在管中的高度约为 60mm（固体样品应稍大于 60mm），装入的试样量不能过多，否则结果偏高。

（4）安装茹可夫法测定结晶点装置　用带有温度计和搅拌器的软木塞塞紧瓶口，使测量温度计水银球至茹可夫瓶底的距离约为 15mm，见图 10-74（b）。按图 10-71 安装结晶点测定装置。

（5）加入冷浴　在烧杯中加入水，并在冷浴中装好碎冰（或制冷设备调节温度在 0℃），使茹可夫管中试样完全浸没在液面以下。当测定温度在 0℃以上，可用冰水混合物作制冷剂；在 −20～0℃ 可用食盐和冰的混合物作制冷剂；在 −20℃ 以下则可用酒精和干冰的混合物作制冷剂。

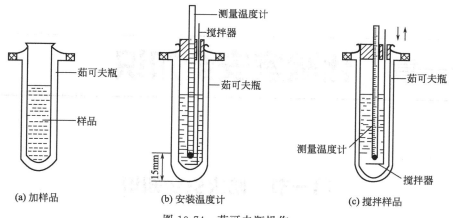

图 10-74　茹可夫瓶操作

2. 测定

　　以 60 次/min 以上的速度上下搅动，见图 10-74（c）。若液体处于过冷状态，温度还在下降，搅拌至样品液体开始不透明时，停止搅动，观察温度计，可看到温度上升，并且在一段时间内稳定在一定的温度，然后开始下降。此稳定的温度，即为结晶点。记录数据，平行测定两次。

第十一章　化验室安全知识

第一节　防火安全知识

一、 化验室防火措施

（1）化验室严禁吸烟，有易燃、易爆等危险品的实验室内严禁使用明火。室内严禁大量存放易燃、易爆物品，不得使用汽油、酒精擦拭仪器。易燃易爆物应设专人保管并有严格的使用与保管的相关制度。

（2）电气设备应装有地线和保险开关，不得超负荷用电，不得随意加大保险丝容量，不得乱接临时电源线。使用烘箱和高温炉时，不得超过允许温度，无人时应立即关闭电源。

（3）化验室要保持空气流通，以保证易燃气体及时逸出室外，倾倒易燃液体时要有防静电措施。

（4）酒精灯及低温加热器应放在分析操作台面上，下面应垫石棉板或防火砖。烘箱和高温炉应安放在石棉桌或水泥台面上。

（5）室内应备有水源和适用于各种情况的灭火材料，包括消火砂、石棉布、灭火毯、各类灭火器等。化验员要熟知这些器材的使用方法。

二、 常用的灭火器材及使用

1. 泡沫灭火器

（1）泡沫灭火剂成分　泡沫灭火器中灭火剂的成分为 $Al_2(SO_4)_3$ 和 $NaHCO_3$。

（2）使用方法　使用泡沫灭火器时，左手握住提环，右手抓住筒体底部，喷嘴对准火源，迅速将灭火器颠倒过来，轻轻抖动几下，灭火器筒内压强迅速增大，大量的泡沫从喷嘴喷出将火苗扑灭。

（3）适用范围　扑救非水溶性可燃液体、油类及一般固体物质火灾。

2. 二氧化碳灭火器

（1）二氧化碳灭火剂成分　二氧化碳灭火剂的成分是液态 CO_2。

（2）使用方法　使用时，一手握着喇叭形喷筒的把手将其对准火源，另一手打开开关即可喷出二氧化碳。

（3）适用范围　用于扑灭小范围油类、易燃液、气体、忌水化学物品和电气设备的初起火灾，人员应避免长期接触。

3. 干粉灭火器

（1）干粉灭火剂成分　干粉灭火剂的成分是 $NaHCO_3$、硬脂酸铝、云母粉、滑石粉等。

（2）使用方法　使用时，将干粉灭火器上下颠倒几次，在距着火处 3～4m 处，撕去灭火器上的封记，拔出保险销，一手握着喷嘴对准火源，另一手的大拇指将压把按下，干粉即可喷出。迅速摇摆喷嘴，使粉雾横扫整个火区，即可将火扑灭。

（3）适用范围　用于扑灭油类、可燃液、气体、电气设备、图书文件、遇水易燃物品的初起火灾，灭火速度快。

4. 1211 灭火器

（1）1211 灭火剂成分　1211 灭火剂的成分是 CF_2ClBr。

（2）使用方法　使用时，首先拔掉铅封和安全销，手提灭火器上部，不要把灭火器放平或颠倒。用力紧握压把，开启阀门，储压在钢瓶内的灭火剂即可喷射出来。

（3）适用范围　扑救非水溶性可燃液体（有机溶剂）、油类、精密仪器、高压设备等。

三、 常用的灭火方法

一旦发生火灾，化验员要冷静沉着，及时采取灭火措施。燃烧必须具备三个条件：可燃物、助燃物和火源，三者缺一不可。因此，灭火就是消除这些条件。

（1）灭火时，应先关闭门窗，防止火势增大，并将室内易燃、干燥物搬离火源，以免引起更大的火灾。

（2）易溶于水的物质失火时，需要用水浇灭；不溶于水的油类及有机溶剂，如汽油、苯及过氧化物、碳化钙等可燃物燃烧时，一定不要用水去灭火，否则会加剧燃烧，只能用砂、干冰和"1211"灭火器等灭火。

（3）若人的身体着火，如衣服着火，应立即用湿抹布、灭火毯等包裹盖熄，或就近水龙头、冲淋浇灭，或卧地打滚以扑灭火焰，不能慌张乱跑，否则风助火势，后果更加严重。

（4）选用合适的灭火装置及其方法。

第二节　　安全防爆知识

一、 防爆基础知识

1. 爆炸性物质

爆炸性物质指的是具有猛烈爆炸性的物质，受到高热、摩擦、冲击或与其他物质接触后，能在瞬间发生剧烈反应，产生大量的热量和气体，导致气体的体积迅速增加而引起爆炸。

引起爆炸的物质常具有敏感性强、易分解性质，如臭氧、过氧化物（含特有的—O—O—基）、氯酸和高氯酸化合物（含特有的 Cl—O 原子团）、氮的卤化物（含特有的 ≡N—X 基，X 表示卤素）、亚硝基化合物（含特有的—NO 基）、雷酸盐（含特有的—ONC 基或原子团—N ≡C）、乙炔等炔类和炔化物。

某些强化剂本身就是爆炸性物质，如硝酸铵、过氧化物、高氯酸盐。化验室直接涉及的爆炸性试剂、物品其实并不多，常有苦味酸、三硝基甲苯、钢瓶易燃气体等。值得警惕的是有些试剂单独存在时，虽属于危险物化学品，却不致爆炸，但与其他物质相混合或撞击时，就会剧烈爆炸，这种潜在的致爆因素反而更加危险，万万不能忽视。

2. 爆炸和爆炸极限

（1）爆炸　爆炸是物质在极短时间内状态急剧改变，温度压力剧烈提升，释放出大量能量和气体，在周围介质中发生化学反应或状态变化，破坏性极强的结果。化学反应导致的爆炸（如氢氧混合物的爆炸，三硝基甲苯的爆炸等）和原子核分裂链式反应所引起的爆炸都是非常典型的爆炸。

（2）爆炸极限　可燃气体、可燃蒸气或粉尘与空气在一定的浓度范围内均匀混合，形成预混气，遇着火源发生爆炸，此浓度范围称为爆炸极限或爆炸浓度极限。如一氧化碳与空气混合的爆炸极限为 12.5%～74%。可燃性混合物能够发生爆炸的最低浓度和最高浓度，称为爆炸下限和爆炸上限（着火下限和着火上限）。在低于爆炸下限时不爆炸也不着火，在高于爆炸上限时不会爆炸，但能燃烧。这是由于前者的可燃物浓度不够，过量空气的冷却作用，阻止了火焰的蔓延；而后者则是空气不足，导致火焰不能蔓延。

各种可燃、易爆气体在空气（或氧气）中的爆炸极限见表 11-1。混合后可引起燃烧爆炸的试剂组合见表 11-2。

表 11-1　可燃气体（蒸气）与空气混合的爆炸范围

名称	燃点 T_{fp}/℃	空气中的含量/%	
		下限	上限
氢	585	4.0	75
氨	650	16	25
吡啶	482	1.8	12.4
甲烷	537	5.0	15.0
乙胺		3.5	14
乙烯	450	3.1	32
乙炔	335	2.5	81
一氧化碳	650	12.5	74
硫化氢	260		
甲醇	427	6.0	36
乙醇	538	3.3	19
乙醚	174	1.2	5.1
丙酮	561	1.6	15.3
苯	580	1.4	8.0
乙腈		2.4	16.0
乙酸乙酯		2.2	11.5
1,4-二氧六环	226	2.0	22
二硫化碳	120	1.3	44

表 11-2　混合后可引起燃烧、爆炸的试剂组合

组合类型		组合	后果（原因）	备注
氧化性试剂	易燃、可燃有机试剂	CrO-乙醇、甘油	燃烧（化学反应）	
		H_2O_2-丙酮	燃烧、爆炸（化学反应）	
		$KMnO_4$-甘油	燃烧（化学反应）	
	还原性试剂	Na_2O-K、Na Na_2O-Zn、Mg（粉）	燃烧（化学反应）	潮湿空气中接触
		Na_2O-$H_2C_2O_4$ $(NH_4)_2S_2O_3$-Al（粉）	燃烧（摩擦）	遇水
		$(NH_4)_2S_2O_3$-$NaNO_2$	燃烧（放高热）	
		NH_4NO_3-$NaNO_2$ NH_4NO_3-Zn 粉 NH_4NO_3-$ZnCl_3$	爆炸	遇水
	易燃固体试剂	$NaNO_2$-P_2S_3、P（赤）	燃烧（接触）	潮湿空气
		NaClO-P（赤）、S、P_2S_3	爆炸（化学反应、放热）	
	毒害性试剂	$NaClO_3$-KCN NH_4NO_3-KCN NH_4NO_3-$Ba(SCN)_2$	急剧反应	
	腐蚀性试剂	$KMnO_4$-H_2O_2、浓 H_2SO_4	剧烈分解	
		$NaClO_3$-H_2SO_4	爆炸（放高热）	
腐蚀性试剂	易燃液体试剂	HNO_3-乙醇、松节油 HNO_3-环戊二烯、噻吩	燃烧（化学反应）	
	还原性试剂	HCl、H_2SO_4-K、Na HNO_3-Mg、Al 粉	爆炸（化学反应）	
		HNO_3-Zn 粉	急剧反应（化学反应）	
	易燃固体试剂	HNO_3-P（赤）	燃烧	潮湿空气
		偶氮二异丁腈	燃烧	
	易燃性有机试剂有机物	PBr_5-乙醇、甘油	燃烧（化学反应）	
		PCl_3-木屑、草套 乙酰氯、木屑	炭化、燃烧	
	卤化磷	氯化铬酰-PBr_5、 PCl_3、$POCl_3$	燃烧（化学反应）	

二、化验室防爆

1. 爆炸的原因

（1）器皿内和大气间压力差加大引起的爆炸

①当器皿内壁的压力减小时，若器皿壁的坚固性不够，仪器就会被压碎，这种爆炸称作"压碎爆炸"，这是危险性较小的一种爆炸。发生压碎爆炸时，很有可能伤及爆炸器皿附近的工作人员。如果被压碎的器皿中盛的是有毒物或者可燃物，或是与空气混合能形成爆炸混合物的物质，就有可能发生中毒、失火或爆炸，危险性更大。

②当器皿内部的压力加大到器皿爆炸的限度时，爆炸的原因就是压缩气体或蒸气的热能。这类爆炸比压碎爆炸危险性高。如果器皿中盛的有害物质，有可能引起中毒、失火或形成爆炸混合物的二次爆炸，后果不堪设想。

（2）化学反应区域内压力急剧改变导致爆炸

①某些化合物（爆炸物质）迅速分解，在分解过程中放出大量气体，同时释放大量的热。

②在固体和液体物质间发生迅速反应，瞬间产生大量的气体或放出大量的热，导致仪器四周的气体容积急剧增大。

③当气体间迅速反应时，反应产物与原来物质有着不同的容积，以致压力急剧改变。如放热反应，就必然会使气体混合物的容积迅速扩大。

2. 防爆措施

在使用危险物质工作时，为了减小或消除爆炸的可能性或防止发生事故，应该遵循以下原则。

（1）使用能预防爆炸或减少危害后果的仪器和设备。

（2）掌握物质的物理及化学性质、反应混合物的成分、物质的纯度、仪器的结构（包括器皿的材料）、工作的条件（温度、压力）等。

（3）应该将仪器预先加热后再充入气体，不能用可燃性的气体来排空气，或用空气来排可燃气体，应该使用氮或者二氧化碳来排除，否则就有爆炸的危险。

（4）在保证实验结果的可靠性和精密度的前提之下，危险物质都必须取用最小量来完成相应的测试工作，一定不能使用明火加热。

（5）在完成气相反应时，要了解改变气相反应速率的普遍影响因素（光、压力、表面活性剂、器皿材料及杂质等）。

（6）在使用爆炸物质进行测试分析工作时，必须使用软木塞、橡皮塞并保持它们充分清洁，不可使用带磨口塞的玻璃瓶，因为开启或关闭玻璃塞的摩擦都有可能成为爆炸的原因。

（7）干燥爆炸物质时，禁止关闭烘箱门，尽量在惰性气体气氛下进行，保证干燥时加热的均匀性和消除局部自燃的可能性。

（8）绝对不允许将水倒入浓硫酸中。

（9）及时销毁爆炸性物质的残渣：卤氮化合物可以用氟与之反应成为碱性而销毁；叠氮化合物及雷酸银可以通过酸化来销毁；偶氮化合物可与水共同煮沸来销毁；乙炔化合物可以用硫化铵分解来销毁；过氧化物则可以用还原方法销毁。

应当注意：进行隔绝空气加热时，应该加热均匀，以防止温度骤降导致的爆炸；使用强碱熔样时，应防止坩埚沾水而爆炸；点燃氢气时，应该检查氢气的纯度。

第三节　安全防中毒、防伤及防辐射知识

一、防中毒

1. 毒物及中毒

（1）毒物　凡是可以使人体受害引起中毒的外来物质都可称为"毒物"。毒物是相对的，一定的毒物只有在一定条件、一定量时才能发挥毒效，引起中毒。

（2）中毒　由于某种物质侵入人体而引起的局部刺激或整个机体功能障碍的任何疾病。根据毒物引发的病态的性质，中毒又可分为急性、亚急性和慢性。

（3）致死量　凡是侵入人体内并能引起死亡的毒物的剂量称为致死量或致命剂量。毒物的一切说明和定义都是按照它对于大多数人的作用来确定的。

为预防在实验室内使用毒性物质时偶然中毒，应当知道毒物可能会经过什么途径进入人体，了解各种毒物的作用，采取有效措施避免中毒。一旦中毒尽快急救，摆脱危险。

2. 化验室中常见毒物

毒物的类型通常有两种划分方式，一是根据毒物的毒性大小划分，分为低毒物、中度毒物和剧毒物。二是按照毒物的状态划分，分为有毒气体、有毒液体和有毒固体，如表 11-3 所示。

表 11-3　常见毒物

类型	名称
有毒气体	一氧化碳、氯气、硫化氢、氮的氧化物、二氧化硫、三氧化硫等
有毒液体	汞、溴、硫酸、硝酸、盐酸、高氯酸 氢氟酸、有机酚类、苯及其衍生物、氯仿、四氯化碳、乙醚、甲醇等
有毒固体	汞盐、砷化物、氰化物等

3. 防毒措施

（1）一切药品和试剂要有与其内容物相符的标签。剧毒试剂的取用和使用应严格遵守操作规则，并有专人负责收发保管。发生散落时，应立即收起并做解毒处理。

（2）严禁试剂入口，不能用鼻子直接接近瓶口鉴别。只能用手扇送少量气体，轻轻嗅闻。

（3）处理有毒的气体、产生蒸气的药品及有毒的有机试剂时，必须在通风橱内进行。取有毒试样时必须站在上风口。

（4）使用后的含有有毒物质的废液不得倒入下水道内，应该集中收集，进行无毒化处理。将盛过有毒物废液的容器清洗干净之后，立即洗手。

（5）汞属于积累性毒物，使用时应避免溅洒。使用汞的实验室内应设有通风设备，并且保持室内的空气流通。排风口应该设在房间下部，避免因汞蒸气较重而沉积在房间下部。若不慎洒出少量汞，应该立即消除干净，并在残迹处撒上硫黄粉使之完全消除。

（6）决不允许使用实验室的器皿做饮食工具，绝对禁止在使用毒物或有可能被毒物污染的实验室存放食物、饮食或吸烟。离开实验室后应立即洗手。

二、 防化学烧伤、 割伤、 冻伤

（1）取用腐蚀性药品，如强酸、强碱、浓氨水、浓过氧化氢、氢氟酸、冰醋酸和溴水等，尽可能地戴上防护眼镜和手套，防止药品沾在手上，操作过后应立即洗手。

（2）稀释浓硫酸时，必须在烧杯等耐热容器中进行，在玻璃棒不断搅拌下，缓慢地将浓硫酸倒入水中！决不能将水倒入酸中。溶解氢氧化钠、氢氧化钾等大量发热的物质时，同样必须在耐热的容器中进行。浓酸和浓碱如需中和，则必须先各自稀释。

（3）取下沸腾的水或溶液时，必须先用烧杯夹夹住，摇动后再取下，以免使用时突然沸腾的液体溅出伤人。

（4）切割玻璃管（棒），或将玻璃管插入橡皮塞时极易受到割伤，应按规程操作，用厚布垫住。向玻璃管上套橡皮管时，应选择合适直径的橡皮管，用水或者肥皂水先进行湿润，并将玻璃管口烧圆滑。把玻璃管插入橡皮塞时，应该握住塞子的侧面进行。

（5）使用如电炉、烘箱、沙浴、水浴等加热设备时，应严格遵守安全操作规程，以防烫伤。

（6）研磨或压碎苛性碱或其他危险物质时，要注意小碎块或其他危险物质碎片溅散，以免烧伤眼睛或身体其他部位。

（7）使用酒精灯或酒精喷灯时，酒精不应装得太满。应先将洒在外面的酒精擦干净，注意避免烫伤。

（8）打开氨水、盐酸、硝酸等试剂瓶时，应先盖上湿布，用冷水冷却后，再打开瓶塞，以防溅出，尤其在夏天要更加注意。

（9）搬运大瓶酸、碱或腐蚀性液体时应特别小心，注意容器有无裂纹，外包装是否牢固。在搬运过程中必须一手托住瓶底，一手拿住瓶颈，搬运时最好用手推车。分装时应用虹吸管移取，10kg 以上的玻璃容器不用倾倒方法。

三、 防辐射

1. 射线防护的基本原则

（1）实践的正当性　为了防止不必要的照射，一切辐射实践都必须要有充分正当的理由。

（2）辐射防护最优化　所有照射都应该保持在合理做到的最低水平。

（3）个人剂量限制　个人所受的照射剂量一定不得超过规定的剂量限值。

（4）应避免放射性物质进入人体污染身体。

2. 对外照射的防护应注意的问题

外照射是指射线在身体外表面的照射。而内照射是指由于防护不当导致放射性物质被吸入呼吸道、吃进消化道或从伤口、皮肤或黏膜处侵入人体而引起的照射。一般来说，内照射比外照射的危险性大得多。

对外照射的防护应注意以下几点：

（1）用量防护　在不影响实验和工作的前提下，尽量少量使用。

（2）时间防护　由于人体所接受的剂量大小与受到照射的时间成正比，所以要通过减小照射时间来达到防护目的。工作时操作要做到简单、快速、准确。增配工作人员轮换操作，以减少每人受照射的时间。尽量避免在有放射性的物质（特别是 β、γ 体）的周围不必要的停留。

（3）距离防护　由于人体所接受的剂量大小与接触放射性物质距离的平方成反比。所以随着距离的增加，剂量的减少是很显著的。所以，为了加大距离，操作放射性物质可以利用各种夹具，但是也不宜太长，否则会增加操作的困难度。

（4）屏蔽防护　利用适当的材料对射线进行遮挡的防护方法，一般通过在放射源与人体之间放置能吸收或减弱射线的屏蔽来实现。相对密度较大的金属材料（如铁、铅等）、水泥、水对 γ 射线和 X 射线的遮挡性能较好；相对密度较小的材料（如镉、锂、石蜡、硼砂等）对中子的遮挡性能较好；β 射线和 α 射线比较易于遮挡，通常用轻金属铝、塑料、有机玻璃等来遮挡即可。屏状物除了需要长期固定的之外，都应该做成易于拆装的，而且需要做到不让射线从褶皱缝中透出屏外。如果屏状物是不透明的，又不便于用眼睛直接去观察，则可以通过镜子的反射来进行操作。事先必须操练纯熟，否则容易发生泼洒等事故。

3. 对放射性物质进入人体的预防

（1）防止由消化系统进入人体　绝对禁止用口吸取溶液。在化验室内不允许吃喝、吸烟，或其他途径与口接触。吸取液体必须使用有长距离控制的注射器，消除溶液入口的可能性。必要时一定要戴上高度清洁的手套口罩，戴上手套后不能乱摸别的东西，不能用已经破损的手套，注意手套的表面和里面，不要随意翻转，注意戴手套的顺序和方法，不要接触活性的一面。

（2）防止通过呼吸系统进入体内　室内保持高度清洁，要经常清扫，不要用扫帚干扫，以免引起尘土飞扬，应该用潮湿的拖布拖拭或用吸尘器吸去地面的灰尘。遇到污染时应该慎重处理。

室内需要有良好的通风，煮沸、烤干、蒸发等必要的工作均应该在通风橱中进行。处理粉末应该在手套箱中进行。经常调节气流，使新鲜空气先通过工作者，再经过放射性物质排出。工作时如有必要，还可以戴上滤过型呼吸器，呼吸器内部应保持高度清洁。

（3）防止通过皮肤进入体内　小心工作，避免仪器，特别是沾有放射性的部分割伤皮肤。如有小伤，应该妥善扎好，戴上手套后再工作，如伤口不小，应立即停止工作。

第四节　安全用电

一、防止触电

触电事故主要指的是电击。通过人体的电流越大，伤害就越严重。电流的大小取决于电压和人体电阻，不能引起生命危险的电压称为安全电压，一般规定为 36V，超过安全电压则有生命危险。因此，实验室中使用各种电器仪器设备时，要注意安全用电，以免发生触电事故和用电事故。

电击的防护措施如下：

（1）电气设备完好，绝缘好　如发现设备漏电，要立即修理。不能使用不合格的或已经绝缘损坏、老化的线路。建立定期维护检查制度。

（2）良好的保护接地　使用前检查外壳是否带电，接地线是否脱落，再接通电源。电气设备不带电的金属部分要与接地体之间做好金属连接。

（3）在使用新电器仪器前，首先要弄懂使用方法和注意事项，不能盲目接电源。

（4）实验室内不能有裸露的电线，刀闸开关应该完全合上或完全断开，以防由于接触不良而导致打出火花，引起易燃物爆炸。拔插头时，要用手握住插头拔，不可以只拉电线。

（5）更换保险丝时，应按照负荷选用合格的保险丝，不能任意加粗保险丝，更不能用铜丝代替。

（6）电气设备和电线应始终保持干燥，不能浸湿，以防短路烧坏电气设备，引发火灾。

（7）使用电热恒温干燥箱时，不得把易燃挥发物放入干燥箱内，以免发生爆炸。

二、电击伤的急救措施

（1）发生触电事故时，救护人员应切断电源后救治触电者，拉闸后，用绝缘性好的物品（如竹竿、木棍、塑料制品等）把触电者于电线上拉开。

（2）如有休克现象，应将人转移到有新鲜空气的地方，进行人工呼吸，并就近送入医院处理。

（3）皮肤因高热或电火花烧伤者要防止感染，并迅速就医。如遇呼吸暂停者（假死），应实行复苏抢救，如口对口人工呼吸法或心脏按压法，并立即就医。

三、化验室的静电防护

静电是在一定的物体中或物体表面上存在的电荷，一般 3～4kV 的静电电压便会使人有不同程度的电击感觉。

1. 静电危害

（1）危及大型精密仪器的安全静电能造成大型精密仪器的高性能元件损伤，危及仪器的安全，安装在印刷电路板上的元器件更易损坏。

（2）静电电击危害是由于放电时瞬间产生冲击性电流通过人体时造成的伤害。虽然不至于引起生命危险，但放电严重时能使人摔倒，电子仪器放电火花引发易燃气体的燃烧，甚至爆炸，因此必须加以防护。

2. 防静电措施

（1）在防静电区域不要使用塑料地板、地毯或其他绝缘性好的地面材料，可以铺设导电性地板。

（2）在易燃易爆场所，应该穿用导电纤维及材料制成的防静电工作服、防静电鞋（电阻小于 150kΩ），戴防静电手套。不要穿化纤类织物、胶鞋或有绝缘鞋底的鞋。

（3）高压带电体应有屏蔽措施，以防人体感应产生静电。

（4）在进入易产生静电的实验室之前，应徒手接触金属接地棒，以消除人体从外界带来的静电。坐着工作的场所可在手腕上戴接地腕表。

（5）提高空气中的相对湿度　当相对湿度超过 65％～70％时，由于物体表面电阻降低，便于静电逸散，但对精密仪器的生产、使用、维修过程仍然不能满足要求（在防静电安全区内静电电压不得超过 100V）。

（6）凡是不停转动的电气设备，如真空泵、压缩机等，其外壳必须良好接地。

第五节　安全用气

一、气体钢瓶及安全使用

1. 气瓶的结构

气瓶是高压容器，瓶内需要灌入高压气体，还要承受搬运、滚动、震动冲击等外界的作用力。因此对气瓶的质量要求严，材料要求高，一般用无缝合金或碳素钢管制成。气瓶壁厚 5～8cm，容量 12～55L 不等。底部呈圆形，通常会装上钢制平底的座，使之可以竖放。气瓶瓶口内壁和外壁均有螺纹，用以装上启闭气门和瓶帽，瓶体上还套有两个橡胶防震腰圈。气瓶侧面接头供安装减压阀门使用。图 11-1 是氧气瓶剖视图。

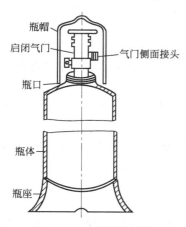

图 11-1　氧气瓶剖视图

启闭气门的材料必须根据气瓶所装气体的性质选用。气门侧面接头上的连接螺纹，用于可燃气体时应该左旋，用于非可燃气体时应该右旋，这是为了防止把可燃性气体压缩到盛有空气或氧气的钢瓶中，以及防止偶然把可燃气体的气瓶连接到有爆炸危险的装置上。

2. 气瓶的种类和标志

气瓶内装气体可以按物理性质分为：

（1）压缩气体　临界温度低于 −10℃ 的气体，经过高压压缩，仍然处于气态者称为压缩气体。如氧、氮、氢、空气、氩等。这类气体钢瓶若设计压力大于或等于 12MPa，则称为高压气瓶。

（2）液化气体　临界温度不低于 −10℃ 的气体，经过高压压缩，转为液态并与其蒸气处于平衡状态的气体称为液化气体。临界温度在 −10～70℃ 称为高压液化气体，如二氧化碳、氧化亚氮。临界温度高于 70℃，且在 60℃ 时饱和蒸气压大于 0.1MPa 者称为低压液化气体，如氯、氨、硫化氢等。

（3）溶解气体　单纯加高压压缩即产生分解、爆炸等危险性的气体，必须在加高压的同时，将其溶解于适当的溶剂，并用多孔性固体物充盛。小于 15℃，且压力达到 0.2MPa 以上，称为溶解气体（气体溶液），如乙炔。

按气体的化学性质可以分为：可燃气体（氢、乙炔、丙烷等）；助燃气体（氧、氧化亚氮等）；不燃气体（氮、二氧化碳等）；惰性气体（氦、氖、氩等）；剧毒气体（氟、氯等）。

各种气体钢瓶的瓶身都必须漆上相应的标志色漆，并用规定颜色的色漆写上内容物的中文名称，并画出横条标志。表 11-4 列出的是《气瓶安全监察规程》中的部分气瓶漆色及标志。

表 11-4 部分气瓶漆色及标志

气瓶名称	外表面颜色	字样	字样颜色	横条颜色
氧气瓶	天蓝	氧	黑	—
医用氧气瓶	天蓝	医用氧	黑	—
氢气瓶	深绿	氢	红	红
氮气瓶	黑	氮	黄	棕
灯泡氩气瓶	黑	灯泡氩气	天蓝	天蓝
纯氩气瓶	灰	纯氩	绿	—
氦气瓶	棕	氦	白	—
压缩空气瓶	黑	压缩空气	白	—
石油气体瓶	灰	石油气体	红	—
氖气瓶	褐红	氖	白	—
硫化氢气瓶	白	硫化氢	红	红
氯气瓶	草绿	氯	白	白
光气瓶	草绿	光气	红	红
氨气瓶	黄	氨	黑	—
丁烯气瓶	红	丁烯	黄	黑
二氧化硫气瓶	黑	二氧化硫	白	黄
二氧化碳气瓶	黑	二氧化碳	黄	—
氧化氮气瓶	灰	氧化氮	黑	—
氟氯烷气瓶	铝白	氟氯烷	黑	—
环丙烷气瓶	橙黄	环丙烷	黑	—
乙烯气瓶	紫	乙烯	红	—
其他可燃性气体气瓶	红	（气体名称）	白	—
其他非可燃性气体气瓶	黑	（气体名称）	黄	—

3. 气瓶的安全使用

（1）搬运与存放气瓶时，要轻拿轻放，一般都应直立，并有固定支架，防止摔掷、敲击、滚滑或剧烈震动。气瓶上的安全帽必须旋紧，以防不慎摔断瓶嘴发生事故。气瓶上应装好两个防震胶圈。

（2）气瓶必须存放在阴凉、干燥、远离热源（阳光、暖气、炉火等）、严禁明火的房间。除不燃性气体外，一律不得进入实验楼内。

（3）易发生聚合反应的气体钢瓶，如乙烯、乙炔等，应在储存期限内使用。

（4）气瓶应按规定定期做技术检验和耐压试验。

（5）气瓶装在车上应妥善固定，车辆运装气瓶一般应横向放置，头部朝向一方，装车高度不得超过车厢，装卸时不得使用抱、滑或者用其他容易引起碰击的方式。

（6）氧气瓶及其专用工具严禁与油类接触，氧气瓶不得有油类存在。

（7）装运气瓶的车上应该有明显的"危险品"标志，车上严禁明火。易燃品、油脂或带有油污的物品不能与氧气瓶或强氧化剂气瓶同车运输。接触后能引起燃烧、爆炸的气瓶不得同车运输。

（8）瓶内气体不能全部用尽，一般应保持 0.2～1MPa 的余压，备充气单位检验取样所需，也能防止其他气体倒灌。

（9）高压气瓶的减压器要专用，安装时螺扣要上紧（旋进 7 圈，俗称吃七牙），不得漏气。开启高压气瓶时，操作者应该站在气瓶出口的侧面，动作要慢，以减少气流摩擦，防止静电的产生。

注意：乙炔瓶严禁滚动！

二、 高纯高压气体的安全充装

（1）充装有毒气体的气瓶，或充装有介质相互接触后能引起燃烧、爆炸的气瓶，必须分室储存。

（2）充装易于起聚合反应的气体，如乙炔、乙烯等，必须规定储存期限。

（3）气瓶与其他化学危险品不得任意混放，必须按规定存放（见表 11-5）。

（4）气瓶瓶体有缺陷不能保证安全使用的，或安全附件不全、不符合规定或损坏的，均不应送交给气体制造厂充装气体。

表 11-5　高压气体钢瓶的分类储存规定

气体性质	气体名称	不准共同储存的物品种类
可燃气体	氢、甲烷、乙烯、丙烯、乙炔、液化石油气、甲醚、液态烃、氯甲烷、一氧化碳	除惰性不燃气体（如氮、二氧化碳、氖、氩等）外，不准和其他种类易燃易爆物品共同储存
助燃气体	氧、压缩空气、氯（兼有毒性）	除惰性不燃气体、有毒物品（如光气、五氧化二氰化钾）外，不准和其他种类易燃易爆物品共同储存
不燃气体	氮、二氧化碳、氖、氩	除气体、有毒物品和氧化剂（如氯酸钠、硝酸钾、过氧化钠）外，不准和其他种类物品共同储存

应用示例 11-1　乙炔钢瓶、 氢气瓶、 氧气瓶

1. 乙炔钢瓶

乙炔是极易燃烧、容易爆炸的气体。含有体积分数在 7％～13％乙炔的乙炔-空气混合气和含有 30％左右的乙炔-氧气混合气最易爆炸。未经净化的乙炔内可能含有 0.03％～1.8％的磷化氢，磷化氢的自燃点很低，气态磷化氢在 100℃时就会自燃。所以当乙炔中含有空气时，由于有磷化氢的存在，乙炔-空气混合气就很有可能爆炸起火。一般规定乙炔中磷化氢的含量不得超过 0.2％，硫化氢的含量不得超过 0.1％，而乙炔的含量应该在 98％以上。由于空气能增大乙炔的爆炸性，应当尽量减少其含量。乙炔和氯、次氯酸盐等化合会发生燃烧和爆炸，因此，乙炔燃烧时，严禁使用四氯化碳来灭火。乙炔与铜、银、汞等金属或盐类长期接触，会生成乙炔铜、乙炔银等易爆物质。所以供乙炔用的器材，如管路和零件，都不能使用银或者含铜量在 70％以上的铜合金。存放乙炔气瓶要在通风良好的地方，温度保持在 35℃以下。受到丙酮蒸气的作用，原子吸收分光光度分析中作为燃气时的火焰不稳，噪声增大，为了避免丙酮的影响，充灌后，乙炔气瓶要静置 24h 后使用。为了防止气体回缩，应该装上回闪阻止器。

当气瓶内还剩有相当量的乙炔时（一般最低降低到一个表压），就需要换用新的乙炔气瓶。在使用乙炔气瓶的过程中，应当经常注意瓶身的温度，如有发热情况，说明瓶内有自动聚合，此时应该立即停用，关闭气门，迅速用冷水浇瓶身，直至瓶身冷却，不再发热。

2. 氢气瓶

氢气无毒、无腐蚀性、极易燃烧，单独存在时较为稳定。但是密度小，扩散速度快，易从微孔漏出与其他气体混合。因此需要检查氢气导气管是否漏气，在连接处一定要用肥皂水检查。氢气在空气中的爆炸极限为 4.00％～74.20％（体积分数），燃烧速度比碳氢化合物快，常温、101.3kPa 下约为 2.7m/s（氢气约占混合物的 40％）。

存放氢气瓶处绝对禁止烟火，应远离火种、热源，储存于阴凉通风的仓间。与氧气、压缩空气、氧化剂、氟、氯等分间存放，严禁混储混运。

3. 氧气瓶

氧气是强烈的助燃气体。氧气瓶中绝不能混入其他可燃气体，绝不能误用其他可燃气体气瓶来充灌氧气。氧气瓶一般是在 $20℃$、$1.52×10^4kPa$（150atm）的条件下充灌的。纯氧在高温下十分活泼，当温度不变、压力增加时，氧气可以与油类发生剧烈的化学反应，引起发热自燃，产生强烈的爆炸。如一般工业矿物油与 $3.04×10^3kPa$ 以上的氧气接触就能自燃。因此，氧气气瓶一定要严防与油脂接触。氧气气瓶的压力会随温度增高而增大，因此气瓶禁止在强烈阳光下暴晒，防止由于钢瓶壁温度增高引起的瓶内压力过高。

实验室有时需用液态氧蒸发制得不含水分的气态氧，防止将液氧滴在手上、脸上或身体其他裸露部位造成烧伤或严重冻伤。液氧具有强烈的氧化性能，所以处理液氧处不能放置棉麻一类的碎屑。这类物质浸上液氧后，容易着火引起爆炸。布和头发极易吸收氧气，液氧接触明火后会引起燃烧，所以操作人员身上因避免溅上液氧。

第六节　危险化学品的安全管理

一、 危险化学品的分类

许多化学试剂都具有易燃、易爆、易使人中毒的性质。从安全角度考虑，这些试剂被列为危险化学品。具体的分类参见 GB 13690—2009。

二、 危险化学品的储存要求

（1）储存化学危险品必须遵照国家法律、法规和其他有关的规定。

（2）化学危险品必须储存在经公安部门批准设置的专门的化学危险品仓库中，经销部门自管仓库储存化学危险品及储存数量必须经公安部门批准。未经批准不得随意设置化学危险品储存仓库。

（3）化学危险品露天堆放，应符合防火、防爆的安全要求，爆炸物品、一级易燃物品、遇湿燃烧物品、剧毒物品不得露天堆放。

（4）储存化学危险品的仓库必须配备有专业知识的技术人员，其库房及场所应设专人管理，管理人员必须配备可靠的个人安全防护用品。

（5）化学危险品储存方式分为三种，即隔离储存、隔开储存及分离储存。

三、 剧毒化学品、 易制毒化学品、 易制爆化学品及监控化学品

（1）剧毒化学品是指具有非常剧烈毒性危害的化学品，包括人工合成的化学品及其混合物和天然毒素。剧毒化学品必然是危险化学品。

（2）易制毒化学品、易制爆化学品是根据近十几年来各类违法犯罪的形式的变化而规范出来的。

（3）监控化学品是我国为履行《禁止化学武器公约》而制定。其内容于 1996 年 5 月 15 日发布。

剧毒化学品、易制毒化学品、易制爆化学品及监控化学品的使用都具有危险性，如果流入社会，可能会产生严重的危害，必须严加管理。对剧毒化学品的管理应该严格遵守"双人保管、双人收发、双人使用、双人运输、双人双锁"的"五双"制度。从危险品仓库中领取

剧毒品和易制毒品需要由两名正式工作人员完成，且必须放入本单位剧毒品专用库房统一保管、领用。使用时要精确计量，双人双记录本同时记载，防止被盗、误领、丢失、误用。

第七节　化验室废弃物的处理

一、 化验室危险废弃物的常用收集方法

（1）分类收集法　可按照废弃物的类别、状态和性质分类进行收集，可分为易燃、易腐蚀、活性氧化剂、中毒、特别危险、低温储藏、易形成过氧化物、在惰性条件下储存等。

（2）单独收集法　危险废物应该给予单独收集处理。

（3）相似归类收集法　性质、处理方式方法等相似的废弃物应收集在一起。

（4）按量收集法　根据实验过程中排除废物的量的多少或浓度的高低予以收集。

二、 化验室危险废弃物收集注意事项

1. 不能互相混合的物质

（1）不能与酸类混合的物质：活泼金属（如钠、钾、镁）、易燃有机物、氧化性物质、接触后即产生有毒气体的物质（如氰化物、硫化物及次卤酸盐）。

（2）不能与碱类混合的物质：酸、铵盐、挥发性胺。

（3）不能与易燃物混合的物质：有氧化作用的酸、易产生火花火焰的物质。

（4）氧化剂（如过氧化物、氧化铜、氧化银、氧化汞、含氧酸及其盐类、高氧化价的金属离子等）不能与还原剂（如锌、碱金属、碱土金属、金属的氢化物、低氧化价的金属离子、醛、甲酸等）收集在一起。

2. 易与空气发生反应的废弃物

易与空气发生反应的废弃物（如黄磷遇空气着火）应放入水中并盖紧瓶盖；含有过氧化物、硝化甘油之类的爆炸性物质的废液，要谨慎操作，尽快处理。

3. 会产生有毒气体的废液

会产生有毒气体的废液如氰、磷化氢等，会发出臭味的废液如胺、硫醇等，易燃性大的二硫化碳、乙醚之类的废液，要加以适当的处理，防止泄漏，并尽快处理。

4. 会产生放射性废物和感染性废物

会产生放射性废物和感染性废物的化验室应将废弃物收集、密封，明显标示其名称、主要成分、性质、数量，并予以屏蔽隔离，严防泄漏，谨慎处理。

三、 化验室废弃物储存注意事项

1. 化验室化学废弃物的储存

所有废弃物品必须储存在辅助容器中，并存放在符合安全与环境要求的专门房间或室内特定区域，并根据其危险级别分开存放。不要把放射性废品与化学废弃物品放在同一场所，危险废物不能与生活垃圾混装。

2. 存放废弃物品的容器和时间

存放废弃物品的容器必须不与废弃物反应，要用密闭式容器收集储存；储存容器若有严重生锈、损坏或泄漏的情况，应立即更换。原则上废液停留在化验室的时间不能超过6个月。

3. 标识存放的废弃物品

每个储存废弃物的容器上必须标明"危险废弃物品"字样、危险废物的名称、危险废弃物品的性质、危险废物的成分及物理状态、产生危险废物的地址和人员姓名、危险废物的储存日期等。

四、 化验室危险废弃物的处理

1. 化验室化学废物的处理原则

工作者处理化学废物时要谨慎操作，防止产生有毒气体，防止发生火灾、爆炸等危险，处理后的废物要保证无害后才能排放。

化学工作者应树立绿色化学思想，依据减量化、再利用、再循环的整体思维方式来考虑和解决化学实验室中出现的废弃物问题。

2. 化验室化学废物的处理方法

（1）无机酸、碱类废液的处理　一般无害的无机中性盐类或阴阳离子废液，可由大量清水稀释后，由下水道排放。无机或有机酸碱需要中和至中性或用水大量稀释后，再由下水道排放。

（2）无机有毒废气的处理　产生毒气量大的实验必须具备吸收或处理装置，可用吸附、吸收、氧化、分解等方法处理。如 SO_2、Cl_2、H_2S、NO_2 等，可用导管通入碱液中，使其大部分吸收后排出，一氧化碳可点燃转化成二氧化碳。

少量有毒气体的实验必须在通风橱中进行。通过排风设备直接将其排到室外，使废气在空气中稀释，依靠环境自身容量解决。

汞的操作环境必须有良好的全室通风装置，其通风口在墙体的下部。

（3）含有毒无机离子废液的处理　含有毒无机离子废液的处理用沉淀、氧化、还原等方法进行回收或无害化处理。

（4）含氧化剂、还原剂废液处理　对含氧化剂、还原剂的废液处理常采用氧化还原法，要注意一些能反应产生有毒物质的废液不能随意混合。如硝酸盐和硫酸、强氧化剂与盐酸、磷和强碱、有机物和过氧化物、亚硝酸盐和强酸，以及高锰酸钾、氯酸钾等不能与浓盐酸混合等。

（5）有机废物的处理　有机类废液大多易燃易爆、不溶于水，处理方法也不尽相同，主要有蒸馏法、吸附法、焚烧法、溶剂萃取法、氧化分解法、水解法、光催化降解法等。

（6）放射性废弃物的处理　对放射性固体废物和不能经净化排放的放射性废液进行处理，使其转变为稳定的、标准化的固体废物后自行储存，严防泄漏，禁止混入化学废物，并要及时送到取得相应许可证的放射性废物处置单位。在处理过程中，除了靠放射性物质自身的衰变使放射性衰减外，还需将放射性物质从废物中分离出来，使浓集放射性物质的废物体积尽量减小，可采取多级净化、压缩减容、去污、焚烧、固化后存放到专用处置场或放入深地层处置库内处置，使其与生物圈隔离。

应用示例 11-2　废液的处理

（酸废液、含重金属离子、含铬、含氰、含汞、含砷的废液）

1. 废酸液

废酸液可用玻璃纤维或耐酸塑料纱网过滤，得到的滤液加碱中和，调 pH 值至 6～8 后即可排出。

2. 含重金属离子废液

含重金属离子废液常用的处理方法是加碱或加硫化钠，把重金属离子变成难溶的氢氧化物或硫化物沉淀，然后过滤分离。少量残渣可分类存放，统一处理。

3. 含铬废液

含铬废液可用高锰酸钾氧化法使其再生，重复使用。

高锰酸钾氧化法：将含铬废液放在 $110\sim130℃$ 下加热搅拌浓缩，除去水分后冷却，缓慢加入 $KMnO_4$ 粉末，边加边搅拌至溶液呈深褐色或微紫色，再加热至有三氧化硫产生，停止加热，稍微冷却后用玻璃砂芯漏斗过滤，除去沉淀，滤液冷却后析出红色的 CrO_3 沉淀，再加入适量浓硫酸使其溶解，即可使用。

少量的废铬酸洗液可以加入废碱液或石灰，发生反应生成氢氧化铬沉淀，集中分类存放，统一处理。

4. 含氰废液

含氰废液由于其氰化物有剧毒，所以必须认真处理。大量含氰废液可先用碱调 pH＞10，再加入次氯酸钠，将 CN^- 氧化成氰酸盐，并进一步分解成二氧化碳和 N_2。

少量含氰废液可直接加氢氧化钠调 pH＞10，再加适量高锰酸钾将 CN^- 氧化分解。

5. 含汞废液

含汞废液应先将含汞废液的 pH 值调至 $8\sim10$，再加入适量 Na_2S，使其生成 HgS 沉淀，并加入 $FeSO_4$，使之与过量的 Na_2S 反应，生成 FeS 沉淀，从而吸附 HgS 共沉淀。静置后，过滤离心，清液含汞量低于 0.02mg/L 后可排放。

少量残渣可以埋于地下，大量残渣可用焙烧法回收汞，必须在通风橱中进行。

6. 含砷废液

含砷废液的处理方法是，在含砷废液中通入 H_2S 或加入 Na_2S，利用硫化砷的难溶性除去含砷化合物。也可在含砷废液中加入铁盐，并加入石灰乳使溶液呈碱性，新生成的氢氧化铁与难溶的亚砷酸钙或砷酸钙发生共沉淀或吸附作用，从而除去砷。

第八节　事故的应急处理

一、急救常识

1. 急救措施

对因遭雷击、烧伤、电击伤、急性中毒、心搏骤停等因素引起的抑制或呼吸停止的伤员，可采用人工呼吸法或体外心脏挤压法，或两种方法交替进行，称为心肺复苏（CPR）。

（1）人工呼吸　人工呼吸的目的是采取人工的方法来代替肺的呼吸活动，是复苏伤员的一种重要的急救措施。给伤员进行人工呼吸能及时有效地使气体有节律地进入和排出肺部，供给体内足够氧气并且充分排出二氧化碳，维持正常通气功能，促使呼吸中枢能尽早恢复功能，使处于假死的伤员尽快脱离缺氧的状态，使机体受抑制的功能得到兴奋，恢复人体自动呼吸。

（2）体外心脏排挤法　体外心脏排挤法是通过人工方法有节律地对心脏进行挤压，从而代替心脏的自然收缩，达到维持血液循环的目的，进而能恢复心脏的自然节律，挽救伤员生命。

其他方法：仰卧压胸式人工呼吸、俯卧压背式人工呼吸、仰卧牵臂式人工呼吸等。最好是在经医生指导练习之后进行。

2. 现场急救注意事项

（1）镇定有序的指挥　对伤员进行必要的处理，呼叫医务人员前来现场急救。

（2）迅速排除致命致伤因素　清除和清洗身体表面沾染的有害物质，采取适当的措施排出进入人身体内的有害物质。根据危害因素的特征，采用相应的中和/分解剂，消除危害因素的残余作用。

（3）检查伤员生命体征　出现生命危险迹象应立即进行抢救。

3. 止血

有创伤出血者，应迅速包扎止血，可加压包扎、指压止血或上止血带等，同时尽快送往医院。

必须注意：进入现场抢救的人员，必须做好自身安全防护，避免增加伤亡。

二、 应急处理

1. 中毒的应急处理

对中毒者的急救，主要在于把患者送往医院之前。首先立即将患者从中毒区移出，向上风向转移，解开衣领裤带，呼吸新鲜空气并要注意保暖。设法排出其体内毒物，如服用催吐剂、洗胃、洗肠或迅速用"解毒剂"消除消化器官内的毒物危害。若遇到由皮肤吸收中毒的患者，应迅速脱去污染的衣服、鞋袜等，用大量流动的清水冲洗 $15\sim30min$，也可用温水。同时注意患者的心、血管系统和呼吸系统的情况，如呼吸失调或停顿，要立即施行人工呼吸，但不要用口对口法。患者被送往医院后应向医院提供中毒的原因、化学物品的名称等以便对症医疗，如化学物不明，则需带该物料及呕吐物样品，以供医院及时检测。

注意：对因中毒而引起的呼吸、心跳骤停者，应进行心肺复苏术，主要方法有人工呼吸和心脏胸外挤压术。

参加救护人员必须做好个人防护，进入中毒现场必须戴好防护面具。如时间短，对于水溶性毒物如氯、氨、硫化氢等，可暂时使用浸湿的毛巾捂住口鼻等。在抢救的同时想办法阻断毒物泄漏。

使用解毒、防毒及其他排毒药物进行解毒，如强腐蚀性毒物中毒时，禁止洗胃，应服用牛奶、蛋清、米汤等物理性对抗剂保护胃黏膜；强酸中毒可用弱碱，如镁乳、肥皂水等中和；强碱中毒可使用弱酸，如 1％乙酸、稀食醋、果汁等中和。强酸强碱中毒均可服用稀牛奶、鸡蛋清。

2. 烧伤的应急处理

对于烧伤面积较小的患者，或四肢部位的烧伤，可用冷水冲淋或浸泡，起到减轻疼痛、减少危害的作用；而大面积烧伤的患者只能喝淡盐水，不能大量喝淡水，以免加剧水肿，出现低钠血症等并发症。对于因爆炸事故，创面污染严重的伤员，无须强行清除创面的污物，简单包扎后立即送往医院救治。

对于轻度烧伤，局部涂抹清凉油、烧伤油等便可促进愈合，一般不用包扎；对于Ⅱ度烧伤，必须对创面清洁消毒，不可弄破小水泡，再涂抹烧伤药，大水泡经消毒后，用无菌针穿刺吸收，再涂抹烧伤药后包扎、换药。Ⅲ度烧伤则需送医院治疗。

3. 化学灼伤的急救

化学灼伤后，应立即清除皮肤上的化学药品，并用大量清水冲洗，尤其注意眼、耳、鼻、口的清洗，再以适合于消除这类有毒化学药品的特殊溶剂、溶液或药剂洗涤处理伤处。一般化学灼伤的急救或治疗方法如下：

（1）碱类（氢氧化钾/钠、氨、氧化钙、碳酸钾）　立即用大量水冲洗，再用 2％乙酸溶液或 3％硼酸水溶液冲洗，最后再用水冲洗；对氧化钙烧伤者，要先洗去皮肤上的石灰粉，再用水清洗，然后用植物油洗涤、涂敷伤面。

（2）酸类（盐酸、硝酸、乙酸、甲酸、草酸、苦味酸）　用大量流动清水冲洗（浓硫酸除外），彻底洗净后用稀碳酸氢钠溶液或肥皂水进行中和，再用清水冲洗。

（3）碱金属氰化物、氢氰酸　先用高锰酸钾溶液冲洗、再用硫化铵溶液冲洗。

（4）硫酸二甲酯　不能涂油、也不能包扎，应让伤处暴露使其挥发。

（5）溴　被溴烧伤后的伤口一般不易愈合，必须严加防范，一旦溴沾到皮肤上，应立即用清水、生理盐水及2%碳酸氢钠溶液冲洗伤处，包上消毒纱布后就医。

（6）碘　淀粉质（如米饭等）涂抹。

（7）氢氟酸　先用大量冷水冲洗至伤口表面发红，再用5%的碳酸氢钠溶液清洗，再用甘油镁油膏（2+1的甘油-氧化镁）涂抹，最后用消毒纱布包扎。

（8）甲醛　先用水冲洗，再用酒精擦洗，最后用甘油涂抹。

（9）铬酸　先用大量清水冲洗，再用硫化铵稀溶液洗涤。

（10）硝酸银、氯化锌　先用清水冲洗，然后用5%碳酸氢钠溶液清洗，最后涂油膏及磺胺粉。

（11）黄磷　去除磷颗粒伤口，先用大量冷水冲洗，并用1%硫酸铜溶液清洗，再用5%的碳酸氢钠溶液冲洗湿敷，以中和磷酸，不能用油性纱布包扎，以免增加磷的溶解吸收。

（12）苯酚　先用大量水冲洗，再用70%的酒精擦拭、冲洗创面，直至酚味消失，然后用大量水冲洗干净，冲洗后再用5%碳酸氢钠溶液冲洗、湿敷。

4. 眼睛灼伤的处理

眼睛受到灼伤后，应分秒必争地进行抢救，当眼睛被溶于水的化学药品灼伤时，立即用洗眼器的水流洗涤或用大量水冲洗眼睛15min以上，洗眼时保持眼皮张开，水压不能太大，以免眼球受伤，也不要揉搓眼睛。

对于酸灼伤，在洗眼后用2%的碳酸氢钠溶液冲洗，然后反复滴磺胺乙酰钠等微碱性眼药水。对于碱灼伤，在洗眼后用4%的硼酸或2%的柠檬酸钠溶液冲洗，然后反复滴氯霉素等微酸性眼药水。

玻璃屑等异物进入眼睛时不可用手揉擦，闭上眼睛不要转动，立即上医院就医。若电石、石灰颗粒溅入眼内，需先用蘸石蜡或植物油的镊子或棉签去除颗粒，再用水冲洗，再用干纱布遮盖眼睛，去医院治疗。

5. 割伤、冻伤和电击伤的应急处理

（1）割伤的应急处理　化验室的割伤主要是由玻璃仪器或玻璃管的破碎引发的。这样造成的外伤必须去除碎玻璃片，如果为一般轻伤，应及时挤出污血，再用消毒的镊子去除碎玻璃片，用蒸馏水洗净伤口，涂上碘酒后用绷带或创可贴包扎；如果是大伤口，应立即捆扎靠近伤口10cm处压迫止血，平均30min放松一次，每次1min，再捆扎起来，并及时就医。

（2）冻伤的应急处理　化验室中使用制冷剂时一般会发生因低温引起的皮肤冻伤。立即将伤部放在38～40℃的温水中浸泡20～30min。恢复到正常温度后，将冻伤部位抬高，保持安静，不用包扎。若没有温水，也可用体温将其暖和。严重时应就医。

（3）电击伤的应急处理　受到电击伤害时，要立即用不导电的物体将触电者从电线上移开，同时切断电源。解开触电者的紧身衣服，检查其口腔，清理口腔黏液。若触电者呼吸停止或脉搏停跳，应立即进行人工呼吸并就近送往医院处理。

应用示例11-3　氯气中毒治疗原则及现场处置方案

1. 氯气中毒治疗原则

（1）皮肤接触　立即脱去衣物，用流动清水处理；若出现皮肤破损或水疱，注意防止

感染。

（2）眼睛接触　提起眼睑，用流动的水或生理盐水冲洗，必要时需滴眼药。

（3）吸入　应尽快脱离接触环境，移动到有新鲜空气的地方。症状较轻者脱离环境后，吸入新鲜空气即可逐渐缓解。条件许可时，需给予吸氧，尤其是有呼吸道症状的病人。肺部有痰者，给予雾化吸入。

症状较重者应给予 $20\sim40mg/d$ 糖皮质激素，连用 3d，进行观察。激素治疗期间应同时给予抗生素防止肺部感染。对病情较重者，$8\sim12h$ 后做胸部大片，观察是否有肺炎症状。

2. 现场处置方案

撤离附近居民，尤其是含氯消毒粉剂存放点下风向的居民。接着为参加处理受雨水淋湿的含氯消毒粉剂人员穿戴专业防护，不能使用普通口罩和普通防护服。处理时，按照雨水淋湿程度分类，无论有没有淋湿，存放时都需要避光、防潮、防雨、通风，对淋湿的含氯消毒粉剂，应选择存放在居民点下风向。未淋湿的含氯消毒粉剂可以正常使用。淋湿的含氯消毒粉剂可测定余氯含量后，按照测定含量使用，也可以用于垃圾堆和厕所消毒处理。

参考文献

［1］刘智主编.新编化验室化验操作技术规范与化学分析测试技术标准及常用数据资料速查手册.北京：中国科技文化出版社，2006.

［2］马腾文主编.分析技术与操作（Ⅰ）.北京：化学工业出版社，2005.

［3］王建梅，刘晓薇主编.化学实验基础.北京：化学工业出版社，2015.

［4］王建梅，王桂芝主编.工业分析.北京：高等教育出版社，2007.